Die Lösung
der linearen gewöhnlichen
Differentialgleichungen
und simultaner Systeme
mit Hilfe
der Stabstatik

Das Ersatzbalkenverfahren

Peter Stein

Springer-Verlag
Wien · New York   1969

Professor Dr.-Ing. Peter Stein
Vorstand des Institutes für Stahlbau der Technischen Hochschule Wien

Mit 78 Abbildungen

Library of Congress Catalog Card Number 68-57038

Printed in Austria

Titel Nr. 9227

Meinen Eltern
Edmund und Claire Stein
gewidmet

Vorwort

Im vorliegenden Buch wird ein Verfahren entwickelt, das die vollständige Übertragung der Theorie der statisch bestimmten und unbestimmten Tragwerke auf die Lösung von linearen gewöhnlichen Differentialgleichungen und simultanen Systemen gestattet. Die Grundzüge dieser Methode wurden erstmals in der Antrittsvorlesung, die der Verfasser am 17. Juni 1966 an der Technischen Hochschule Wien gehalten hat, mitgeteilt.

Die Herausgabe der erweiterten Fassung dieses Vortrages verfolgt mehrere Zwecke.

Einmal soll das Buch dem Studenten als Ergänzung der Vorlesung dienen und ihm zeigen, wie mit geringem theoretischem Aufwand auch viele Aufgaben gelöst werden können, die bei der Anwendung geschlossener Ansätze ein umfangreiches Studium der speziellen Lösungsmethoden verlangen.

Weiterhin soll das Verfahren dem in der Praxis stehenden Ingenieur helfen, die verschiedensten Aufgaben zu behandeln, ohne sich für jedes spezielle Problem immer wieder erneut mit einer besonderen Methode befassen zu müssen, auf deren Erarbeitung der Ingenieur aus Zeitmangel oft verzichten muß.

Ein weiterer Grund, diese Arbeit einem größeren Kreis zugänglich zu machen, ist darin zu suchen, daß mit diesem Verfahren Fragestellungen behandelt werden können, die einer exakten Darstellung gar nicht zugänglich sind.

Auch die Tatsache, daß die mitgeteilte Methode dem Ingenieur die Möglichkeit bietet, in einfacher und anschaulicher Weise die ihm von den Recheninstituten zur Verfügung gestellten Ergebnisse zu überprüfen und zu deuten, war für die Drucklegung dieses Verfahrens mitentscheidend.

In diesem Zusammenhang sei erwähnt, daß sich das Verfahren selbst sehr gut zum Einsatz von Digitalrechenanlagen eignet, da es die Lösung von linearen gewöhnlichen Differentialgleichungen und von simultanen Systemen auf die Grundaufgaben der Stabstatik zurückführt. (Ermittlung von ideellen Formänderungen und Schnittlasten eines Ersatztragwerkes, Lösung von homogener oder inhomogener Matrix usw.)

Dadurch kann der tätige Ingenieur alle Vorteile der Rechenanlagen ausnutzen, ohne indessen auf Ergebnisse zurückgreifen zu müssen, die oft durch Verfahren gewonnen werden, die ihm nicht geläufig sind und die daher unter Umständen zu Fehleinschätzungen führen können.

An Vorkenntnissen wird für die Anwendung des dargelegten Verfahrens ungefähr der Stoff vorausgesetzt, der im Bauingenieurwesen oder im Maschinenbauwesen an einer Technischen Hochschule in der Statik vermittelt wird. Zur

Erläuterung der theoretischen Grundlagen wird am Ende des Buches für jeden Abschnitt ein Beispiel angeführt, wodurch praktisch die sofortige Anwendung des Verfahrens durch den Leser, der die Theorie der statisch bestimmten und unbestimmten Tragwerke kennt, gewährleistet wird.

Für die Durchführung der Zahlenrechnungen möchte ich den Herren Dr. techn. F. NAHLER und Dipl.-Ing. I. SELTENHAMMER bestens danken.

Ein Teil der Berechnung wurde mit Hilfe eines elektronischen Digitalrechengerätes, einer IBM 7040, bewältigt. Für das freundliche Entgegenkommen bei der Durchführung dieser Arbeiten möchte ich Herrn o. Prof. Dr. H. J. STETTER vom Institut für „Numerische Mathematik" der Technischen Hochschule Wien meinen besten Dank sagen.

Schließlich bin ich dem Springer-Verlag in Wien für die Herausgabe und die hervorragende Ausstattung des Buches zu großem Dank verpflichtet.

Wien, im Herbst 1968   PETER STEIN

Inhaltsverzeichnis

Inhaltsverzeichnis IX

A. Allgemeine Übersicht

A.I. Aufgabenstellung und Zielsetzung

Viele Probleme der Technik, insbesondere aber Aufgaben des Bauingenieurs, können durch die *linearen gewöhnlichen Differentialgleichungen* von der 1. bis zur 4. Ordnung beschrieben werden. Ihr allgemeiner Aufbau lautet:

$$\sum_{i=0}^{m} X_{m-i}(x) \frac{d^{m-i} y(x)}{dx^{m-i}} + X_p(x) = 0. \tag{A.I.1}$$

m $(1 \leq m \leq 4)$ ist die Ordnung der Differentialgleichung. $y(x)$ ist die abhängige Veränderliche, während $X_{m-i}(x)$ die veränderlichen Koeffizienten darstellen, die nur Funktionen der unabhängigen Variablen x sind. $X_p(x)$ stellt die Störfunktion dar, durch die die homogene oder reduzierte Differentialgleichung

$$\sum_{i=0}^{m} X_{m-i}(x) \frac{d^{m-i} y(x)}{dx^{m-i}} = 0 \tag{A.I.2}$$

zur vollständigen oder inhomogenen Differentialgleichung (A.I.1) erweitert wird.

Die Methoden, die Differentialgleichungen (A.I.1, 2) zu lösen, sind mannigfaltig. Die Darstellung des Fundamentalsystems der homogenen Differentialgleichung (A.I.2) und des allgemeinen Integrales der inhomogenen Differentialgleichung (A.I.1) in geschlossener Form gelingt aber bei veränderlichen Koeffizienten nur in Sonderfällen. Eine möglichst weitgehende Erfassung aller bei der jeweiligen Problemstellung auftretenden Einflüsse führt meist zu Differentialgleichungen, die nur einer numerischen Integration zugänglich sind. Zahlreiche Verfahren, die auf theoretisch-mathematischen Grundlagen basieren, stehen für die numerische Untersuchung der Differentialgleichungen zur Verfügung.

Ziel dieser Arbeit wird es sein, eine numerische Integrationsmethode, *das Ersatzbalkenverfahren*, zu entwickeln, bei der es durch die Deutung der Differentialgleichungen (A.I.1, 2) als Differentialbeziehungen eines Balkens gelingt, die Integration auf die Berechnung eines Ersatztragwerkes zurückzuführen, das mit den bekannten Mitteln der Stabstatik gelöst werden kann und das daher den gebräuchlichen Methoden des Bauingenieurs weitgehend Rechnung trägt.

Die Rückführung auf die klassische Statik wird dadurch erreicht, daß die gesuchte Funktion $y(x)$ als ideelle Durchbiegung eines Ersatztragwerkes, dessen ideelle Stützweite durch die Länge des Integrationsbereiches bestimmt ist, gedeutet wird. Unter dieser Voraussetzung können den sich aus den Differentialgleichungen ergebenden Differentialbeziehungen unter Beachtung der vorgeschriebenen Anfangs- und Randbedingungen ideelle Formänderungsgrößen, ideelle ursächliche Schnittlasten und ideelle äußere Belastungen an einem Ersatzbalken zugeordnet werden.

Durch geeignete Interpretation der Anfangs- oder Randbedingungen kann auch beim Ersatzbalkenverfahren — im Sinne der klassischen Statik — eine Einteilung in statisch bestimmte und unbestimmte Ersatztragwerke getroffen werden. Allerdings wird die Anzahl der statisch unbestimmten Schnittlasten nicht in allen Fällen mit der beim normalen Kraftgrößenverfahren übereinstimmen, da die statisch überzähligen Größen, soweit wie möglich, durch allerdings ebenfalls noch unbestimmte Formänderungsgrößen ersetzt werden.

Für die weitere Untersuchung des ausgewählten Ersatztragwerkes, deren Endziel die formale Berechnung der ideellen Durchbiegungen ist, die in allen Fällen der gesuchten Funktion $y(x)$ gleichgesetzt werden, können unter Verwendung der zu definierenden Größen alle bekannten Methoden der Stabstatik herangezogen werden, wodurch diese der numerischen Integration von linearen gewöhnlichen Differentialgleichungen nutzbar gemacht werden.

Das Ersatzbalkenverfahren reduziert somit die Lösung der linearen gewöhnlichen Differentialgleichungen von der 1. bis zur 4. Ordnung auf die Grundoperationen der elementaren Statik (Ermittlung von ideellen Querkräften und Momenten, Berechnung von ideellen Durchbiegungen und Neigungen, Lösung von homogener und inhomogener Matrix, usw.).

Durch eine Erweiterung des Ansatzes kann das Ersatzbalkenverfahren auch zur *Lösung von simultanen Systemen* der linearen gewöhnlichen Differentialgleichungen herangezogen werden. Die Anzahl der Gleichungen eines Systemes und damit auch der abhängigen Variablen ist beliebig. Die Ordnung des Systemes darf allerdings ebenfalls nur von der 1-ten bis zur 4-ten sein, da sich die zu lösenden Systeme durch entsprechende Linearkombinationen aus den angeführten Differentialgleichungen (A.I.1, 2) bilden lassen müssen, wie dies im Kapitel C dargelegt wird.

Die Integration der simultanen Systeme wird dadurch möglich, daß jeder dem System angehörenden Differentialgleichung und damit jeder auftretenden abhängigen Variablen jeweils ein Ersatztragwerk zugeordnet wird.

Die abhängigen Veränderlichen werden wieder als ideelle Durchbiegungen des jeweils zugewiesenen Ersatzbalkens aufgefaßt, während den auftretenden Ableitungen ideelle Formänderungsgrößen und ideelle ursächliche Schnittlasten unterstellt werden, deren Bedeutung ebenfalls durch Vergleich mit den Differentialbeziehungen des Balkens festgelegt wird. Die einzelnen Ersatztragwerke können nun bei simultanen Systemen aber nicht mehr unabhängig voneinander untersucht werden, da sich die verschiedenen ideellen Formänderungsgrößen und ideellen ursächlichen Schnittlasten gegenseitig beeinflussen. In dieser Wechselwirkung findet der bei simultanen Systemen bestehende Kopplungseffekt seinen Niederschlag.

A.II. Anwendungsbereich

Das Ersatzbalkenverfahren kann bei allen Aufgaben der Technik Anwendung finden, die durch die Differentialgleichungen (A.I.1, 2) und durch die daraus durch Linearkombination zu bildenden simultanen Systeme beschrieben werden. Viele Differentialgleichungen aus den Gebieten der Statik, Stabilitäts- und Elastizitätstheorie und der Dynamik werden sich auch direkt in die für die Entwicklung des Ersatzbalkenverfahrens aufbereiteten Gleichungen (B.I.4a—d) einordnen lassen. In diesen Fällen entfällt die im Abschnitt B.I. angegebene Transformation.

Der Themenkreis, der sich erfassen läßt, kann grundsätzlich in die beiden Gruppen

Eigenwertprobleme und *erweiterte Spannungsprobleme*

eingeteilt werden.

Die Eigenwertaufgaben führen auf homogene Matrizen, die sich aus einer formalen Berechnung der ideellen Formänderungen, die aber unbestimmt bleiben, ergeben. Die gesuchten Eigenwerte (kritische Last, Eigenfrequenz, usw.) sind Wurzeln des charakteristischen Polynomes oder sie werden durch die Nullsetzung der Nennerdeterminante ermittelt, wenn sich das Polynom nicht mehr geschlossen — was meist der Fall ist — darstellen läßt.

Die Matrizen der erweiterten Spannungsprobleme sind inhomogen, so daß sich aus ihnen die ideellen Durchbiegungen eindeutig berechnen lassen, womit die Integration der Differentialgleichungen gelungen ist. Wenn den Ableitungen der gesuchten Funktion oder gewissen daraus zu bildenden Linearkombinationen mechanische Größen zugeordnet sind und wenn deren Kenntnis für die gestellte Aufgabe von Bedeutung ist, so werden diese Werte als ideelle Formänderungen oder Schnittlasten des gewählten Ersatztragwerkes ermittelt.

Bei diesen beiden aufgezeigten, den Bauingenieur interessierenden Aufgabenkreisen eignet sich das Ersatzbalkenverfahren besonders für die Fälle, bei denen die Differentialgleichungen keiner oder nur mit großem mathematischen Aufwand einer geschlossenen Integration zugänglich sind. Es sind dies die Probleme des Ingenieurs, bei denen der Veränderlichkeit der Querschnittswerte und der Belastung, sowie den wechselnden Materialkennwerten (z. B.: elastischer, plastischer Bereich) Rechnung getragen werden muß.

Die Möglichkeit, die verschiedensten Aufgaben der genannten Gebiete mit nur einem einzigen Verfahren, das wiederum nur die elementaren Kenntnisse der Statik voraussetzt, zu beherrschen, wird für den tätigen Ingenieur sicher oft von Nutzen sein, da die Zeitnot die Einarbeitung in eine spezielle Methode meist verhindert, zumal ohne Zweifel mit der erstmaligen Anwendung einer auf die gestellte Aufgabe zugeschnittenen Theorie eine gewisse Unsicherheit verbunden sein wird. Andererseits wird es in speziellen Fällen durchaus zweckmäßig sein, andere bekannte Verfahren, von denen nur das Verfahren von RITZ, die Kraftgrößen- und Deformationsmethode, sowie die Steifigkeitsmethode erwähnt seien, mit Vorteil zu verwenden.

Es sei in diesem Zusammenhang deutlich betont, daß das nachstehende Ersatzbalkenverfahren die herkömmlichen Methoden weder ersetzen soll noch kann.

Andererseits wird dieses Verfahren aber auch dann mit Erfolg Anwendung finden, wenn das schematische Einsetzen in schwer zu überprüfende, unübersichtliche Formeln (z. B.: die expliziten Gleichungen des verdrehungsbeanspruchten Trägers) vermieden oder auch nur das oft recht mühsame Aufsuchen und Interpolieren der Werte von vertafelten Funktionen (z. B.: Hyperbel- und Besselfunktionen) umgangen werden soll.

Weiterhin kann das Ersatzbalkenverfahren in den Fällen ausgenutzt werden, bei denen ein erster Näherungswert von Interesse ist, der zur Beurteilung einer gewählten Konstruktion dient oder aber die Möglichkeit bietet, die Ergebnisse umfangreicher elektronischer Berechnungen zu überprüfen.

Es sei schließlich noch vermerkt, daß sich das Ersatzbalkenverfahren selbst sehr gut für den Einsatz von elektronischen Datenverarbeitungsanlagen eignet, da die einzelnen zu lösenden Grundaufgaben leicht zu programmieren sind. In vielen Fällen werden bereits Programme für die Anwendung vorliegen, da das Ersatzbalkenverfahren auf den Grundlagen der elementaren Statik basiert.

Es sei ferner auf die Möglichkeit hingewiesen, das Ersatzbalkenverfahren soweit wie möglich mit strengen Lösungsmethoden zu kombinieren, wodurch es gelingt, die Ansätze in der zweckmäßigsten und wirkungsvollsten Form darzustellen.

A.III. Literaturübersicht

Die Idee, die Verwandtschaft zwischen gewissen Klassen von Differentialgleichungen und den Beziehungen des Balkens auszunutzen, findet sich in neueren Arbeiten bei STÜSSI, SATTLER, BORNSCHEUER, LINDENBERGER und RESINGER.

STÜSSI [1] entwickelt für die Lösung der Differentialgleichungen mit Hilfe der Seilpolygongleichung drei- und fünfgliedrige Gleichungssysteme.

SATTLER [2] hat für die Lösung von Stabilitätsproblemen das Durchbiegungsverfahren entwickelt, das als Sonderfall im Ersatzbalkenverfahren enthalten ist.

BORNSCHEUER [3] und LINDENBERGER [4] weisen auf die Möglichkeit hin, die sich aus dem gleichartigen Aufbau der Differentialgleichungen für den querbelasteten Zugstab und für den verdrehungsbeanspruchten Träger ergeben.

RESINGER [5] zieht zur Lösung von Eigenwert- und Spannungsproblemen aus den verschiedensten Gebieten der Statik und Stabilitätstheorie die Steifigkeitsmethode heran.

B. Die Anwendung des Ersatzbalkenverfahrens für die Integration der linearen gewöhnlichen Differentialgleichungen

B.I. Transformation der allgemeinen Differentialgleichungen

Um das Ersatzbalkenverfahren abzuleiten, werden die Differentialgleichungen (A.I.1, 2) aufbereitet.

Hierzu werden die Summen in entwickelter Form dargestellt und die veränderlichen Koeffizienten $X_{m-i}(x)$ sowie $X_p(x)$ werden umbenannt, damit die Indizes entfallen können. Weiterhin wird für die Ableitungen der abhängigen Variablen $y(x)$ nach der unabhängigen Variablen x die vereinfachte Schreibweise

$$y'(x) = \frac{dy(x)}{dx}, \qquad y''(x) = \frac{d^2y(x)}{dx^2}, \quad \text{usw.}$$

verwendet. Diese Vereinbarung soll im übrigen ganz allgemein gelten.

B.I.1. Differentialgleichung 1. Ordnung $(m = 1)$

Aus der Gl. (A.I.1) ergibt sich mit

$$X_1(x) = S(x), \qquad X_0(x) = A(x) \qquad \text{und} \qquad X_p(x) = F(x) \qquad \text{(B.I.1a)}$$

die Gleichung

$$S(x)\,y'(x) + A(x)\,y(x) + F(x) = 0. \qquad \text{(B.I.2)}$$

Um den Anschluß an die Differentialgleichungen der 2. bis 4. Ordnung zu erhalten, wird bei der Differentialgleichung folgende Substitution verwendet

$$y(x) = \frac{d\bar{y}(x)}{dx} \qquad \text{und} \qquad y'(x) = \frac{d^2\bar{y}(x)}{dx^2}. \qquad \text{(B.I.3)}$$

Damit erhält die Gleichung (B.I.2) folgende Gestalt

$$S(x)\,\bar{y}''(x) + A(x)\,\bar{y}'(x) + F(x) = 0. \qquad \text{(B.I.4a)}$$

Ein Vergleich der Gl. (B.I.4a) mit der im folgenden Abschnitt B.I.2. angegebenen Differentialgleichung 2. Ordnung (B.I.4b) ergibt, daß sich die Differentialgleichung 1. Ordnung als Sonderfall der Differentialgleichung 2. Ordnung behandeln läßt $(\bar{y}\|y; \; B(x) = 0)$. Aus diesem Grunde gelten die nachfolgenden Entwicklungen für die Differentialgleichung 2. Ordnung weitgehend auch für die Differentialgleichung 1. Ordnung, sodaß sich eine ausführliche Untersuchung der Differentialgleichung 1. Ordnung erübrigt. Soweit gewisse Besonderheiten bei der Behandlung der Differentialgleichung 1. Ordnung zu beachten sind, werden entsprechende Hinweise gegeben.

B.I.2. Differentialgleichung 2. Ordnung $(m = 2)$

Aus der Gl. (A.I.1) folgt mit

$$X_2(x) = S(x), \qquad X_1(x) = A(x), \qquad X_0(x) = B(x) \qquad \text{und} \qquad X_p(x) = F(x)$$
$$\text{(B.I.1b)}$$

die Gleichung

$$S(x)\, y''(x) + A(x)\, y'(x) + B(x)\, y(x) + F(x) = 0. \qquad \text{(B.I.4b)}$$

B.I.3. Differentialgleichung 3. Ordnung $(m = 3)$

Aus der Gl. (A.I.1) ergibt sich

$$X_3(x)\, y'''(x) + X_2(x)\, y''(x) + X_1(x)\, y'(x) + X_0(x)\, y(x) + X_p(x) = 0.$$

Diese Gleichung wird mit der Identität

$$X_3' \cdot y'' - X_3' \cdot y'' = 0$$

erweitert und lautet nun

$$[X_3(x)\, y'''(x) + X_3'(x)\, y''(x)] + [X_2(x) - X_3'(x)]\, y''(x) +$$
$$+ X_1(x)\, y'(x) + X_0(x)\, y(x) + X_p(x) = 0.$$

Wird gesetzt

$$X_3(x) = S(x), \qquad X_2(x) - X_3'(x) = A(x),$$
$$X_1(x) = B(x), \qquad X_0(x) = C(x) \qquad \text{und} \qquad X_p(x) = F(x), \qquad \text{(B.I.1c)}$$

so gilt

$$[S(x)\, y''(x)]' + A(x)\, y''(x) + B(x)\, y'(x) + C(x)\, y(x) + F(x) = 0. \qquad \text{(B.I.4c)}$$

B.I.4. Differentialgleichung 4. Ordnung $(m = 4)$

Aus der Gl. (A.I.1) folgt

$$X_4(x)\, y^{IV}(x) + X_3(x)\, y'''(x) + X_2(x)\, y''(x) + X_1(x)\, y'(x) +$$
$$+ X_0(x)\, y(x) + X_p(x) = 0.$$

Diese Gleichung wird mit der Identität

$$2X_4'(x)\, y'''(x) + X_4''(x)\, y''(x) - 2X_4'(x)\, y'''(x) - X_4''(x)\, y''(x) = 0$$

erweitert und lautet dann

$$[X_4(x)\, y^{IV}(x) + 2X_4'(x)\, y'''(x) + X_4''(x)\, y''(x)] +$$
$$+ [X_3(x) - 2X_4'(x)]\, y'''(x) + [X_2(x) - X_4''(x)]\, y''(x) +$$
$$+ X_1(x)\, y'(x) + X_0(x)\, y(x) + X_p(x) = 0.$$

Wird gesetzt

$$X_4(x) = S(x), \qquad X_3(x) - 2X_4'(x) = A(x),$$
$$X_2(x) - X_4''(x) = B(x), \qquad X_1(x) = C(x), \qquad \text{(B.I.1d)}$$
$$X_0(x) = D(x) \qquad \text{und} \qquad X_p(x) = F(x),$$

so gilt

$$[S(x)\, y''(x)]'' + A(x)\, y'''(x) + B(x)\, y''(x) +$$
$$+ C(x)\, y'(x) + D(x)\, y(x) + F(x) = 0. \tag{B.I.4d}$$

In diesen entwickelten Differentialgleichungen (B.I.4a—d), die sich durch Umformung aus der Gl. (A.I.1) ergeben und die den weiteren Untersuchungen zu Grunde gelegt werden, sind die Funktionen $S(x)$, $A(x)$, $B(x)$, $C(x)$, $D(x)$ und $F(x)$ vorgegeben. Aus den Gln. (B.I.4) ist ersichtlich, daß die Funktion $S(x)$ eine Sonderstellung einnimmt. Sie wird beim Vergleich mit den Differentialbeziehungen des Balkens als ideelle Biegesteifigkeit des Ersatzstabes

$$S(x) = [EI(x)]_{id} \tag{B.I.5}$$

gedeutet werden und muß daher stets verschieden von Null sein.

Wird die Definition nach Gl. (B.I.5) beachtet, so zeigt es sich, daß viele der zu integrierenden Differentialgleichungen des Bauingenieurwesens bereits den Aufbau der Gln. (B.I.4) aufweisen und daß die in diesem Abschnitt durchgeführte Transformation entfallen kann. Liegt andererseits eine Differentialgleichung vom allgemeinen Typ der Gl. (A.I.1) vor, so brauchen selbstverständlich die einzelnen Schritte der Umformung nicht jedesmal erneut durchgeführt zu werden, sondern die neuen veränderlichen Koeffizienten — $S(x)$, $A(x)$, $B(x)$, usw. — können direkt aus den mitgeteilten Gleichungen (B.I.1a—d) berechnet werden, wodurch keine wesentliche Mehrarbeit entsteht.

B.II. Die Grundgleichungen des Ersatzbalkenverfahrens

Durch das Ersatzbalkenverfahren wird die Integration der linearen gewöhnlichen Differentialgleichungen auf die 2 Grundaufgaben der klassischen Statik

1. Berechnung von ideellen ursächlichen Schnittlasten und
2. Ermittlung von ideellen Formänderungen

eines statisch bestimmten oder statisch unbestimmten Ersatztragwerkes zurückgeführt.

Die Lösung der 1. Grundaufgabe, jeder vorgelegten Differentialgleichung ideelle ursächliche Schnittlasten zuzuweisen, gelingt durch einen Vergleich mit den Differentialbeziehungen des Balkens. Nachdem der zu integrierenden Differentialgleichung insbesondere ein ideelles ursächliches Moment zugeordnet wurde, kann die 2. Grundaufgabe, die Berechnung von ideellen Formänderungen an dem gewählten Ersatztragwerk, wie in der klassischen Statik mit Hilfe der Variation der Formänderungsarbeit nach den Spannungen gelöst werden.

B.II.1. Die Lösung der 1. Grundaufgabe

Die Differentialgleichungen (B.I.4) und die daraus resultierenden Differentialbeziehungen als ideelle ursächliche Schnittlasten eines Ersatzbalkens zu deuten, tritt klar zutage, wenn diese den Grundgleichungen des Biegebalkens gegenübergestellt werden.

Unter Verwendung der folgenden Bezeichnungen

$v(x) \triangleq$ Durchbiegung

$I(x) \triangleq$ Trägheitsmoment um die z-Achse

$E \quad \triangleq$ Elastizitätsmodul

$p(x) \triangleq$ verteilte Belastung

$Q(x) \triangleq$ Querkraft

$M(x) \triangleq$ Moment

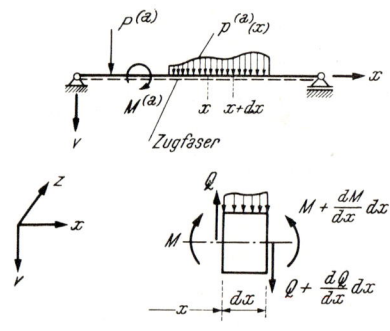

Abb. 1.   Elementarbalken

und bei Beachtung der aus Abb. 1 ersichtlichen Definitionen gelten nachstehende Differentialbeziehungen für den Balken:

$$[EI(x)\, v''(x)]'' = p(x) \qquad \text{(B.II.1)}$$

$$[EI(x)\, v''(x)]' = - Q(x) =$$

$$= \int p(x)\, dx - K_1 \qquad \text{(B.II.2)}$$

$$[EI(x)\, v''(x)] = - M(x) =$$

$$= - \int Q(x)\, dx - K_2 = \qquad \text{(B.II.3)}$$

$$= \int \int p(x)\, dx\, dx - K_1\, x - K_2.$$

Werden nun die Differentialgleichungen (B.I.4) derart umgeformt, daß auf der linken Seite nur der Ausdruck $S(x)\, y''(x)$ oder dessen Ableitung steht, so ist die Deutung der Differentialgleichungen als Differentialbeziehungen eines Ersatzbalkens evident:

$$S(x)\, \bar{y}''(x) = - \{A(x)\, \bar{y}'(x) + F(x)\} \qquad \text{(B.II.4a)}$$

$$S(x)\, y''(x) = - \{A(x)\, y'(x) + B(x)\, y(x) + F(x)\} \qquad \text{(B.II.4b)}$$

$$[S(x)\, y''(x)]' = - \{A(x)\, y''(x) + B(x)\, y'(x) + C(x)\, y(x) + F(x)\} \qquad \text{(B.II.4c)}$$

$$[S(x)\, y''(x)]'' = - \{A(x)\, y'''(x) + B(x)\, y''(x) + C(x)\, y'(x) +$$

$$+ D(x)\, y(x) + F(x)\}. \qquad \text{(B.II.4d)}$$

Deutet man die Funktion $S(x)$ — wie bereits erwähnt — als ideelle Biegesteifigkeit eines Ersatzbalkens

$$S(x) = [EI(x)]_{id} \qquad \text{(B.II.5)}$$

und $y(x)$ als ideelle Durchbiegung

$$y(x) = [v(x)]_{id}, \qquad \text{(B.II.6)}$$

so sind bei den Differentialgleichungen 1. und 2. Ordnung (B.I.4a, b) Ersatztragwerke mit den folgenden äußeren Momentenbelastungen, die als ideelle Ausgangsmomente bezeichnet werden, zu untersuchen:

Differentialgleichung 1. Ordnung:

$$- S(x)\, \bar{y}''(x) = M_{id}^{(a)}(x, \bar{y}') = A(x)\, \bar{y}'(x) + F(x). \qquad \text{(B.II.7)}$$

Differentialgleichung 2. Ordnung:

$$- S(x)\, y''(x) = M_{id}^{(a)}(x, y, y') = A(x)\, y'(x) +$$

$$+ B(x)\, y(x) + F(x). \qquad \text{(B.II.8)}$$

Diese Deutung ergibt sich aus dem Vergleich mit der Differentialbeziehung (B.II.3).

Bei der *Differentialgleichung 3. Ordnung* (B.I.4c) ergibt sich aus einem Vergleich mit der Gl. (B.II.2), daß in diesem Fall ein Ersatzbalken untersucht werden muß, dem eine äußere Querkraftbelastung, die als ideelle Ausgangsquerkraft bezeichnet wird, eingeprägt ist:

$$- [S(x)\, y''(x)]' = Q_{id}{}^{(a)}(x, y, y', y'') = A(x)\, y''(x) + B(x)\, y'(x) +$$
$$+ C(x)\, y(x) + F(x). \tag{B.II.9}$$

Für die *Differentialgleichung 4. Ordnung* (B.I.4d) folgt auf Grund der Gl. (B.II.1), daß ein Ersatzsystem mit der eingeprägten äußeren verteilten Belastung, die als ideelle Ausgangsbelastung bezeichnet wird,

$$[S(x)\, y''(x)]'' = p_{id}{}^{(a)}(x, y, y', y'', y''') = - \{A(x)\, y'''(x) + B(x)\, y''(x) +$$
$$+ C(x)\, y'(x) + D(x)\, y(x) + F(x)\} \tag{B.II.10}$$

berechnet werden muß.

Um nun den Differentialgleichungen ideelle ursächliche Schnittlasten, insbesondere ideelle ursächliche Momente zuzuordnen, kann die Gleichung (B.II.3) herangezogen werden.

Mit den Deutungen der Gleichungen (B.II.5, 6) gilt für das ideelle ursächliche Moment allgemein

$$M_{id}{}^u = - [S(x)\, y''(x)] \equiv - [EI(x)\, v''(x)]_{id}. \tag{B.II.11}$$

Unter Verwendung der Gleichung (B.II.11) und der Gleichungen (B.II.7, 8, 9, 10) können die Differentialgleichungen (B.I.4a—d) auf die folgende Form gebracht werden:

Differentialgleichung 1. Ordnung:

$$M_{id}{}^u(x, \bar{y}') = M_{id}{}^{(a)}(x, \bar{y}') \tag{B.II.12a}$$

Differentialgleichung 2. Ordnung:

$$M_{id}{}^u(x, y, y') = M_{id}{}^{(a)}(x, y, y') \tag{B.II.12b}$$

Differentialgleichung 3. Ordnung:

$$[M_{id}{}^u(x, y, y')]' = Q_{id}{}^{(a)}(x, y, y', y'') \tag{B.II.12c}$$

Differentialgleichung 4. Ordnung:

$$[M_{id}{}^u(x, y, y')]'' = - p_{id}{}^{(a)}(x, y, y', y'', y'''). \tag{B.II.12d}$$

Für jede Differentialgleichung ist somit ein ideelles ursächliches Moment angebbar und die 1. Grundaufgabe ist grundsätzlich gelöst. Diese den Differentialgleichungen zugeordneten Momente sind nur noch von x, y und y' bzw. $\bar{y}'$ abhängig.

Diese Aussage gilt unter der Voraussetzung, daß die bei der Integration der Gleichungen (B.II.12c, d) entstehenden Konstanten aus den Randbedingungen eindeutig bestimmt werden können. Ist dies nicht der Fall — dies ist bei Randwertaufgaben unter Umständen möglich — dann treten bei der Differentialgleichung 3. Ordnung eine Konstante K und bei der Differentialgleichung 4. Ordnung zwei Konstanten (K_1, K_2) als zusätzliche Unbekannte auf.

Wie im Abschnitt B.IV. gezeigt wird, können anstelle der Konstanten K durch entsprechende Umformung die sogenannten Randmomente $M_R{}^u$ eingeführt werden.

Die Gln. (B.II.12c, d) lauten dann:
Differentialgleichung 3. Ordnung:

$$[M_{id}{}^u(x, y, y', K)]' = [M_{id}{}^u(x, y, y', M_R{}^u)]' = Q_{id}{}^{(a)}(x, y, y', y'') \qquad \text{(B.II.12e)}$$

Differentialgleichung 4. Ordnung:

$$[M_{id}{}^u(x, y, y', K)]'' = [M_{id}{}^u(x, y, y', M_R{}^u)]'' = -p_{id}{}^{(a)}(x, y', y'', y'''). \qquad \text{(B.II.12f)}$$

Es ist für die grundsätzliche Erläuterung des Verfahrens zunächst unerheblich, daß es im weiteren Verlauf der Untersuchungen notwendig werden wird, die ideellen ursächlichen äußeren Belastungen $Q_{id}{}^{(a)}$ und $p_{id}{}^{(a)}$ aufzubereiten, um die ideéllen ursächlichen Momente nur in Abhängigkeit von $y(x)$, $y'(x)$ und $M_R{}^u$ darstellen zu können. Ferner wird es auch zweckmäßig sein, anderen sich aus den Differentialgleichungen ergebenden Differentialbeziehungen bestimmte Begriffe der technischen Biegetheorie zu unterstellen. Dies wird unter Beachtung der Gleichungen (B.II.1, 2, 3) im Abschnitt B.III. erfolgen.

B.II.2. Die Lösung der 2. Grundaufgabe

Da die abhängige Veränderliche $y(x)$ entsprechend Gl. (B.II.6) als ideelle Durchbiegung des Ersatzbalkens gedeutet wird, kann die erste Ableitung $y'(x)$ als ideelle Neigung

$$y'(x) = [v'(x)]_{id} \qquad \text{(B.II.13)}$$

des Ersatztragwerkes aufgefaßt werden.

Die ideellen ursächlichen Momente sind nach Abschnitt B.II.1. (Gln. (B.II.12a, b, e, f)) von y, y' und $M_R{}^u$ abhängig[1], so daß die 2. Grundaufgabe darin bestehen wird, unter Verwendung der vorgegebenen ideellen äußeren Belastung bzw. der den Differentialgleichungen zugeordneten ideellen ursächlichen Momente, Grundgleichungen für die ideellen Durchbiegungen und Neigungen zu entwickeln, aus denen die Unbekannten (y, y', $M_R{}^u$) berechnet werden können.

Formal sind nur Bestimmungsgleichungen für die Durchbiegungen und Neigungen anzusetzen, da in den Fällen, in denen auch Randmomente $M_R{}^u$ als Unbekannte auftreten, bereits Aussagen über die Randdurchbiegungen bzw. Randdrehungen vorliegen, so daß die dafür gültigen Gleichungen nun als Bestimmungsgleichungen für die Randmomente zur Verfügung stehen.

Im Abschnitt B.V. wird gezeigt, daß die Anzahl der zur Verfügung stehenden Gleichungen gerade der Anzahl der jeweils auftretenden unbekannten Größen entspricht.

Ist insbesondere die ideelle Durchbiegung y_i an jeder Stelle x_i des Ersatzbalkens bekannt, dann ist die gesuchte Funktion $y(x)$ gefunden und die Differentialgleichungen (B.I.4a, b, c, d) sind integriert.

Als Ausgangspunkt dienen für die Lösung der 2. Grundaufgabe die Ansätze der klassischen Statik.

---

[1] Da die Differentialgleichung 1. Ordnung als Sonderfall der Differentialgleichung 2. Ordnung aufgefaßt werden kann (vergleiche Gln. (B.I.4a, b)), wird sie bei den folgenden Entwicklungen nicht im einzelnen untersucht. Auf Besonderheiten wird von Fall zu Fall hingewiesen!

Als Ansatz für die Berechnung der Formänderungen eines Stabwerkes infolge einer äußeren Belastung $P^{(a)}$, $p^{(a)}(x)$, $M^{(a)}$ — auch als ursächliche Belastung bezeichnet — und infolge eingeprägter Verschiebungen Δ_r und eingeprägter Drehungen φ_s wird in der elementaren Statik die Variation der Formänderungsarbeit nach den Spannungen gewählt (Abb. 2).

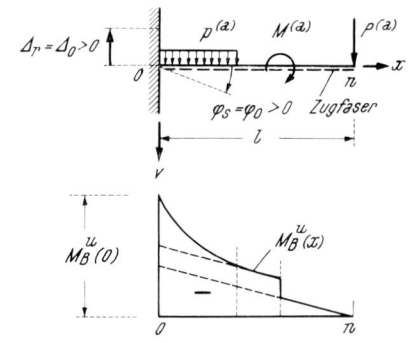

Wird die Durchbiegung v_i eines Punktes gesucht und die virtuelle Belastung $\mathfrak{P}_i = 1$ — auch als Hilfsbelastung bezeichnet — so gewählt, daß die gefragte Durchbiegung v_i unmittelbar durch den Ausdruck der Arbeit der virtuellen eingeprägten Kräfte $\mathfrak{P}_i v_i = 1_i v_i$ angegeben werden kann, dann besitzt der Ausdruck für die Variation der Formänderungsarbeit nach den Spannungen die folgende Form

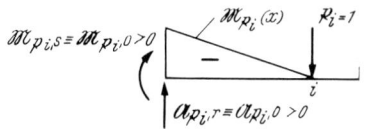

$$1_i v_i + \sum_s \mathfrak{M}_{\mathfrak{p}_i,s} \cdot \varphi_s + \sum_r \mathfrak{A}_{\mathfrak{p}_i,r} \cdot \Delta_r =$$

$$= \int_0^l \mathfrak{M}_{\mathfrak{p}_i}(x)\, M_B{}^u(x)\, \frac{dx}{E\,I(x)}. \quad \text{(B.II.14)}$$

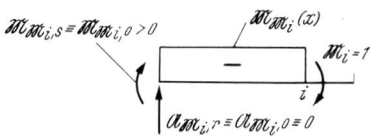

In dieser Gleichung bedeuten $\mathfrak{M}_{\mathfrak{p}_i,s}$ und $\mathfrak{A}_{\mathfrak{p}_i,r}$ die Stützenreaktionen und $\mathfrak{M}_{\mathfrak{p}_i}(x)$ die sich aus der virtuellen Belastung ($\mathfrak{P}_i$, $\mathfrak{M}_{\mathfrak{p}_i,s}$ und $\mathfrak{A}_{\mathfrak{p}_i,r}$) ergebende Schnittlast.

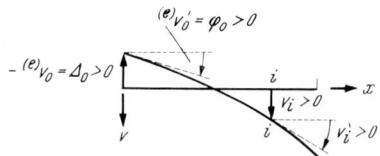

$M_B{}^u(x)$ ist das ursächliche Moment infolge der vorgegebenen äußeren Belastung ($P^{(a)}$, $p^{(a)}(x)$, $M^{(a)}$, Δ_r, φ_s). Weiterhin sei der Richtungssinn der eingeprägten Verschiebungen Δ_r und der eingeprägten Drehungen φ_s im Sinne von $\mathfrak{A}_{\mathfrak{p}_i,r}$ und $\mathfrak{M}_{\mathfrak{p}_i,s}$ positiv (Abb. 3).

Abb. 2. Zur Ableitung der Grundgleichungen

In ähnlicher Weise kann der Ansatz für die Berechnung der Neigung formuliert werden. Hierzu wird als virtuelle Belastung ein Moment $\mathfrak{M}_i = 1$ gewählt, das am Querschnitt i im Sinne von $v_i{}'$ einen positiven Drehsinn haben soll.

Werden die aus $\mathfrak{M}_i$ entstehenden Stützenreaktionen mit $\mathfrak{M}_{\mathfrak{M}_i,s}$ und $\mathfrak{A}_{\mathfrak{M}_i,r}$ und das sich aus $\mathfrak{M}_i$, $\mathfrak{M}_{\mathfrak{M}_i,s}$ und $\mathfrak{A}_{\mathfrak{M}_i,r}$ ergebende Moment mit $\mathfrak{M}_{\mathfrak{M}_i}(x)$ bezeichnet, so gilt für die Variation der Formänderungsarbeit nach den Spannungen:

$$1_i v_i{}' + \sum_s \mathfrak{M}_{\mathfrak{M}_i,s} \cdot \varphi_s + \sum_r \mathfrak{A}_{\mathfrak{M}_i,r} \cdot \Delta_r = \int_0^l \mathfrak{M}_{\mathfrak{M}_i}(x)\, M_B{}^u(x)\, \frac{dx}{E\,I(x)}. \quad \text{(B.II.15)}$$

φ_s, $\varDelta_r$ und $M_B{}^u(x)$ haben in dieser Gleichung dieselbe Bedeutung wie in der Gl. (B.II.14).

Es gilt nun, die Ansätze (B.II.14, 15) für die Integration der Differentialgleichungen nutzbar zu machen.

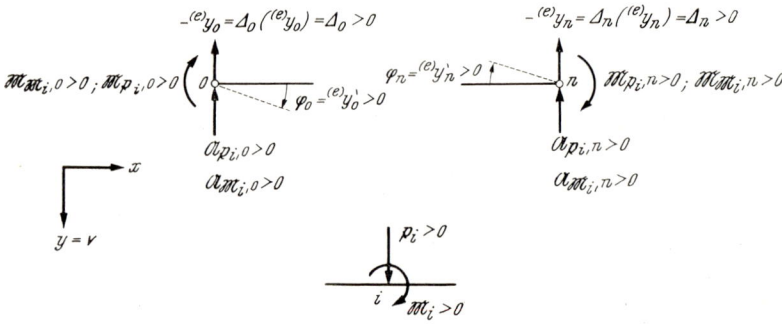

Abb. 3. Festlegung der Vorzeichen

Dieser Übergang ergibt sich mit den in den Gln. (B.II.5), (B.II.6), (B.II.12a, b, e, f) und (B.II.13) getroffenen Deutungen zwangsläufig. Werden diese Werte in die Gln. (B.II.14) und (B.II.15) eingesetzt, so lautet die Gl. (B.II.14)

$$1_i\, y_i + \sum_s \mathfrak{M}_{\mathfrak{p}_i,s} \cdot \varphi_s + \sum_r \mathfrak{A}_{\mathfrak{p}_i,r} \cdot \varDelta_r = \int\limits_0^l \mathfrak{M}_{\mathfrak{p}_i}(x)\, M_{id}{}^u(x, y, y', M_R{}^u)\, \frac{dx}{S(x)} \quad \text{(B.II.14a)}$$

und aus der Gl. (B.II.15) ergibt sich:

$$1_i\, y_i' + \sum_s \mathfrak{M}_{\mathfrak{M}_i,s} \cdot \varphi_s + \sum_r \mathfrak{A}_{\mathfrak{M}_i,r} \cdot \varDelta_r = \int\limits_0^l \mathfrak{M}_{\mathfrak{M}_i}(x)\, M_{id}{}^u(x, y, y', M_R{}^u)\, \frac{dx}{S(x)} \, .$$

$$\text{(B.II.15a)}$$

Durch den Einsatz von $M_{id}{}^u(x, y, y', M_R{}^u)$ (Abb. 4) anstelle von $M_B{}^u(x)$ tritt auf der rechten Seite unter den Integralen sowohl die gesuchte Funktion $y(x)$ als auch deren erste Ableitung $y'(x)$ auf, so daß die Gln. (B.II.14a) und (B.II.15a) Integralgleichungen sind.

Das Ersatzbalkenverfahren kann somit auch als *Integralgleichungsmethode* gedeutet werden.

Das Durchbiegungsverfahren von SATTLER [2], das für die Lösung von speziellen Aufgaben der Stabilitätstheorie Verwendung findet, ist als Sonderfall in der Gl. (B.II.14a) enthalten.

Bei den Integralgleichungen (B.II.14a) und (B.II.15a) ist noch zu klären, welche Bedeutung den eingeprägten Verschiebungen $\varDelta_r$ und den eingeprägten Drehungen φ_s zukommt. Diese eingeprägten Formänderungen ergeben sich aus den vorgeschriebenen Anfangs- und Randbedingungen für das vorgelegte Problem, soweit sich diese Bedingungen auf die Einhaltung von ideellen Durchbiegungen ${}^{(e)}y_r$ im Randpunkt r und von ideellen Drehungen ${}^{(e)}y_s'$ im Randpunkt s beziehen. Es gilt somit (Abb. 3)

$$\varphi_s = \varphi_s({}^{(e)}y_s') \qquad\qquad \text{(B.II.16a)}$$

und

$$\Delta_r = \Delta_r(^{(e)}y_r),\qquad\text{(B.II.16b)}$$

so daß die Gln. (B.II.14a) und (B.II.15a) die folgende endgültige Form annehmen:

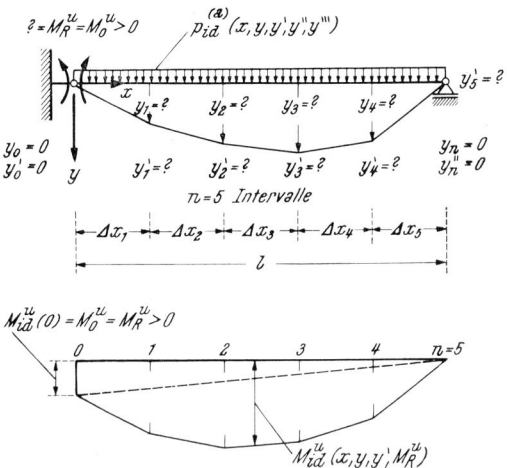

Abb. 4. Ideelles ursächliches Moment $M_{id}{}^u$ infolge der ideellen Ausgangsbelastung $p_{id}{}^{(a)}$ bei einer Differentialgleichung 4. Ordnung

$$1_i\,y_i + \sum_s \mathfrak{M}_{\mathfrak{p}_i,s}\cdot\varphi_s(^{(e)}y_s') + \sum_r \mathfrak{A}_{\mathfrak{p}_i,r}\cdot\Delta_r(^{(e)}y_r) =$$

$$= \int_0^l \mathfrak{M}_{\mathfrak{p}_i}(x)\,M_{id}{}^u(x,y,y',M_R{}^u)\,\frac{dx}{S(x)}\,.\qquad\text{(B.II.14b)}$$

$$1_i\,y_i' + \sum_s \mathfrak{M}_{\mathfrak{M}_i,s}\cdot\varphi_s(^{(e)}y_s') + \sum_r \mathfrak{A}_{\mathfrak{M}_i,r}\cdot\Delta_r(^{(e)}y_r) =$$

$$= \int_0^l \mathfrak{M}_{\mathfrak{M}_i}(x)\,M_{id}{}^u(x,y,y',M_R{}^u)\,\frac{dx}{S(x)}\,.\qquad\text{(B.II.15b)}$$

Mit der Formulierung der Bedingungsgleichungen (B.II.14b) und (B.II.15b) ist auch die 2. Grundaufgabe formal gelöst. Es sei darauf hingewiesen, daß bei der Differentialgleichung 1. Ordnung nur Gleichungen vom Typ (B.II.15b) zu formulieren sind.

B.II.3. Zusammenfassung

Die Lösung der Differentialgleichungen (B.I.4a, b, c, d) wird durch die Grundgleichungen auf die Berechnung von ideellen ursächlichen Momenten (Gln. (B.II.12a, b, e, f)) und auf die Untersuchung der Integralgleichungen (B.II.14b) und (B.II.15b) zurückgeführt. Die Ermittlung von Momenten an einem Tragwerk und auch die Lösung der „Integralgleichungen", die die bekannte Berechnung von Durchbiegungen und Neigungen eines Ersatztragwerkes beinhalten, gehören zu den Grundaufgaben der Statik und ihre Lösung bereitet keine Schwierigkeiten. Die gewonnenen Grundgleichungen müssen allerdings noch weiter umgeformt werden, damit auch die numerische Auswertung mit den einfachsten Methoden der Statik möglich wird.

Es sei in diesem Zusammenhang darauf hingewiesen, daß durch die Beschränkung auf die linearen gewöhnlichen Differentialgleichungen von der 1-ten bis zur 4-ten Ordnung nur ideelle Durchbiegungen und Neigungen[1] zu berechnen sind, da bei der Darstellung der ideellen ursächlichen Momente, die in die Grundgleichungen (B.II.14b) und (B.II.15b) eingeführt werden, die höheren Ableitungen eliminiert werden können.

Grundsätzlich kann das Ersatzbalkenverfahren aber auch in einfachster Weise zur Integration der linearen gewöhnlichen Differentialgleichungen von höherer als der 4. Ordnung herangezogen werden, wenn die von NEMÉNYI [6] entwickelten Singularitäten höherer Ordnung eingeführt werden. Die Anwendung dieser Singularitäten wird unter Umständen bei der Integration von simultanen Systemen des allgemeinen Typs bis zur 4. Ordnung zweckmäßig werden. Diese Zusammenhänge werden im Abschnitt C dargelegt. Die Singularitäten der ebenen Tragwerke, die ebenfalls von NEMÉNYI entwickelt und die von PUCHER erstmalig zur Berechnung von Einflußfeldern isotroper Platten und vom Verfasser zur Ermittlung von Einflußfeldern orthotroper Platten und Scheiben verwendet wurden, gestatten, das Ersatzbalkenverfahren auch auf die Behandlung von partiellen Differentialgleichungen auszudehnen. Darüber wird an anderer Stelle zu berichten sein.

B.III. Die Aufbereitung der Grundgleichungen

Im vorhergehenden Abschnitt konnte die Integration der Differentialgleichungen grundsätzlich auf zwei Grundoperationen der Statik reduziert werden. Um aber diese gefundenen Ansätze einer numerischen Auswertung zugänglich zu machen, sind sie noch in eine zweckdienliche Form zu kleiden.

Diese Umformung gelingt, wenn das Ersatzsystem, dessen Wahl von der Anzahl und der Art der vorgeschriebenen Anfangs- oder Randbedingungen abhängt, in eine beliebige Anzahl n von Intervallen eingeteilt wird und den einzelnen Teilpunkten i allerdings noch unbekannte Ordinaten y_i und Neigungen y_i' zugewiesen werden (Abb. 5b). Unter Verwendung dieser Werte werden die notwendigen Gleichungen formuliert, wobei so verfahren wird, als ob die ideellen Durchbiegungen y_i und die ideellen Neigungen y_i' der Teilpunkte bekannt sind (Abb. 5c, d).

B.III.1. Entwicklung der ideellen ursächlichen Schnittlasten

Für die einzelnen Differentialgleichungen und für die sich daraus ergebenden Differentialbeziehungen werden unter den oben dargelegten Voraussetzungen in diesem Abschnitt die ideellen ursächlichen Schnittlasten definiert.

---

[1] Bei der Differentialgleichung 1. Ordnung sind in allen Fällen nur ideelle Neigungen zu ermitteln.

Für die Berechnung der ideellen ursächlichen Schnittlasten wird der Elementarstab (Abb. 5a), dessen ideelle Stützweite l_{id} sich aus der Länge des Integrationsbereiches ergibt, zugrunde gelegt[1].

Wenn sich die ideellen ursächlichen Schnittlasten mit Hilfe der Differentialbeziehungen und unter Beachtung der Anfangs- und Randbedingungen eindeutig und nur in Abhängigkeit von den allerdings noch unbekannten ideellen Durchbiegungen y_i und ideellen Drehungen y_i' darstellen lassen, dann wird das der Differentialgleichung zugeordnete endgültige Gesamtersatzstabwerk im Sinne des Ersatzbalkenverfahrens als statisch bestimmt bezeichnet (Abb. 5c). Dieses statisch bestimmte Gesamtersatztragwerk des Ersatzbalkenverfahrens braucht im Sinne der Kraftgrößenmethode nicht zwangsläufig ebenfalls statisch bestimmt zu sein, da beim Ersatzbalkenverfahren im Gegensatz zur Kraftgrößenmethode unbekannte ideelle ursächliche Schnittlasten, soweit wie möglich, durch Formänderungsgrößen ausgedrückt werden.

An zwei einfachen Beispielen aus dem Gebiete des Bauingenieurwesens soll dieser Unterschied dargelegt werden.

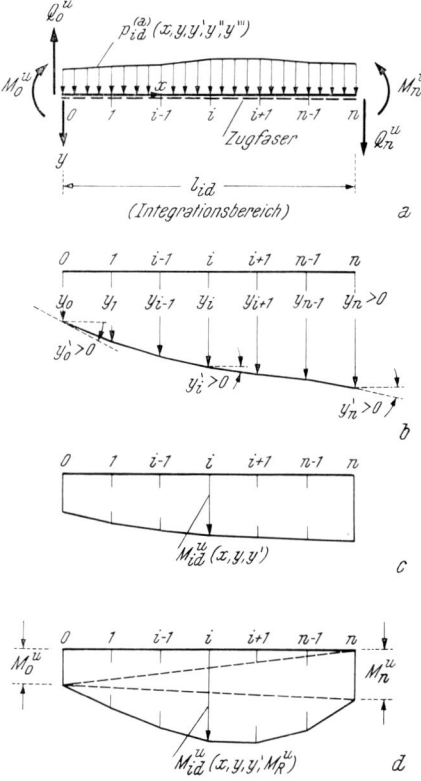

Abb. 5. Zur Entwicklung der ideellen ursächlichen Momente
a) Elementarstab mit Belastung,
b) angenommene ideelle Biegelinie,
c) ideelles ursächliches Moment $M_{id}{}^u$ beim statisch bestimmten Ersatztragwerk,
d) ideelles ursächliches Moment $M_{id}{}^u$ beim statisch unbestimmten Ersatztragwerk

1. Beispiel:

Der in Abb. 6a skizzierte im Punkt o drehelastisch eingespannte Druckstab mit gleichmäßig verteilter Querbelastung p_0 ist nach der Kraftgrößenmethode einfach statisch unbestimmt. Das „ideelle ursächliche" Moment, das im vorliegenden Fall mit dem wirklichen Biegemoment des Balkens identisch ist, lautet

$$M(x, y, M_0) = N\, y(x) + \frac{p_0\, l^2}{2}\left\{\frac{x}{l} - \frac{x^2}{l^2}\right\} + M_0\left\{1 - \frac{x}{l}\right\}.$$

Die statisch überzählige Größe ist das Moment M_0. Beim Ersatzbalkenverfahren wird nun das Moment M_0 durch die Randbedingung

$$M_0 = -E\, I_0 \cdot y_0'' = -d_0 y_0'$$

---

[1] Die folgenden Ausführungen (bis zum Abschnitt B.III.1.1.) gehören dem Inhalt nach zum Abschnitt B.IV. Die Erörterung an dieser Stelle dürfte aber wesentlich zum Verständnis der folgenden Entwicklungen beitragen.

eliminiert und für das Biegemoment gilt

$$M_{id}{}^u(x, y, y_0') = N\, y(x) + \frac{p_0\, l^2}{2}\left\{\frac{x}{l} - \frac{x^2}{l^2}\right\} - d_0\, y_0'\left\{1 - \frac{x}{l}\right\}.$$

Das Moment ist somit nur noch von den unbekannten Formänderungsgrößen abhängig und daher wird es beim Ersatzbalkenverfahren als statisch bestimmt bezeichnet. Der Grad der geometrischen Unbestimmtheit erhöht sich allerdings um eins.

2. Beispiel:

Der in Abb. 6b skizzierte, im Punkt *o* elastisch gestützte Druckstab mit gleichmäßig verteilter Belastung p_0 ist nach der Kraftgrößenmethode einfach statisch unbestimmt. Das „ideelle ursächliche" Moment stimmt auch bei dieser Aufgabe mit dem wirklichen Biegemoment überein und lautet:

$$M(x, y, A_0) = N\{y(x) - y_0\} - \frac{p_0\, x^2}{2} + A_0\, x.$$

Als statisch Überzählige wurde bei diesem Stab die Auflagerkraft A_0 eingeführt, um den Übergang zum Ersatzbalkenverfahren deutlich zu machen. Beim Ersatzbalkenverfahren wird nun in der Gleichung für das Moment die Auflagerkraft A_0 auf Grund der Randbedingung durch den Wert

$$A_0 = - [E\, I_0\, y_0'']' - N\, y_0' = c_0\, y_0$$

ersetzt, so daß die folgende Beziehung gilt

$$M_{id}{}^u(x, y) = N\{y(x) - y_0\} - \frac{p_0\, x^2}{2} + c_0\, y_0\, x.$$

Damit ist auch in diesem Fall das Moment nur noch von unbekannten Formänderungsgrößen abhängig und daher im Sinne des Ersatzbalkenverfahrens statisch bestimmt.

Bei den beiden angeführten Beispielen konnten die statisch überzähligen Schnittlasten mit Hilfe der Randbedingungen eliminiert werden, so daß nur Formänderungsgrößen im Ansatz für die ideellen ursächlichen Schnittlasten verblieben.

Diese Elimination ist aber nicht immer möglich, so daß unter Umständen auch beim Ersatzbalkenverfahren zur Beschreibung der ideellen ursächlichen Schnittlasten neben den ideellen Durchbiegungen y_i und Drehungen y_i' auch noch unbekannte Konstanten K oder nach entsprechender Transformation (Abschnitt B.IV.2.) unbekannte Randmomente $M_R{}^u$ zu berücksichtigen sind. Das der Differentialgleichung zugeordnete endgültige Gesamtersatztragwerk kann daher im Sinne des Ersatzbalkenverfahrens auch statisch unbestimmt sein. Ist nun das Gesamtersatztragwerk statisch unbestimmt, dann ist das der Differentialgleichung zugeordnete System auch im Sinne der Kraftgrößenmethode statisch unbestimmt. Der Grad der statischen Unbestimmtheit bei Anwendung der Kraftgrößenmethode ist entweder von der gleichen Ordnung wie beim Ersatzbalkenverfahren oder von einer höheren Ordnung.

Dieser Zusammenhang soll wiederum an 3 einfachen Beispielen des Bauingenieurwesens erläutert werden.

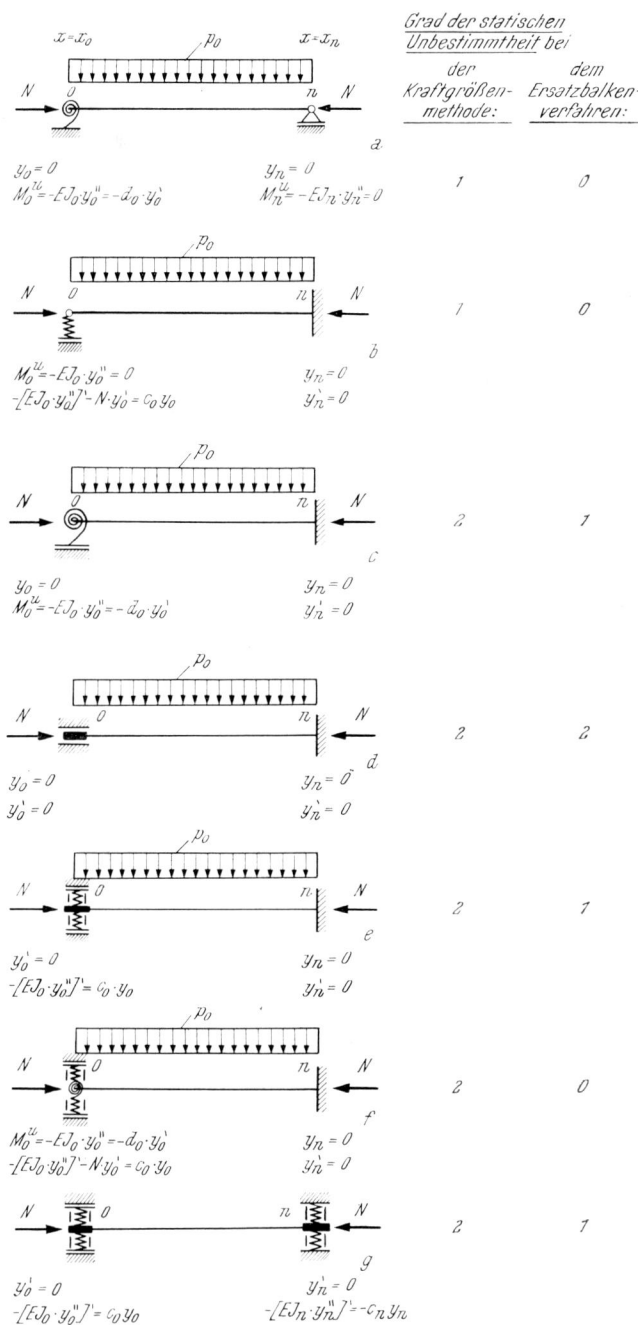

Abb. 6. Vergleich verschiedener Systeme
$d_0 \triangleq$ Drehelastizität (M/y'),
$c_0, c_n \triangleq$ Stützenelastizität (P/y)

3. Beispiel:

Bei dem in Abb. 6a skizzierten, im Punkt o drehelastisch eingespannten Druck-stab mit gleichmäßig verteilter Querbelastung p_0 soll die gelenkige Lagerung im Punkt n durch eine starre Einspannung ersetzt werden (Abb. 6c).

Der Balken ist nach der Kraftgrößenmethode zweifach statisch unbestimmt. Werden die beiden Stützmomente M_0 und M_n als statisch Überzählige eingeführt, dann kann das Biegemoment, das in diesem Sonderfall wiederum mit dem ideellen ursächlichen Moment übereinstimmt, durch die folgende Gleichung beschrieben werden:

$$M(x, y, M_0, M_n) = N\ y(x) + \frac{p_0\,l^2}{2}\left\{\frac{x}{l} - \frac{x^2}{l^2}\right\} + M_0\left\{1 - \frac{x}{l}\right\} + M_n\frac{x}{l}.$$

Beim Ersatzbalkenverfahren wird die statisch Überzählige M_0 durch die Rand-bedingung

$$M_0 = -\,E\,I_0\,y_0'' = -\,d_0 y_0'$$

eliminiert und das „ideelle ursächliche" Moment lautet

$$M_{id}{}^u(x, y, y_0', M_n) = N\ y(x) + \frac{p_0\,l^2}{2}\left\{\frac{x}{l} - \frac{x^2}{l^2}\right\} - d_0 y_0'\left\{1 - \frac{x}{l}\right\} + M_n\frac{x}{l}.$$

Der Grad der statischen Unbestimmtheit ist also beim Ersatzbalkenverfahren um eine Ordnung niedriger als bei der Kraftgrößenmethode. Der Grad der geometrischen Unbestimmtheit wird allerdings beim Ersatzbalkenverfahren gegenüber der Kraftgrößenmethode um eins erhöht.

4. Beispiel:

Wird bei dem in Abb. 6c dargestellten Druckstab die drehelastische Ein-spannung im Punkt o durch eine starre Einspannung ersetzt (Abb. 6d), dann ist der Stab sowohl im Sinne der Kraftgrößenmethode, als auch im Sinne des Ersatz-balkenverfahrens zweifach statisch unbestimmt, da das ideelle ursächliche Moment lautet

$$M(x, y, M_0, M_n) = M_{id}{}^u(x, y, M_R{}^u) =$$

$$= N\ y(x) + \frac{p_0\,l^2}{2}\left\{\frac{x}{l} - \frac{x^2}{l^2}\right\} + M_0\left\{1 - \frac{x}{l}\right\} + M_n\frac{x}{l}.$$

5. Beispiel:

Als letztes Beispiel soll der bereits im 2. Beispiel (Abb. 6b) behandelte Druck-stab untersucht werden, wobei jedoch die gelenkige Lagerung im Punkt o durch eine starre Einspannung ersetzt wird (Abb. 6e). Das System ist im Sinne der Kraftgrößenmethode zweifach statisch unbestimmt. Werden als statisch Über-zählige die Auflagerkraft A_0 und das Stützmoment M_0 verwendet, dann gilt die folgende Gleichung für das Biegemoment

$$M(x, y, A_0, M_0) = N\{y(x) - y_0\} - \frac{p_0\,x^2}{2} + A_0\,x + M_0.$$

Bei dem Ersatzbalkenverfahren wird nun wiederum die Auflagerkraft A_0 mit Hilfe der Randbedingung

$$A_0 = -\,[E\,I_0\,y_0'']' = c_0 y_0$$

eliminiert, so daß sich das ideelle ursächliche Moment beim Ersatzbalkenverfahren in folgender Form darstellt

$$M_{id}{}^u(x, y, M_0) = N\{y(x) - y_0\} - \frac{p_0 x^2}{2} + c_0 y_0 x + M_0.$$

Das Tragwerk ist also beim Ersatzbalkenverfahren nur noch einfach statisch
unbestimmt.

Es bleibt zu bemerken, daß für den Fall einer elastischen Einspannung im
Punkt o (Abb. 6f) an Stelle der starren Einspannung das nach der Kraftgrößenmethode zweifach statisch unbestimmte System im Sinne des Ersatzbalkenverfahrens statisch bestimmt wird, da auf Grund der Randbedingung

$$M_0 = - E I_0 y_0{}'' = - d_0 y_0{}'$$

das Stützmoment M_0 eliminiert werden kann:

$$M_{id}{}^u(x, y, y_0{}') = N\{y(x) - y_0\} - \frac{p_0 x^2}{2} + c_0 y_0 x - d_0 y_0{}'.$$

Auf Grund der obigen Darlegungen könnte nun die Vermutung ausgesprochen
werden, daß das Gesamtersatztragwerk im Sinne des Ersatzbalkenverfahrens
immer dann statisch bestimmt ist, wenn z. B. bei einer Differentialgleichung
4. Ordnung 2 dynamische Randbedingungen[1] vorliegen. Diese Folgerung ist
aber unzutreffend, denn bereits die Untersuchung des in Abb. 6g dargestellten
Tragwerkes würde zu einem Widerspruch führen.

Ob das Gesamtersatztragwerk des Ersatzbalkenverfahrens statisch bestimmt
oder statisch unbestimmt ist, d. h. ob allein die unbekannten Formänderungen
zur Beschreibung der ideellen ursächlichen Schnittlasten ausreichen oder nicht,
hängt von den vorgeschriebenen Randbedingungen und von den zu ihrer Erfüllung zur Verfügung stehenden Konstanten ab. Eine eingehende Behandlung
dieser Zusammenhänge erfolgt in den Kapiteln B.IV.2 und B.V.2.2.

In Verbindung mit den obigen Untersuchungen soll aber noch die Frage
erörtert werden, welche Bedeutung dem Ersatztragwerk im Sinne der klassischen
Statik zukommt. Um diese Frage zu beantworten, wird das Tragwerk nach
Abb. 7a herangezogen. Das ideelle ursächliche Moment, das selbstverständlich
auch bei diesem Tragwerk dem wirklichen Biegemoment entspricht, lautet

$$M_{id}{}^u(x, y_0{}', M_n) = \frac{p_0 l^2}{2} \left\{ \frac{x}{l} - \frac{x^2}{l^2} \right\} - d_0 y_0{}' \left\{ 1 - \frac{x}{l} \right\} + M_n \frac{x}{l}.$$

Als Unbekannte treten die Drehung $y_0{}'$ im Punkt o und das Stützmoment M_n
im Punkt n auf (Abb. 7b).

Im Sinne der klassischen Statik ist dieses Tragwerk als einfach geometrisch[2]
und einfach statisch unbestimmtes Stabwerk zu bezeichnen. (Eine diesbezügliche
Definition gibt es nicht, da es im allgemeinen üblich ist, entweder ein statisch
unbestimmtes oder ein geometrisch unbestimmtes Stabwerk zu betrachten.)

Ein derartiges System soll daher *kombiniert unbestimmtes* System genannt
werden. Um dieses Stabwerk zu untersuchen, ist nun auch ein Hauptsystem zu

---

[1] Die Randbedingungen für die drehelastische Einspannung und für die elastische
Stützung werden in der Literatur (z. B. [16]) als dynamische Randbedingungen bezeichnet.

[2] Streng genommen ist das System zweifach geometrisch unbestimmt, da die
Längsverschiebung u_0 des Punktes 0 neben $\varphi_0 = y_0{}'$ als zweite Unbekannte auftritt.

definieren. Entsprechend den Definitionen in der Theorie der statisch unbestimmten Tragwerke ergibt sich dieses Hauptsystem durch Nullsetzung der überzähligen Größen $y_0' = 0$ und $M_n = 0$ (Abb. 7c).

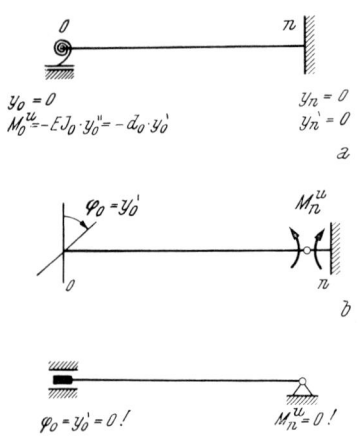

Abb. 7. Kombiniertes System
$\varphi_0 = y_0' \triangleq$ geometrisch Überzählige,
$M_n^u \triangleq$ statisch Überzählige
a) kombiniert unbestimmtes System,
b) überzählige Größen,
c) kombiniert bestimmtes Hauptsystem

Dieses Hauptsystem ist aber weder geometrisch noch statisch bestimmt. Es wird daher als *kombiniert bestimmtes Hauptsystem* bezeichnet, denn auch hierfür steht keine Definition der klassischen Statik zu Verfügung. Es bleibt darauf hinzuweisen, daß die beiden notwendigen Bestimmungsgleichungen für die überzähligen y_0' und M_n ebenfalls einen verschiedenen Charakter aufweisen. Die eine Gleichung (y_0') stellt im Sinne der Deformationsmethode eine Gleichgewichtsbedingung am Knoten o dar, während die zweite Bestimmungsgleichung (M_n) im Sinne der Kraftgrößenmethode eine Verträglichkeitsbedingung ist.

Aus diesen Erläuterungen ergibt sich die Tatsache, daß die Untersuchungen beim Ersatzbalkenverfahren, wenn geometrische Überzählige und statisch Unbestimmte auftreten, an einem kombiniert unbestimmten System geführt werden, das also im allgemeinen sowohl statisch als auch geometrisch unbestimmt ist.

B.III.1.1. Das ideelle ursächliche Moment der Differentialgleichung 2. Ordnung[1]

Für die Differentialgleichung 2. Ordnung kann das zugeordnete ideelle ursächliche Moment

$$M_{id}{}^u(i) = - S_i y_i'' \qquad \text{(B.III.1)}$$

auf Grund der Gleichung (B.II.4b) für jeden Teilpunkt i des Elementarstabes ($x = x_i$: $y(x_i) = y_i$, $y'(x_i) = y_i'$, usw.) angegeben werden (Abb. 8a, b) (Bei der Differentialgleichung 1. Ordnung liegt stets ein Anfangswertproblem vor. Daher entfällt Abb. 8b.):

$$M_{id}{}^u(i) = M_{id}{}^{(a)}(i) = A_i y_i' + B_i y_i + F_i. \qquad \text{(B.III.2)}$$

Da das ideelle ursächliche Moment allein durch die unbekannten Formänderungen (y_i, y_i') ausgedrückt werden kann, ist das Gesamtersatztragwerk einer Differentialgleichung 2. Ordnung immer statisch bestimmt (diese Aussage gilt auch für das Ersatzsystem der Differentialgleichung 1. Ordnung).

B.III.1.2. Die ideellen ursächlichen Schnittlasten der Differentialgleichung 3. Ordnung

Bei der Differentialgleichung 3. Ordnung kann für jeden Teilpunkt i des Elementarbalkens eine ideelle ursächliche Querkraft

$$Q_{id}{}^u(i) = - [S_i y_i'']' \qquad \text{(B.III.3)}$$

---

[1] Siehe Fußnote auf S. 10.

und ein ideelles ursächliches Moment

$$M_{id}{}^u(i) = -S_i\, y_i''$$ 　　(B.III.4)

definiert werden.

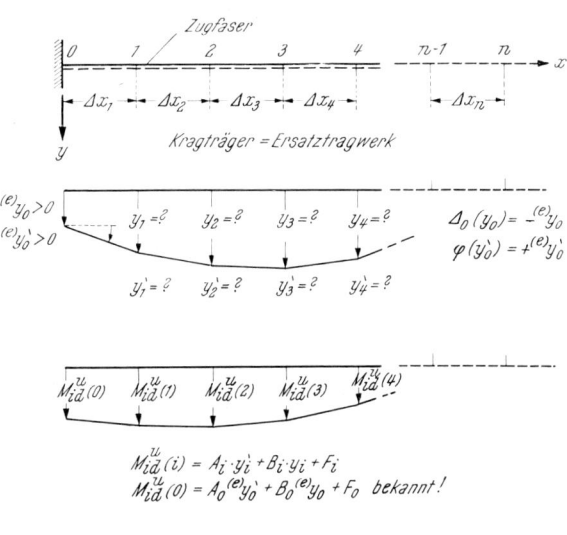

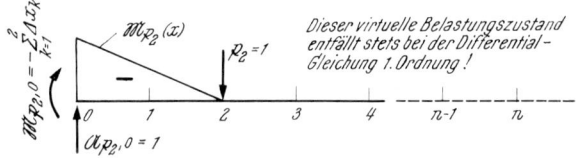

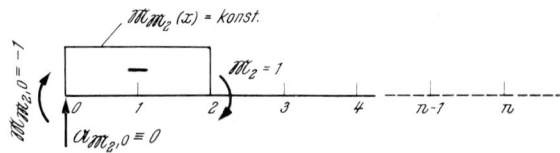

Abb. 8a. Anfangswertproblem — Differentialgleichung 2. Ordnung
$$S(x)\cdot y''(x) + A(x)\, y'(x) + B(x)\, y(x) + F(x) = 0.$$
Anfangsbedingungen:　$y_0 = {}^{(e)}y_0;\;\; y_0' = {}^{(e)}y_0'$

Die ideelle ursächliche Querkraft, die bei einer Differentialgleichung 3. Ordnung mit der ideellen Ausgangsquerkraft übereinstimmt, ergibt sich aus Gl. (B.II.4c) bzw. (B.II.9) (Abb. 9a, b)

$$Q_{id}{}^u(i) = Q_{id}{}^{(a)}(i) = -\,[S_i\, y_i'']' = +\,A_i\, y_i'' + B_i\, y_i' + C_i\, y_i + F_i.$$ 　　(B.III.5)

Das ideelle ursächliche Moment ergibt sich aus einmaliger Integration der Gl. (B.II.12e) zu

$$M_{id}{}^u(x, y, y', M_R{}^u) = \int Q_{id}{}^{(a)}(x, y, y', y'')\, dx + K(y_z, y_z', M_R{}^u).$$ 　　(B.III.6)

Die auftretende Konstante $K(y_z, y_z', M_R{}^u)$ kann spezielle, noch unbekannte Ordinaten y_z und Neigungen y_z' sowie ebenfalls noch unbekannte Randwerte $M_R{}^u$

des ursächlichen Momentes enthalten und dient zur Erfüllung einer der bei einer Differentialgleichung 3. Ordnung vorgeschriebenen drei Randbedingungen.

Wenn in die Gl. (B.III.6) die ideelle Ausgangsquerkraft $Q_{id}{}^{(a)}$ nach Gl. (B.II.9) eingesetzt wird, so gilt

$$M_{id}{}^u(x, y, y', M_R{}^u) = \int A(x)\, y''(x)\, dx + \int \{B(x)\, y'(x) + C(x)\, y(x) + F(x)\}\, dx +$$
$$+ K(y_z, y_z{}', M_R{}^u). \tag{B.III.7}$$

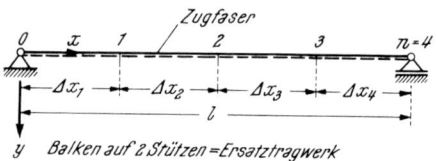

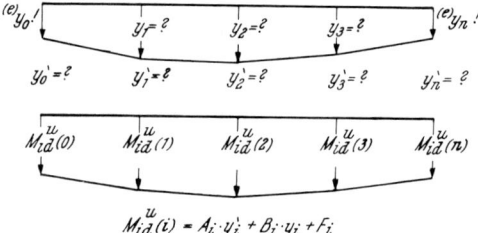

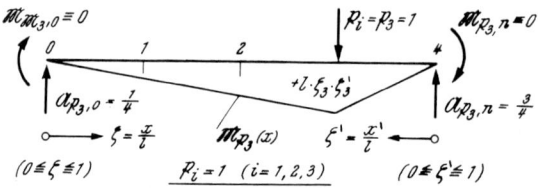

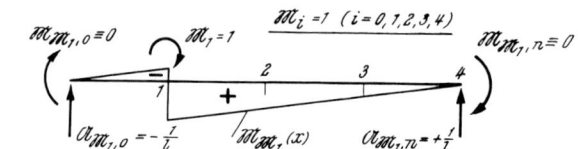

Abb. 8 b. Randwertproblem — Differentialgleichung 2. Ordnung
$$S(x)\, y''(x) + A(x)\, y'(x) + B(x)\, y(x) + F(x) = 0$$
Randbedingungen: $y_0 = {}^{(e)}y_0$; $y_n = {}^{(e)}y_n$

In dieser Gleichung wird die auftretende 2. Ableitung durch einmalige *partielle Integration* eliminiert.

Mit der Beziehung

$$\int A(x)\, y''(x)\, dx = A(x)\, y'(x) - \int A'(x)\, y'(x)\, dx \tag{B.III.8}$$

ergibt sich aus Gl. (B.III.7) (Abb. 9a)

die erste Darstellung

des ideellen ursächlichen Momentes der Differentialgleichung 3. Ordnung

$$M_{id}{}^u(x, y, y', M_R{}^u) = A(x)\, y'(x) + \int\limits^{\bullet} [\{B(x) - A'(x)\}\, y'(x) +$$
$$+ C(x)\, y(x) + F(x)]\, dx + K(y_z, y_z', M_R{}^u). \quad \text{(B.III.9)}$$

Ein Vergleich mit der Differentialbeziehung des Balkens (Gl. (B.II.3)) gestattet den Aufbau des ideellen ursächlichen Momentes aus 2 Belastungsfällen.

    1. Belastungsfall $\hat{=}$ Ausgangsmoment

$$M_{1,id}{}^{(a)}(x, y, y') = A(x)\, y'(x) \quad \text{(B.III.10a)}$$

    2. Belastungsfall $\hat{=}$ Ausgangsquerkraft

$$Q_{2,id}{}^{(a)}(x, y, y') = \{B(x) - A'(x)\}\, y'(x) + C(x)\, y(x) + F(x). \quad \text{(B.III.10b)}$$

Unter Verwendung der Gln. (B.III.10a, b) kann das ideelle ursächliche Moment (Gl. (B.III.9)) in der folgenden Weise angegeben werden:

$$M_{id}{}^u(x, y, y', M_R{}^u) = M_{1,id}{}^{(a)}(x, y, y') + \int\limits^{\bullet} Q_{2,id}{}^{(a)}(x, y, y')\, dx + K(y_z, y_z', M_R{}^u).$$

$$\text{(B.III.11)}$$

Das Ausgangsmoment und die Ausgangsquerkraft können für jeden Teilpunkt i angeschrieben werden:

$$M_{1,id}{}^{(a)}(i) = A_i\, y_i' \quad \text{(B.III.12a)}$$
$$Q_{2\,id}{}^{(a)}(i) = \{B_i - A_i'\}\, y_i' + C_i\, y_i + F_i. \quad \text{(B.III.12b)}$$

    Die Auswertung des in der Gl. (B.III.11) auftretenden Integrales erfolgt bei der gewählten Intervallverteilung durch die Anwendung der Trapezregel, so daß sich aus der Ausgangsquerkraft ein zweites Ausgangsmoment für jeden Teilpunkt i angeben läßt

$$M_{2,id}{}^{(a)}(i) = \int\limits_{x=x_0}^{x_i} Q_{2,id}{}^{(a)}(x, y, y')\, dx, \quad \text{(B.III.13)}$$

wobei die untere Grenze mit dem linken Ende des Ersatzbalkens zusammenfallen soll. Die Gl. (B.III.11) kann daher auch in der folgenden Form dargestellt werden

$$M_{id}{}^u(i) = M_{1,id}{}^{(a)}(i) + M_{2,id}{}^{(a)}(i) + K(y_z, y_z', M_R{}^u). \quad \text{(B.III.14)}$$

    Durch die Konstante K werden die Ausgangsmomente der Randbedingung angepaßt, so daß das ideelle ursächliche Moment im Gegensatz zu den Ausgangsmomenten dieser Bedingung entspricht.

    Aus der Gl. (B.III.9) ist zu ersehen, daß beim ideellen ursächlichen Moment die ideellen Durchbiegungen y_i und Neigungen y_i' der Teilpunkte i sowie das Randmoment $M_R{}^u$ als Unbekannte auftreten. Daher wird es von den Anfangs- und Randbedingungen abhängen, ob das Gesamtersatztragwerk der Differentialgleichung 3. Ordnung im Sinne des Ersatzbalkenverfahrens statisch bestimmt oder unbestimmt ist.

Durch erneute *Teilintegration* kann die Gl. (B.III.9) noch weiter aufbereitet werden. Mit der Beziehung

$$\int \{B(x) - A'(x)\}\, y'(x)\, dx = \{B(x) - A'(x)\}\, y(x) + \int \{A''(x) - B'(x)\}\, y(x)\, dx$$

$$\text{(B.III.15)}$$

ergibt sich aus Gl. (B.III.9)

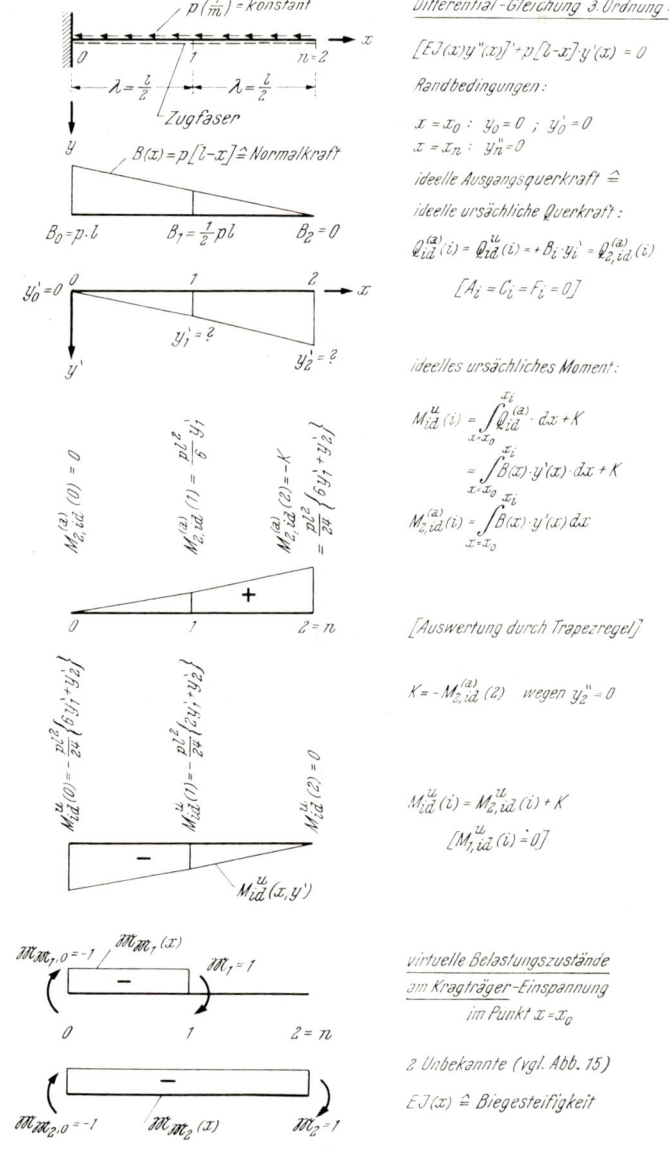

Abb. 9a. Randwertproblem — Differentialgleichung **3.** Ordnung.
Erste Darstellungsweise des Momentes $M_{id}^{u}(i)$

die zweite Darstellung

für das ideelle ursächliche Moment (Abb. 9b) der Differentialgleichung 3. Ordnung

$$\bar{M}_{id}{}^u(x, y, y', M_R{}^u) = A(x)\, y'(x) + \{B(x) - A'(x)\}\, y(x) +$$

$$+ \int [\{A''(x) - B'(x) + C(x)\}\, y(x) + F(x)]\, dx + \bar{K}(y_z, y_z', M_R{}^u). \quad \text{(B.III.16)}$$

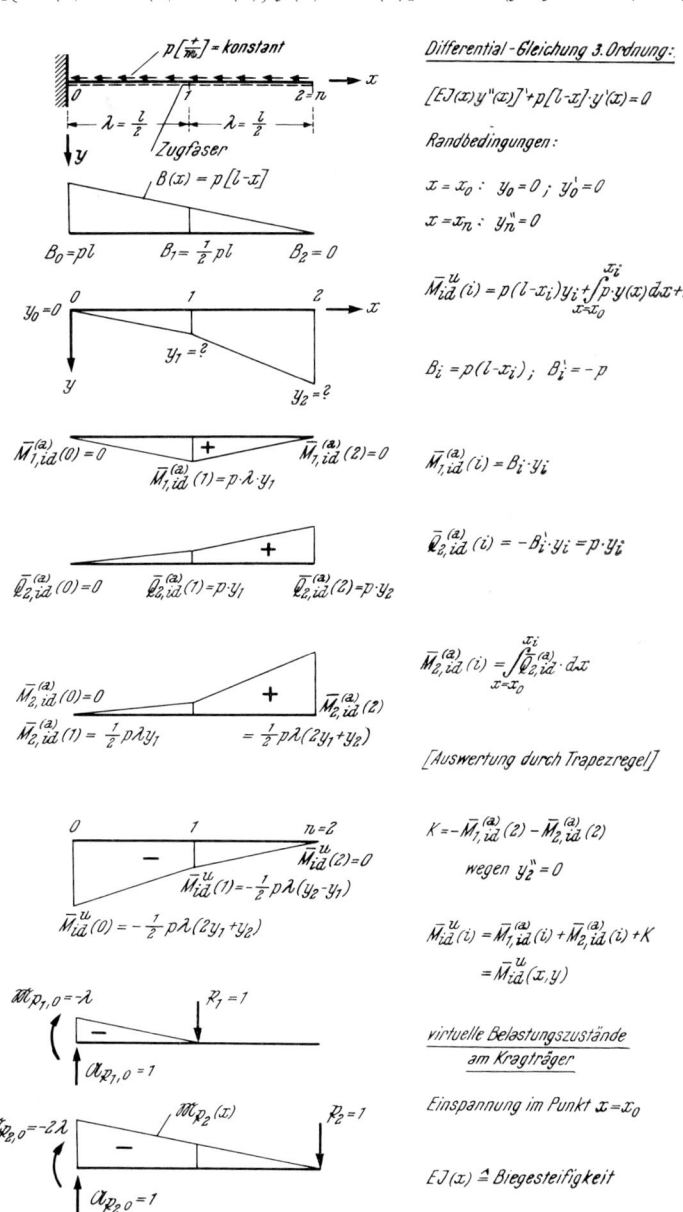

Abb. 9b. Randwertproblem — Differentialgleichung 3. Ordnung.
Zweite Darstellungsweise des Momentes $\bar{M}_{id}{}^u(i)$

Aus einem Vergleich der beiden ursächlichen Momente nach Gl. (B.III.9) und (B.III.16) wird ersichtlich, daß die Gl. (B.III.16) in den Fällen mit Vorteil Verwendung finden kann, wenn der Koeffizient $A(x)$ identisch Null ist. Das ideelle ursächliche Moment $\bar{M}_{id}{}^{u}(x, y, M_R{}^{u})$ ist dann nur noch von der ideellen Durchbiegung und dem Randmoment abhängig, während beim Moment $M_{id}{}^{u}(x, y, y', M_R{}^{u})$ — auch für $A(x) \equiv 0$ — nach wie vor sowohl $y(x)$ als auch $y'(x)$ sowie das Randmoment $M_R{}^{u}$ als Unbekannte auftreten. Somit entfallen bei der 2. Darstellung alle Bedingungsgleichungen für die Berechnung der ideellen Neigungen in den inneren Teilpunkten i und es wird eine wesentliche Arbeitsersparnis erreicht.

Aus Gründen der Vollständigkeit soll bei der nachfolgenden Entwicklung des Momentes $\bar{M}_{id}{}^{u}$ der veränderliche Koeffizient $A(x)$ weiterhin berücksichtigt werden. Aus der Gl. (B.III.16) lassen sich in ähnlicher Weise wie aus der Gl. (B.III.9) folgende Beziehungen herleiten.

1. Belastungsfall $\hat{=}$ Ausgangsmoment

$$\bar{M}_{1, id}{}^{(a)}(x, y, y') = A(x)\, y'(x) + \{B(x) - A'(x)\}\, y(x) \qquad \text{(B.III.17a)}$$

2. Belastungsfall $\hat{=}$ Ausgangsquerkraft

$$\bar{Q}_{2, id}{}^{(a)}(x, y) = \{A''(x) - B'(x) + C(x)\}\, y(x) + F(x). \qquad \text{(B.III.17b)}$$

Für den i-ten Teilpunkt gilt wieder

$$\bar{M}_{1, id}{}^{(a)}(i) = A_i\, y_i{}' + \{B_i - A_i{}'\}\, y_i \qquad \text{(B.III.18a)}$$

$$\bar{Q}_{2, id}{}^{(a)}(i) = \{A_i{}'' - B_i{}' + C_i\}\, y_i + F_i. \qquad \text{(B.III.18b)}$$

Unter den bereits gemachten Voraussetzungen ergibt sich für das zweite Ausgangsmoment

$$\bar{M}_{2, id}{}^{(a)}(i) = \int\limits_{x = x_0}^{x_i} \bar{Q}_{2, id}{}^{(a)}(x, y)\, dx \qquad \text{(B.III.19)}$$

und das Moment $\bar{M}_{id}{}^{u}$ lautet

$$\bar{M}_{id}{}^{u}(i) = \bar{M}_{1, id}{}^{(a)}(i) + \bar{M}_{2, id}{}^{(a)}(i) + \bar{K}(y_z, y_z{}', M_R{}^{u}). \qquad \text{(B.III.20)}$$

Die Konstante $\bar{K}$ dient zur Erfüllung einer der 3 bei einer Differentialgleichung 3. Ordnung vorgegebenen Randbedingungen.

B.III.1.3. Die ideellen ursächlichen Schnittlasten der Differentialgleichung 4. Ordnung

Bei der Differentialgleichung 4. Ordnung sind aus einer ideellen Ausgangsbelastung $p_{id}{}^{(a)}$ (Gl. (B.II.10)) die ideelle ursächliche Querkraft

$$Q_{id}{}^{u}(i) = -\, [S_i\, y_i{}'']' \qquad \text{(B.III.21)}$$

und das ideelle ursächliche Moment

$$M_{id}{}^{u}(i) = -\, S_i\, y_i{}'' \qquad \text{(B.III.22)}$$

zu berechnen.

Die ideelle ursächliche Querkraft ergibt sich durch einmalige Integration der Ausgangsbelastung (Gl. (B.II.10)) zu

$$Q_{id}{}^u(x, y, y', M_R{}^u) = -\int \dot{p}_{id}{}^{(a)}(x, y, y', y'', y''')\, dx + K_1(y_z, \dot{y_z}', M_R{}^u) =$$

$$= \int A(x)\, y'''(x)\, dx + \int B(x)\, y''(x)\, dx + \int \{C(x)\, y'(x) +$$

$$+ D(x)\, y(x) + F(x)\}\, dx + K_1(y_z, y_z', M_R{}^u). \tag{B.III.23}$$

Die Konstante K_1 dient zur Erfüllung einer vorgegebenen Randbedingung.

Durch erneute Integration, entsprechend Gl. (B.II.12f) folgt aus Gl. (B.III.23) das ideelle ursächliche Moment

$$M_{id}{}^u(x, y, y', M_R{}^u) = +\int Q_{id}{}^u(x, y, y', y'')\, dx + K_2(y_z, y_z', M_R{}^u) =$$

$$= -\int\int \dot{p}_{id}{}^{(a)}(x, y, y', y'', y''')\, dx\, dx + K_1(y_z, y_z', M_R{}^u)\, x +$$

$$+ K_2(y_z, y_z', M_R{}^u) =$$

$$= \int\int A(x)\, y'''(x)\, dx\, dx +$$

$$+ \int\int B(x)\, y''(x)\, dx\, dx + \int\int C(x)\, y'(x)\, dx\, dx +$$

$$+ \int\int \{D(x)\, y(x) + F(x)\}\, dx\, dx + K_1\, x + K_2. $$

$$\tag{B.III.24}$$

Die Konstante K_2 steht zur Befriedigung einer zweiten vorgeschriebenen Randbedingung zur Verfügung.

Die Schnittlasten $Q_{id}{}^u$ und $M_{id}{}^u$ werden durch Teilintegration umgeformt. Durch ein- oder mehrmalige *partielle Integration* können die Schnittlasten in der verschiedensten Weise dargestellt werden. Von den vielfältigen Möglichkeiten werden für die Querkraft und das Moment jeweils zwei ausgewählt, die sich für die numerische Behandlung als zweckmäßig erwiesen haben.

Bei der ideellen ursächlichen Querkraft ergibt sich die erste Darstellung aus der Bedingung, daß die zweite Ableitung $y''(x)$ nicht im Integranden auftreten soll, während bei der zweiten Form auch die erste Ableitung $y'(x)$ nicht unter dem Integral erscheinen soll.

Das ideelle ursächliche Moment wird im ersten Fall nur soweit umgeformt, daß die zweite Ableitung überhaupt verschwindet. Bei der zweiten Form soll unter dem Integral keine Ableitung auftreten, wodurch die bereits bei der Differentialgleichung 3. Ordnung kennengelernte Vereinfachung des Ansatzes für $A(x) \equiv 0$ erzielt wird.

1. Darstellung (Abb. 10a)

Aus der Gl. (B.III.23) ergibt sich unter Beachtung der Beziehungen

$$\int A(x)\, y'''(x)\, dx = A(x)\, y''(x) - A'(x)\, y'(x) + \int A''(x)\, y'(x)\, dx \tag{B.III.25a}$$

und

$$\int B(x)\, y''(x)\, dx = B(x)\, y'(x) - \int B'(x)\, y'(x)\, dx \qquad \text{(B.III.25b)}$$

die Querkraft zu

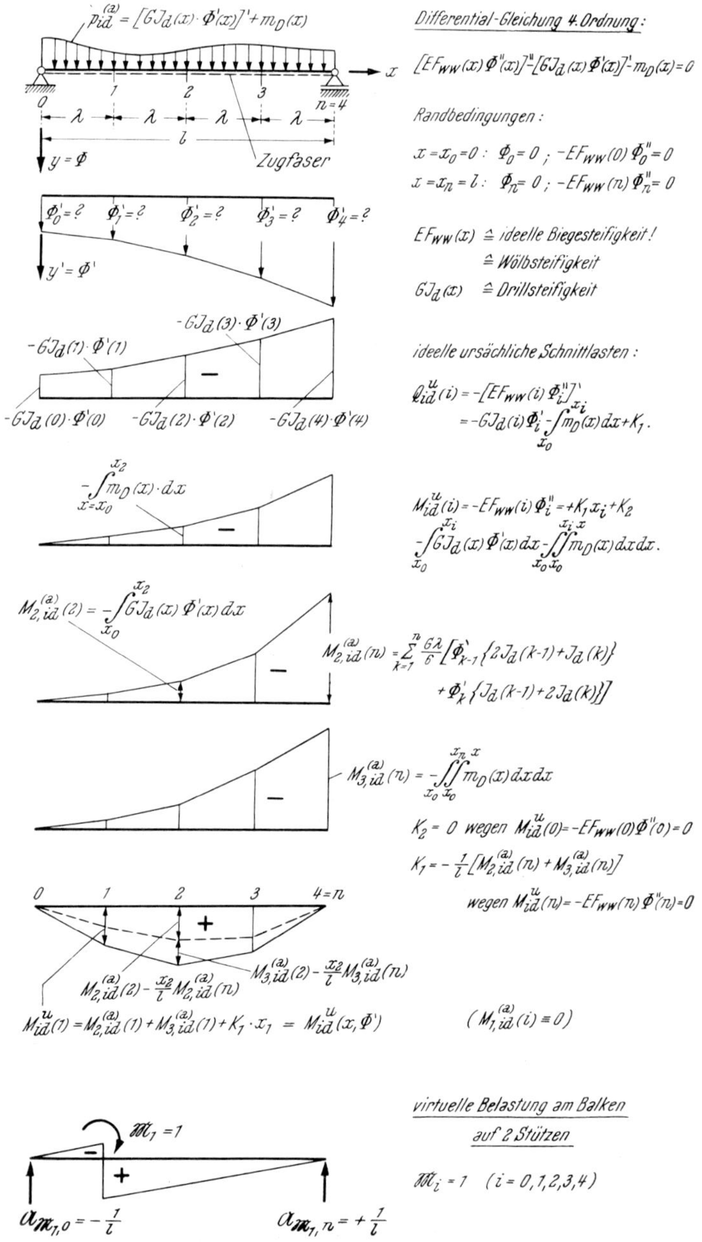

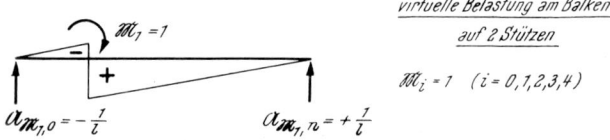

Abb. 10a. Randwertproblem — Differentialgleichung 4. Ordnung.
Erste Darstellungsweise des Momentes $M_{id}^{u}(i)$

$$- [S(x)\, y''(x)]' = Q_{id}{}^u(x, y, y', M_R{}^u) = A(x)\, y''(x) +$$

$$+ \{B(x) - A'(x)\}\, y'(x) + \int {}^{\bullet} [\{A''(x) - B'(x) + C(x)\}\, y'(x) +$$

$$+ D(x)\, y(x) + F(x)]\, dx + K_1. \tag{B.III.26}$$

Nach Integration der Gl. (B.III.26), entsprechend Gl. (B.III.24), gilt unter Berücksichtigung der Umformung

$$\int {}^{\bullet} A(x)\, y''(x)\, dx = A(x)\, y'(x) - \int {}^{\bullet} A'(x)\, y'(x)\, dx \tag{B.III.25c}$$

für das ideelle ursächliche Moment

$$- S(x)\, y''(x) = M_{id}{}^u(x, y, y', M_R{}^u) = A(x)\, y'(x) +$$

$$+ \int {}^{\bullet} \{B(x) - 2\, A'(x)\}\, y'(x)\, dx + \tag{B.III.27}$$

$$+ \int {}^{\bullet} \int {}^{\bullet} [\{A''(x) - B'(x) + C(x)\}\, y'(x) +$$

$$+ D(x)\, y(x) + F(x)]\, dx\, dx + K_1\, x + K_2.$$

Entsprechend der Gl. (B.II.3) kann das ursächliche Moment aus 3 Lastfällen aufgebaut werden.

1. Belastungsfall $\triangleq$ Ausgangsmoment

$$M_{1,id}{}^{(a)}(x, y') = A(x)\, y'(x) \tag{B.III.28a}$$

2. Belastungsfall $\triangleq$ Ausgangsquerkraft

$$Q_{2,id}{}^{(a)}(x, y') = \{B(x) - 2\, A'(x)\}\, y'(x) \tag{B.III.28b}$$

3. Belastungsfall $\triangleq$ Ausgangsbelastung

$$p_{3,id}{}^{(a)}(x, y, y') = - [\{A''(x) - B'(x) + C(x)\}\, y'(x) + D(x)\, y(x) + F(x)]. \tag{B.III.28c}$$

Unter Verwendung dieser Ausdrücke folgt aus der Gleichung (B.III.27)

$$- S(x)\, y''(x) = M_{id}{}^u(x, y, y', M_R{}^u) = M_{1,id}{}^{(a)}(x, y') + \int {}^{\bullet} Q_{2,id}{}^{(a)}(x, y')\, dx -$$

$$- \int {}^{\bullet} \int {}^{\bullet} p_{3,id}{}^{(a)}(x, y, y')\, dx\, dx + K_1\, x + K_2. \tag{B.III.29}$$

Um das ideelle ursächliche Moment für den i-ten Teilpunkt angeben zu können, sind die Ausgangswerte für die gewählten Punkte anzuschreiben

$$M_{1,id}{}^{(a)}(i) = A_i\, y_i' \tag{B.III.30a}$$

$$Q_{2,id}{}^{(a)}(i) = \{B_i - 2\, A_i'\}\, y_i' \tag{B.III.30b}$$

$$p_{3,id}{}^{(a)}(i) = - [\{A_i'' - B_i' + C_i\}\, y_i' + D_i\, y_i + F_i]. \tag{B.III.30c}$$

Die Integrale der Gleichung (B.III.29) werden mit Hilfe der Trapezregel numerisch ausgewertet

$$\int_{x=x_0}^{x_i} Q_{2,id}{}^{(a)}(x, y')\, dx = M_{2,id}{}^{(a)}(i) \tag{B.III.31a}$$

$$-\int\limits_{x=x_0}^{x_i}\int\limits_{x=x_0}^{x} p_{3,id}{}^{(a)}(x,y,y')\,dx\,dx = M_{3,id}{}^{(a)}(i) \qquad \text{(B.III.31b)}$$

und ergeben die nachstehende Darstellung des ideellen ursächlichen Momentes der Differentialgleichung 4. Ordnung.

$$- S_i\,y_i'' = M_{id}{}^u(i) = M_{1,id}{}^{(a)}(i) + M_{2,id}{}^{(a)}(i) + M_{3,id}{}^{(a)}(i) + K_1\,x_i + K_2.$$

$$\text{(B.III.32)}$$

Aus den Gln. (B.III.26) und (B.III.27) für die ideellen ursächlichen Schnittlasten ist zu entnehmen, daß diese nicht nur von den unbekannten Formänderungen (y_i, y_i') abhängig sind, sondern auch von den beiden Konstanten K_1 und K_2. Können diese Konstanten aus den Anfangs- und Randbedingungen eindeutig berechnet werden, dann ist das der Differentialgleichung 4. Ordnung zugeordnete Gesamtersatztragwerk im Sinne des Ersatzbalkenverfahrens statisch bestimmt. Wenn eine oder beide Konstanten aber nicht sofort aus den Anfangs- und Randbedingungen ermittelt werden können und daher neben den unbekannten ideellen Durchbiegungen y_i oder ideellen Neigungen y_i' — unter Umständen nach Umformung als unbekannte Randmomente $M_R{}^u$ (vergleiche Abschnitt B.IV.2) — im Ansatz bleiben müssen, dann ist das Gesamtersatzstabwerk der Differentialgleichung 4. Ordnung statisch unbestimmt.

2. Darstellung (Abb. 10b)

Um von der möglichen Vereinfachung des Ansatzes für $A(x) \equiv 0$ Gebrauch machen zu können, soll zusätzlich die bereits erwähnte zweite Form für die ideellen ursächlichen Schnittlasten entwickelt werden.

Die ideelle ursächliche Querkraft ergibt sich durch erneute *Teilintegration* des in der Gl. (B.III.26) mit $y'(x)$ behafteten Integranden

$$\int \{A''(x) - B'(x) + C(x)\}\,y'(x)\,dx = \{A''(x) - B'(x) + C(x)\}\,y(x) -$$

$$-\int \{A'''(x) - B''(x) + C'(x)\}\,y(x)\,dx$$

$$\text{(B.III.33)}$$

zu

$$- [S(x)\,y''(x)]' = \bar{\underset{\sim}{Q}}_{id}{}^u(x,y,y',M_R{}^u) = A(x)\,y''(x) +$$

$$+ \{B(x) - A'(x)\}\,y'(x) + \{A''(x) - B'(x) + C(x)\}\,y(x) -$$

$$-\int [\{A'''(x) - B''(x) + C'(x) - D(x)\}\,y(x) - F(x)]\,dx + \bar{K}_1.$$

$$\text{(B.III.34)}$$

Wird die Querkraft $\bar{\underset{\sim}{Q}}_{id}{}^u$ integriert, so gilt bei Berücksichtigung der Beziehungen

$$\int A(x)\,y''(x)\,dx = A(x)\,y'(x) - A'(x)\,y(x) + \int A''(x)\,y(x)\,dx \qquad \text{(B.III.35a)}$$

und

$$\int \{B(x) - A'(x)\}\, y'(x)\, dx = \{B(x) - A'(x)\}\, y(x) + \\ + \int \{A''(x) - B'(x)\}\, y(x)\, dx \qquad \text{(B.III.35b)}$$

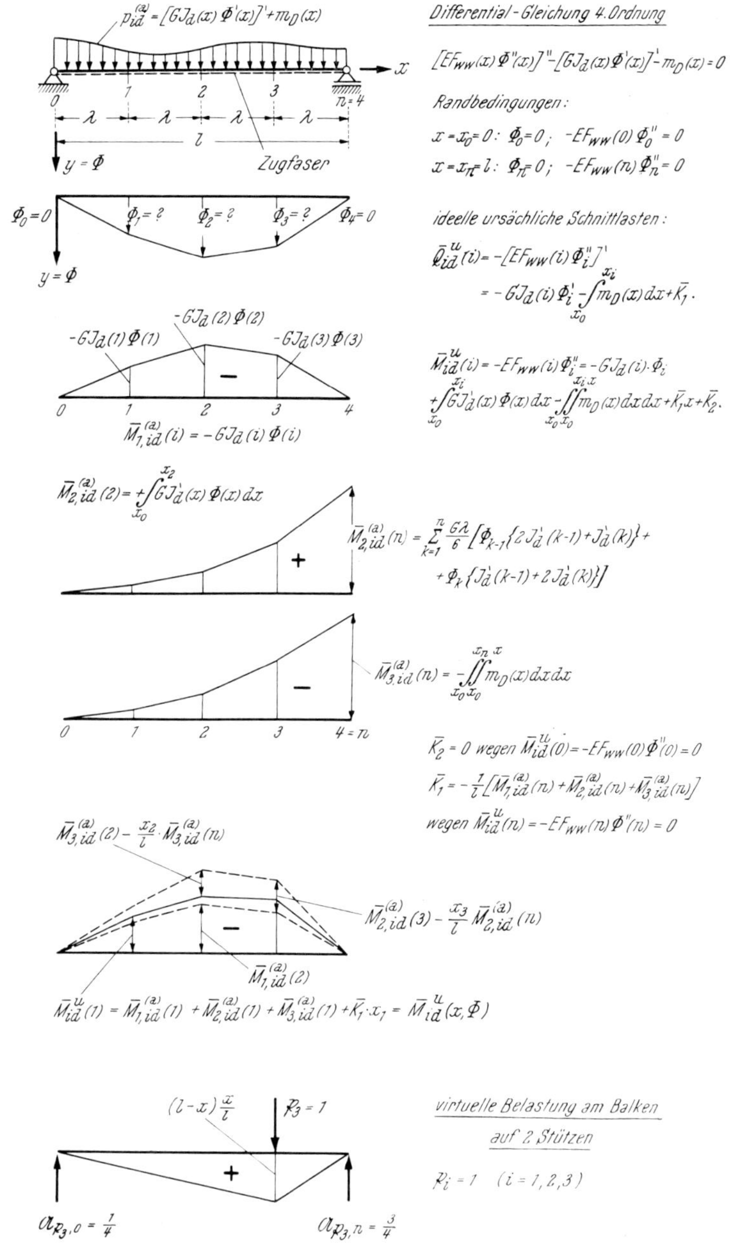
$p_{id}^{(a)} = [GJ_d(x)\,\Phi'(x)]' + m_D(x)$
Differential-Gleichung 4. Ordnung
$[EF_{ww}(x)\,\Phi''(x)]'' - [GJ_d(x)\,\Phi'(x)]' - m_D(x) = 0$
Randbedingungen:
$x = x_0 = 0: \ \Phi_0 = 0; \ -EF_{ww}(0)\,\Phi_0'' = 0$
$x = x_\pi = l: \ \Phi_\pi = 0; \ -EF_{ww}(n)\,\Phi_n'' = 0$
Zugfaser
$y = \Phi$
$\Phi_0 = 0$ $\Phi_1 = ?$ $\Phi_2 = ?$ $\Phi_3 = ?$ $\Phi_4 = 0$
ideelle ursächliche Schnittlasten:
$\bar{Q}_{id}^{u}(i) = -[EF_{ww}(i)\,\Phi_i'']' = -GJ_d(i)\,\Phi_i' - \int_{x_0}^{x_i} m_D(x)\,dx + \bar{K}_1.$
$\bar{M}_{id}^{u}(i) = -EF_{ww}(i)\,\Phi_i'' = -GJ_d(i)\cdot\Phi_i + \int_{x_0}^{x_i} GJ_d'(x)\,\Phi(x)\,dx - \iint_{x_0 x_0}^{x_i x} m_D(x)\,dx\,dx + \bar{K}_1 x + \bar{K}_2.$
$-GJ_d(1)\,\Phi(1)$ $-GJ_d(2)\,\Phi(2)$ $-GJ_d(3)\,\Phi(3)$
$\bar{M}_{1,id}^{(a)}(i) = -GJ_d(i)\,\Phi(i)$
$\bar{M}_{2,id}^{(a)}(2) = +\int_{x_0}^{x_2} GJ_d'(x)\,\Phi(x)\,dx$
$\bar{M}_{2,id}^{(a)}(n) = \sum_{k=1}^{n} \frac{G\lambda}{6} [\Phi_{k-1}\{2J_d'(k-1) + J_d'(k)\} + \Phi_k\{J_d'(k-1) + 2J_d'(k)\}]$
$\bar{M}_{3,id}^{(a)}(n) = -\iint_{x_0 x_0}^{x_n x} m_D(x)\,dx\,dx$
$\bar{K}_2 = 0$ wegen $\bar{M}_{id}^{u}(0) = -EF_{ww}(0)\,\Phi''(0) = 0$
$\bar{K}_1 = -\frac{1}{l}[\bar{M}_{1,id}^{(a)}(n) + \bar{M}_{2,id}^{(a)}(n) + \bar{M}_{3,id}^{(a)}(n)]$
wegen $\bar{M}_{id}^{u}(n) = -EF_{ww}(n)\,\Phi''(n) = 0$
$\bar{M}_{3,id}^{(a)}(2) - \frac{x_2}{l}\cdot\bar{M}_{3,id}^{(a)}(n)$
$\bar{M}_{2,id}^{(a)}(3) - \frac{x_3}{l}\,\bar{M}_{2,id}^{(a)}(n)$
$\bar{M}_{1,id}^{(a)}(2)$
$\bar{M}_{id}^{u}(1) = \bar{M}_{1,id}^{(a)}(1) + \bar{M}_{2,id}^{(a)}(1) + \bar{M}_{3,id}^{(a)}(1) + \bar{K}_1\cdot x_1 = \bar{M}_{id}^{u}(x, \Phi)$
$(l - x)\frac{x}{l}$
$\mathfrak{P}_3 = 1$
virtuelle Belastung am Balken auf 2 Stützen
$\mathfrak{P}_i = 1 \quad (i = 1, 2, 3)$
$\mathfrak{A}_{\mathfrak{P}_3,0} = \frac{1}{4}$
$\mathfrak{A}_{\mathfrak{P}_3,n} = \frac{3}{4}$

Abb. 10b. Randwertproblem — Differentialgleichung 4. Ordnung. Zweite Darstellungsweise des Momentes $\bar{M}_{id}^{u}(i)$

für das ideelle ursächliche Moment

$$- S(x)\, y''(x) = \bar{M}_{id}{}^u(x, y, y', M_R{}^u) = A(x)\, y'(x) + \{B(x) - 2\, A'(x)\}\, y(x) +$$

$$+ \int \{3\, A''(x) - 2\, B'(x) + C(x)\}\, y(x)\, dx -$$

$$- \int\int [\{A'''(x) - B''(x) + C'(x) - D(x)\}\, y(x) - F(x)]\, dx\, dx +$$

$$+ \bar{K}_1\, x + \bar{K}_2. \tag{B.III.36}$$

Bei Verwendung dieser Darstellungsweise kann für den Fall, daß $A(x) \equiv 0$ ist — eine Voraussetzung, die bei vielen Aufgaben der Technik erfüllt wird — auf die Aufstellung der Integralgleichungen der Art (Gl. (B.II.15b)) für die inneren Teilpunkte i und bei der Vorgabe von Randbedingungen, die keine Aussage über $y'(x)$ enthalten, auch für die Randpunkte verzichtet werden, wodurch sich der Ansatz erheblich vereinfacht.

Das ideelle ursächliche Moment der 2. Darstellung kann wiederum durch 3 Belastungsfälle aufgebaut werden.

1. Belastungsfall $\hat{=}$ Ausgangsmoment

$$\bar{M}_{1,id}{}^{(a)}(x, y, y') = A(x)\, y'(x) + \{B(x) - 2\, A'(x)\}\, y(x) \tag{B.III.37a}$$

2. Belastungsfall $\hat{=}$ Ausgangsquerkraft

$$\bar{Q}_{2,id}{}^{(a)}(x, y) = \{3\, A''(x) - 2\, B'(x) + C(x)\}\, y(x) \tag{B.III.37b}$$

3. Belastungsfall $\hat{=}$ Ausgangsbelastung

$$\bar{p}_{3,id}{}^{(a)}(x, y) = \{A'''(x) - B''(x) + C'(x) - D(x)\}\, y(x) - F(x). \tag{B.III.37c}$$

Die Gleichungen (B.III.37a, b, c) werden in die Gleichung (B.III.36) eingesetzt und es ergibt sich der nachstehende Ausdruck für das ideelle ursächliche Moment

$$- S(x)\, y''(x) = \bar{M}_{id}{}^u(x, y, y', M_R{}^u) = \bar{M}_{1,id}{}^{(a)}(x, y, y') + \int \bar{Q}_{2,id}{}^{(a)}(x, y)\, dx -$$

$$- \int\int \bar{p}_{3,id}{}^{(a)}(x, y)\, dx\, dx + \bar{K}_1\, x + \bar{K}_2. \tag{B.III.38}$$

Um das ideelle ursächliche Moment für den i-ten Teilpunkt formulieren und die numerische Integration durchführen zu können, werden die Ausgangswerte für die gewählten Punkte angeschrieben. Aus den Gleichungen (B.III.37a, b, c) folgt:

$$\bar{M}_{1,id}{}^{(a)}(i) = A_i\, y_i' + \{B_i - 2\, A_i'\}\, y_i \tag{B.III.39a}$$

$$\bar{Q}_{2,id}{}^{(a)}(i) = \{3\, A_i'' - 2\, B_i' + C_i\}\, y_i \tag{B.III.39b}$$

$$\bar{p}_{3,id}{}^{(a)}(i) = \{A_i''' - B_i'' + C_i' - D_i\}\, y_i - F_i. \tag{B.III.39c}$$

Die Integrale der Gleichung (B.III.38) werden unter Verwendung der Trapezregel ausgewertet

$$\int_{x=x_0}^{x_i} \bar{Q}_{2,id}{}^{(a)}(x, y)\, dx = \bar{M}_{2,id}{}^{(a)}(i) \tag{B.III.40a}$$

$$- \int_{x_0}^{x_i} \int_{x_0}^{x} \bar{p}_{3,id}{}^{(a)}(x, y) \, dx \, dx = \bar{M}_{3,id}{}^{(a)}(i). \qquad \text{(B.III.40b)}$$

Das ideelle ursächliche Moment der Differentialgleichung 4. Ordnung gewinnt somit folgende Gestalt:

$$- S_i \, y_i{}'' = \bar{M}_{id}{}^{u}(i) = \bar{M}_{1,id}{}^{(a)}(i) + \bar{M}_{2,id}{}^{(a)}(i) + \bar{M}_{3,id}{}^{(a)}(i) + \bar{K}_1 \, x + \bar{K}_2.$$
$$\text{(B.III.41)}$$

Die Konstanten $\bar{K}_1$ und $\bar{K}_2$ werden aus zwei der vier bei einer Differentialgleichung 4. Ordnung vorgegebenen Randbedingungen bestimmt oder verbleiben neben den unbekannten ideellen Formänderungen als statisch Überzählige im Ansatz (vergleiche 1. Darstellung). Damit sind alle Voraussetzungen für die Darstellung der Integralgleichungen (Gl. (B.II.14b), (B.II.15b)) geschaffen.

B.III.1.4. Zusammenfassung

Für die ideellen ursächlichen Schnittlasten wurden verschiedene Darstellungsformen entwickelt.

Welcher Lösungsansatz im Einzelfall für die Aufstellung der Bedingungsgleichungen (B.II.14b, 15b) gewählt wird, hängt von der Art der gestellten Aufgabe $(A(x) = 0$ oder $A(x) \neq 0)$ und von dem Ziel der Untersuchung ab. Formal führen selbstverständlich beide Ansätze auf das gleiche Ergebnis.

Zahlenmäßig treten aber Unterschiede auf, da die auftretenden Integrale und auch die unter Verwendung der Momente zu bildenden Integralgleichungen numerisch (also näherungsweise) gelöst werden.

Grundsätzlich kann keine Aussage gemacht werden, ob die *Gleichungsgruppe* I (dies sind die Gln. (B.III.9), (B.III.26), (B.III.27)) oder die *Gleichungsgruppe* II (dies sind die Gleichungen (B.III.16), (B.III.34), (B.III.36)) im Einzelfall bei gleicher Intervallteilung bessere Ergebnisse liefert. Die Genauigkeit der Resultate hängt von dem Umstand ab, wie sich der gewählte Polygonzug der Momente und der Biegelinie dem strengen Verlauf anpaßt und wie groß die Abweichung durch die Anwendung der Trapezregel bei der Auswertung der in den Integralgleichungen auftretenden Integrale wird. Bei vielen durchgerechneten Beispielen, deren Ergebnisse mit den genauen, bekannten Lösungen verglichen werden konnten, wurden mit einer erstaunlich groben Teilung Resultate erzielt, die im baustatischen Sinne praktisch völlige Übereinstimmung ergaben (Fehler $< 0,5 \%$). In anderen Fällen mußte eine Verfeinerung der Teilung erfolgen, um eine ausreichende Genauigkeit zu erreichen (Fehler $< 3,0 \%$). In allen diesen Fällen konnte auf genaue Lösungen zurückgegriffen werden. Andererseits wird aber das Ersatzbalkenverfahren gerade für die Aufgaben verwendet, bei denen keine exakten Ergebnisse ermittelt werden können. In vielen Fällen wird es möglich sein, durch Grenzwertbetrachtungen die Größenordnung der Ergebnisse zu bestätigen. Bei vielen Problemen wird aber auch dieser Weg nicht gangbar sein und die Sicherheit des Ergebnisses kann nur dadurch gewährleistet werden, daß die Anzahl der Intervalle von n auf $n + 1$ erhöht wird. Bei beliebigen Fragestellungen sollte das Rechenschema für den Fall mit n Teilen bereits so aufbereitet werden, daß mit geringem Aufwand auch die Lösung für $n + 1$ Intervalle berechnet werden kann. Ist der Unterschied der beiden Ergebnisse innerhalb der geforderten Genauigkeit, dann ist die Lösung gegeben. Ist die Differenz der Resultate noch erheblich, so ist es erforderlich, die Berechnung mit $n + 2$ Intervallen usw. zu wiederholen. In jedem Fall ist es zweckmäßig, die Ergebnisse graphisch aufzutragen (Ordinate $\,\hat{=}\,$ Resultate R; Abszisse $\,\hat{=}\,$ Anzahl n der Intervalle). Aus der Neigung der Kurve $\Delta R / \Delta n$ können dann Rückschlüsse über die erzielte Genauigkeit gezogen werden (Abb. 11).

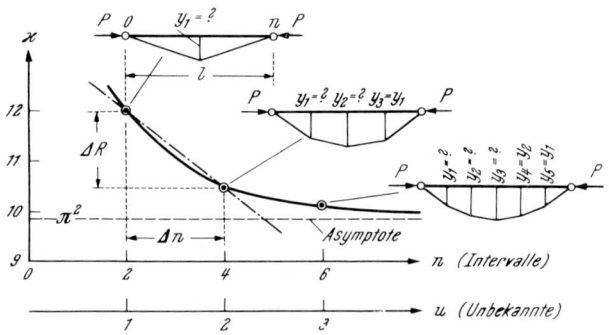

Abb. 11. Symmetrischer Knickstab: $P_{\mathrm{Krit}} = \varkappa \cdot (E\,J / l^2)$;
$$E\,J \cdot y'' + P \cdot y = 0; \qquad M_{id}^{u}(i) = P \cdot y_i$$

Eine Überprüfung ist auch immer dann angezeigt, wenn das erhaltene Ergebnis unter Berücksichtigung der veränderlichen Materialeigenschaften des Werkstoffes (Stahl im plastischen Bereich, Beton, Aluminium), die von der Spannung abhängig sind, verfeinert wird [2].

Bei der Auswahl der Gleichungsgruppe I oder II sollte beachtet werden, daß der Aufwand insbesondere für $A = 0$ bei Verwendung der Gleichungsgruppe II bedeutend geringer ist als bei der Gleichungsgruppe I. Bei Eigenwertaufgaben ist es daher immer zweckmäßiger, die Gleichungsgruppe II anzusetzen, da die Anzahl n der Intervalle praktisch verdoppelt werden kann, ehe der Aufwand erreicht wird, der bei Zugrundelegung der Gleichungsgruppe I notwendig ist (Abschnitt B.V.3.).

Bei erweiterten Spannungsproblemen dagegen ist nicht nur die Funktion $y(x)$ gefragt, sondern auch deren Ableitungen, denen bestimmte statische Größen unterstellt sind. In diesen Fällen ist es wünschenswert, aus dem inhomogenen Gleichungssystem sowohl die Funktion $y(x)$ als auch ihre erste Ableitung $y'(x)$ direkt zu berechnen, so daß dann die Gleichungsgruppe I Verwendung finden sollte.

Abschließend ist festzustellen, daß die obigen Gesichtspunkte beachtet werden müssen, um eine Entscheidung zu treffen, welcher Gleichungsgruppe der Vorzug im Einzelfalle zu geben ist. Diese Entscheidung wird allerdings noch erschwert, wenn von der Einführung der Differenzenquotienten — wie dies im Abschnitt B.V.3. gezeigt wird — Gebrauch gemacht wird, um die Ordnung des Gleichungssystems zu erniedrigen.

B.III.2. Entwicklung der „Integral"-Gleichungen

Nachdem die ideellen ursächlichen Momente in aufbereiteter Form zur Verfügung stehen, ist es möglich, die Integrale der Bedingungsgleichungen (Gln. (B.II.14b), (B.II.15b)) einer numerischen Auswertung zugänglich zu machen.

Die ursächlichen Momente sind durch die Gleichungen (B.III.2), (B.III.9), (B.III.16), (B.III.27) und (B.III.36) gegeben. Sie sind abhängig von der unabhängigen Variablen x, von der abhängigen Variablen $y(x)$ und deren Ableitung $y'(x)$. Bei bestimmten Randbedingungen bleiben zunächst — wie bereits erwähnt — auch noch die Konstanten K bzw. K_1 und K_2 unbestimmt. Bei einer Differentialgleichung 4. Ordnung ist dies zum Beispiel der Fall, wenn die Randbedingungen

$$y(x_0) = y_0, \qquad y(x_n) = y_n$$
$$y'(x_0) = y_0', \qquad y'(x_n) = y_n'$$

vorgegeben sind. Im Abschnitt B.IV.2. wird über das Auftreten dieser Unbestimmtheit eine allgemeingültige Aussage gegeben. Dort wird auch gezeigt, daß es in vielen Fällen zweckmäßig ist, die unbestimmten Konstanten durch ideelle ursächliche Randmomente $M_R{}^u$, die zunächst ebenfalls als Unbekannte im Ansatz verbleiben, auszudrücken. Die bei dieser Umformung unter Umständen auftretenden Funktionswerte y_z und deren Ableitung y_z' sind als Unbekannte bereits im ideellen ursächlichen Moment enthalten und bedingen nur eine Veränderung des zugeordneten Faktors. Für das ideelle ursächliche Moment gilt also die folgende Abhängigkeit (vergleiche auch die Gln. (B.II.12e, f))

$$M_{id}{}^u(x, y, y', K) = M_{id}{}^u(x, y, y', M_R{}^u). \qquad \text{(B.III.42)}$$

In Hinkunft wird immer die zweite Darstellung verwendet, da dadurch bei der Untersuchung des statisch unbestimmten Gesamtersatztragwerkes des Ersatzbalkenverfahrens der Anschluß an die Theorie der statisch unbestimmten Tragwerke der klassischen Statik gewonnen wird (Abschnitt B.V.2.2.2).

Unter den getroffenen Voraussetzungen kann das ideelle ursächliche Moment für jeden Teilpunkt i des in n Intervalle eingeteilten Ersatztragwerkes angegeben werden. Um die auftretenden Unbekannten y_i, y_i' und $M_R{}^u$ zu berechnen, sind für die Teilpunkte i die Integralgleichungen (Gl. (B.II.14b), (B.II.15b)) zu formulieren. Im Abschnitt B.V.1. wird gezeigt, daß die Anzahl der möglichen Integralgleichungen gerade ausreicht, um die auftretenden Unbekannten eindeutig zu bestimmen.

In diesem Abschnitt werden die beiden Grundgleichungen für den i-ten Teilpunkt zur numerischen Auswertung umgeformt.

Hierzu werden die in den „Integral"-Gleichungen (Gl. (B.II.14b), (B.II.15b)) auftretenden Integrale unter Verwendung der Trapezregel in die folgende Form gekleidet:

$$\int_{x_0}^{x_n} \mathfrak{M}_{\mathfrak{p}_i}(x)\, M_{id}{}^u(x, y, y', M_R{}^u)\, \frac{dx}{S(x)} =$$

3*

$$= \sum_{k=1}^{n} \frac{\varDelta x_k}{6} \cdot \frac{1}{S_k} \left[\mathfrak{M}_{\mathbf{p}_i}(k-1) \left\{ 2 M_{id}{}^u(k-1) + M_{id}{}^u(k) \right\} + \right. \tag{B.III.43}$$

$$\left. + \mathfrak{M}_{\mathbf{p}_i}(k) \left\{ M_{id}{}^u(k-1) + 2 M_{id}{}^u(k) \right\} \right].$$

$$\int_{x_0}^{x_n} \mathfrak{M}_{\mathfrak{M}_i}(x) \, M_{id}{}^u(x, y, y', M_R{}^u) \, \frac{dx}{S(x)} =$$

$$= \sum_{k=1}^{n} \frac{\varDelta x_k}{6} \cdot \frac{1}{S_k} \left[\mathfrak{M}_{\mathfrak{M}_i}(k-1) \left\{ 2 M_{id}{}^u(k-1) + M_{id}{}^u(k) \right\} + \right. \tag{B.III.44}$$

$$\left. + \mathfrak{M}_{\mathfrak{M}_i}(k) \left\{ M_{id}{}^u(k-1) + 2 M_{id}{}^u(k) \right\} \right].$$

Da es sich bei den Momenten $\mathfrak{M}_{\mathbf{p}_i}$ bzw. $\mathfrak{M}_{\mathfrak{M}_i}$ aus der virtuellen Belastung um Zahlenwerte handelt und da auch in den Momenten $M_{id}{}^u$ infolge der ursächlichen Belastung außer den Unbekannten y_i, $y_i{}'$, $M_R{}^u$ nur numerische Werte auftreten, ergibt sich aus den Gln. (B.III.43) und (B.III.44) folgende Darstellung:

$$\int_{x_0}^{x_n} \mathfrak{M}_{\mathbf{p}_i}(x) \, M_{id}{}^u(x, y, y', M_R{}^u) \, \frac{dx}{S(x)} =$$

$$= + a_{i,0} y_0 + a_{i,1} y_1 + \cdots + a_{i,i} y_i + \cdots + a_{i,n-1} y_{n-1} + a_{i,n} y_n +$$

$$+ a_{i,0'} y_0{}' + a_{i,1'} y_1{}' + \cdots + a_{i,i'} y_i{}' + \cdots + a_{i,(n-1)'} y_{n-1}{}' + a_{i,n'} y_n{}' +$$

$$+ a_{i,M_0} M_0{}^u + a_{i,M_n} M_n{}^u + a_{i,\otimes}. \tag{B.III.45}$$

$$\int_{x_0}^{x_n} \mathfrak{M}_{\mathfrak{M}_i}(x) \, M_{id}{}^u(x, y, y', M_R{}^u) \, \frac{dx}{S(x)} =$$

$$= + a_{i',0} y_0 + a_{i',1} y_1 + \cdots + a_{i',i} y_i + \cdots + a_{i',n-1} y_{n-1} + a_{i',n} y_n +$$

$$+ a_{i',0'} y_0{}' + a_{i',1'} y_1{}' + \cdots + a_{i',i'} y_i{}' + \cdots + a_{i'(n-1)'} y_{n-1}{}' + a_{i',n'} y_n{}' +$$

$$+ a_{i',M_0} M_0{}^u + a_{i',M_n} M_n{}^u + a_{i',\otimes}. \tag{B.III.46}$$

Die Beiwerte $a_{i,k}$, $a_{i,k'}$, $a_{i',k}$ ... usw. sind feste Zahlenwerte, die sich aus der Anwendung der Trapezregel ergeben. Zur Vereinfachung der Schreibweise wird gesetzt:

$$\sum_{k=0}^{n} a_{i,k} y_k = a_{i,0} y_0 + a_{i,1} y_1 + \cdots + a_{i,n} y_n \tag{B.III.47}$$

$$\sum_{k=0}^{n} a_{i,k'} y_k{}' = a_{i,0'} y_0{}' + a_{i,1'} y_1{}' + \cdots + a_{i,n'} y_n{}' \tag{B.III.48}$$

$$\sum_{k=0}^{n} a_{i',k} y_k = a_{i',0} y_0 + a_{i',1} y_1 + \cdots + a_{i',n} y_n \tag{B.III.49}$$

$$\sum_{k=0}^{n} a_{i',k'} y_k{}' = a_{i',0'} y_0{}' + a_{i',1'} y_1{}' + \cdots + a_{i',n'} y_n{}'. \tag{B.III.50}$$

Wird weiterhin beachtet, daß nur in den Randpunkten o und n auf Grund der Anfangs- und Randbedingungen Werte für die Durchbiegungen y_0 und y_n und für die Neigungen $y_0{}'$ und $y_n{}'$ vorgeschrieben sein können, so können die Gln. (B.II.14b) und (B.II.15b) für den i-ten Teilpunkt in der folgenden Weise formuliert werden:

$$y_i + \mathfrak{M}_{\mathfrak{p}_i,0} \cdot \varphi(y_0{}') + \mathfrak{M}_{\mathfrak{p}_i,n} \cdot \varphi(y_n{}') + \mathfrak{A}_{\mathfrak{p}_i,0} \cdot \varDelta(y_0) + \mathfrak{A}_{\mathfrak{p}_i,n} \cdot \varDelta(y_n) =$$

$$= a_{i,\otimes} + \sum_{k=0}^{n} a_{i,k}\, y_k + \sum_{k=0}^{n} a_{i,k'}\, y_k{}' + a_{i,M_0}\, M_0{}^u + a_{i,M_n}\, M_n{}^u. \qquad \text{(B.III.51)}$$

Diese Grundgleichung entfällt stets bei einer Differentialgleichung 1. Ordnung.

$$y_i{}' + \mathfrak{M}_{\mathfrak{M}_i,0} \cdot \varphi(y_0{}') + \mathfrak{M}_{\mathfrak{M}_i,n} \cdot \varphi(y_n{}') + \mathfrak{A}_{\mathfrak{M}_i,0} \cdot \varDelta(y_0) + \mathfrak{A}_{\mathfrak{M}_i,n} \cdot \varDelta(y_n) =$$

$$= a_{i',\otimes} + \sum_{k=0}^{n} a_{i',k}\, y_k + \sum_{k=0}^{n} a_{i',k'}\, y_k{}' + a_{i',M_0}\, M_0{}^u + a_{i',M_n}\, M_n{}^u. \qquad \text{(B.III.52)}$$

Die Gleichungen (B.III.51) und (B.III.52) sollen als Grundgleichungen des Ersatzbalkenverfahrens bezeichnet werden. Durch wiederholte Anwendung dieser Grundgleichungen für die Teilpunkte i an dem noch festzulegenden Ersatztragwerk ergibt sich die maßgebende Matrix. Aus dem entstehenden Gleichungssystem kann der Eigenwert oder die gesuchte Funktion berechnet werden.

B.IV. Die Wahl der statischen Ersatztragwerke unter Berücksichtigung der Randbedingungen

Um die Grundgleichungen (B.III.51) und (B.III.52) aufstellen zu können, ist es erforderlich, statische Ersatztragwerke festzulegen, an denen die Schnittlasten und die äußeren Lagerreaktionen sowohl

infolge der ideellen ursächlichen Belastung

als auch

infolge der virtuellen Belastung

berechnet werden können.

Im Abschnitt B.III.1. wurde bereits dargelegt, daß die ideellen ursächlichen Schnittlasten infolge der durch die Differentialgleichung gegebenen äußeren Belastung am Elementarstab berechnet werden.

Bei der Ermittlung der ideellen ursächlichen Schnittlasten treten bei der Differentialgleichung 3. Ordnung eine Konstante K und bei der Differentialgleichung 4. Ordnung 2 Konstanten K_1 und K_2 auf. Von den Anfangs- und Randbedingungen hängt es ab, ob diese Konstanten sofort angegeben werden können und damit das den Differentialgleichungen zugeordnete Gesamtersatztragwerk statisch bestimmt ist oder ob die Konstanten neben den ebenfalls unbekannten ideellen Formänderungen (y_i, $y_i{}'$) als Überzählige im Ansatz verbleiben müssen und daher das Gesamtersatztragwerk, dem allerdings ähnlich wie dem statisch unbestimmten Tragwerk in der Theorie der statisch unbestimmten Konstruktionen bei der eigentlichen Schnittlastenermittlung keine Bedeutung zukommt, im Sinne des Ersatzbalkenverfahrens statisch unbestimmt ist.

In diesem Abschnitt soll nun grundsätzlich geklärt werden, bei welchen vorgeschriebenen Anfangs- und Randbedingungen die Konstanten entweder sofort berechnet werden können oder weiterhin im Ansatz verbleiben müssen.

Weiterhin muß eine Aussage getroffen werden, an welchem Ersatztragwerk die Schnittlasten, insbesondere die für die Aufstellung der Grundgleichungen (B.III.51) und (B.III.52) erforderlichen Momente, infolge der virtuellen Belastung ($\mathfrak{P}_i$, $\mathfrak{M}_i$) zu ermitteln sind. Grundsätzlich ist festzustellen, daß für den Angriff der virtuellen Belastung — genau wie in der klassischen Statik — auch beim Ersatzbalkenverfahren ein statisch bestimmtes Ersatztragwerk Verwendung findet. Ob der Balken auf 2 Stützen oder der Kragträger gewählt wird, hängt von den Anfangs- oder Randbedingungen ab.

Bei einer Differentialgleichung m-ter Ordnung (hier $m = 1, 2, 3, 4$) sind bekanntlich m Bedingungen vorzugeben.

Erfolgt die Angabe dieser Werte in ihrer Gesamtheit am Anfang des Integrationsbereiches, so liegt ein *Anfangswertproblem* vor. (Bei einer Differentialgleichung 1. Ordnung liegt stets ein Anfangswertproblem vor).

Werden dagegen diese Werte am Anfang und am Ende des Integrationsbereiches vorgeschrieben, so wird die gestellte Aufgabe als *Randwertproblem* bezeichnet.

Diese aus der Theorie der gewöhnlichen Differentialgleichungen bekannte Einteilung der Aufgaben führt beim Ersatzbalkenverfahren

zu einer Aussage, ob die Konstanten bereits auf Grund der vorgeschriebenen Bedingungen berechnet werden können,

zu einer Unterscheidung der den Differentialgleichungen zugeordneten Gesamtersatztragwerke und

zur Festlegung des statisch bestimmten Systems, an dem die virtuelle Belastung angreift.

B.IV.1. Anfangswertproblem (Abb. 8a)

Das Anfangswertproblem ist dadurch gekennzeichnet, daß die Lösung der Differentialgleichung durch die Angabe der Anfangswerte

$$y(x_0) = y_0; \qquad y'(x_0) = y_0'; \ldots; y^{(m-1)}(x_0) = y_0^{(m-1)} \qquad (m = 1, 2, 3, 4)$$

$$(B.IV.1)$$

festgelegt wird.

Der Elementarstab wird bei allen Anfangswertproblemen als Kragträger interpretiert. Dieses Ersatztragwerk ist daher sowohl im Sinne der Kraftgrößenmethode als auch im Sinne des Ersatzbalkenverfahrens immer statisch bestimmt.

An diesem Ersatztragwerk wirken sowohl die Schnittlasten infolge der ideellen ursächlichen Belastung als auch die Schnittlasten infolge der virtuellen Belastung ($\mathfrak{P}_i$, $\mathfrak{M}_i$).

Die Ermittlung der Schnittlasten und der Stützenreaktionen infolge der virtuellen Belastung erfolgt in bekannter Weise (Abb. 8a).

Bei der Untersuchung der ideellen ursächlichen Belastung werden die vorgeschriebenen Anfangsbedingungen als eingeprägte Formänderungen und als vorgegebene Schnittlasten am Beginn des Integrationsbereiches interpretiert.

Bei allen Anfangswertproblemen der vorgelegten Differentialgleichungen von der 1-ten bis zur 4-ten Ordnung werden der vorgegebene Funktionswert $y(x_0)$ $= y_0$ als ideelle eingeprägte Verschiebung und die erste Ableitung $y'(x_0) = y_0'$ als ideelle eingeprägte Neigung des Kragträgers an der Einspannstelle (Anfang des Integrationsbereiches) gedeutet.

(Bei der Differentialgleichung 1. Ordnung ist durch die vorgenommene Substitution (B.I.3) bei der Anwendung des Ersatzbalkenverfahrens nur die Drehung $\bar{y}_0' = y_0$ vorgeschrieben).

Da damit die Werte $\varphi(y_0')$ und $\varDelta(y_0)$ in den Gleichungen (B.III.51) und (B.III.52) vorgeschrieben sind, sind die Arbeiten der Lagerreaktionen infolge der virtuellen Belastung $(\mathfrak{P}_i, \mathfrak{M}_i)$ zu berücksichtigen. Sie lauten

$$\mathfrak{M}_{\mathfrak{p}_i,0} \cdot \varphi(y_0'), \qquad \mathfrak{A}_{\mathfrak{p}_i,0} \cdot \varDelta(y_0) \qquad \text{und} \qquad \mathfrak{M}_{\mathfrak{M}_i,0} \cdot \varphi(y_0').$$

Der Arbeitsanteil $\mathfrak{A}_{\mathfrak{M}_i,0} \cdot \varDelta(y_0)$ entfällt, da $\mathfrak{A}_{\mathfrak{M}_i,0}$ beim Kragträger infolge der virtuellen Belastung $\mathfrak{M}_i = 1$ stets identisch Null ist.

Die Anteile $\mathfrak{M}_{\mathfrak{p}_i,n} \cdot \varphi(y_n')$, $\mathfrak{A}_{\mathfrak{p}_i,n} \cdot \varDelta(y_n)$, $\mathfrak{M}_{\mathfrak{M}_i,n} \cdot \varphi(y_n')$ und $\mathfrak{A}_{\mathfrak{M}_i,n} \cdot \varDelta(y_n)$ entfallen in den Grundgleichungen ebenfalls, da keine eingeprägten Verschiebungen y_n und y_n' beim Anfangswertproblem vorgegeben werden können (halboffener Bereich).

Bei der Differentialgleichung 3. Ordnung muß zusätzlich die Randbedingung

$$y''(x_0) = y_0'' \tag{B.IV.2}$$

vorgeschrieben werden. Die Vorgabe dieses Anfangswertes bedeutet die Festlegung des ideellen ursächlichen Momentes (Einspannmoment)

$$M_{id}{}^u(i = 0) = -S_0 y_0'' \tag{B.IV.3}$$

am Anfang des Integrationsbereiches.

Weiterhin ergibt sich aus diesem Anfangswert die bei einer Differentialgleichung 3. Ordnung auftretende Konstante K. Wird die erste Darstellung (Gl. (B.III.9)) gewählt, so gilt

$$K = -S_0 y_0'' - A_0 y_0'. \tag{B.IV.4}$$

Wird dagegen der zweite Ansatz für das ideelle ursächliche Moment (Gl. (B.III.16)) verwendet, so ergibt sich für die Konstante

$$\bar{K} = -S_0 y_0'' - A_0 y_0' - \{B_0 - A_0'\} y_0. \tag{B.IV.5}$$

Nach der Ermittlung der Konstanten K bzw. $\bar{K}$ können die ideellen ursächlichen Momente $M_{id}{}^u(i)$ für alle anderen Teilpunkte i $(i > 0)$ in Abhängigkeit von den noch unbekannten ideellen Durchbiegungen y_i und Neigungen y_i' an Hand der Gleichungen (B.III.9) und (B.III.16) dargestellt werden (für $i = 0$ ergibt sich selbstverständlich aus beiden Ansätzen die Gleichung (B.IV.3)).

Bei der Differentialgleichung 4. Ordnung tritt zu den bereits angegebenen Anfangswerten noch die Bedingung

$$y'''(x_0) = y_0''' \tag{B.IV.6}$$

hinzu, wodurch im Sinne der Stabstatik in Verbindung mit dem Anfangswert y_0'' (für $S(x) \neq$ konstant) die ideelle ursächliche Querkraft (bzw. Auflagerkraft) vorgeschrieben wird. Es gilt

$$Q_{id}{}^u(i = 0) = -[S_0 y_0'']' = -S_0' y_0'' - S_0 y_0'''. \tag{B.IV.7}$$

Endlich lassen sich auch aus den 4 vorgeschriebenen Anfangswerten die beiden Konstanten K_1 und K_2 eindeutig bestimmen, so daß die ideellen ursächlichen Momente $M_{i_d}{}^u(i)$ für alle Teilpunkte i in Abhängigkeit von den noch unbekannten Werten y_i und $y_i{}'$ $(i > 0)$ formuliert werden können.

Bei Verwendung der *ersten* Darstellungsweise ergeben sich die nachstehenden Werte für die Konstanten K_1 und K_2.

Aus Gl. (B.III.26) folgt:

$$K_1 = - S_0\,y_0{}''' - S_0{}'\,y_0{}'' - A_0\,y_0{}'' - \{B_0 - A_0{}'\}\,y_0{}'. \qquad \text{(B.IV.8)}$$

Aus Gleichung (B.III.27) kann die zweite Konstante ermittelt werden:

$$K_2 = - S_0\,y_0{}'' - A_0\,y_0{}'. \qquad \text{(B.IV.9)}$$

Wird die *zweite* Form gewählt, so gilt nach Gleichung (B.III.34)

$$\bar{K}_1 = - S_0\,y_0{}''' - S_0{}'\,y_0{}'' - A_0\,y_0{}'' - \{B_0 - A_0{}'\}\,y_0{}' -$$
$$- \{A_0{}'' - B_0{}' + C_0\}\,y_0 \qquad \text{(B.IV.10)}$$

und nach Gleichung (B.III.36)

$$\bar{K}_2 = - S_0\,y_0{}'' - A_0\,y_0{}' - \{B_0 - 2\,A_0{}'\}\,y_0. \qquad \text{(B.IV.11)}$$

(Für den Anfangspunkt $i = 0$ führen selbstverständlich beide Ansätze zur Gleichung (B.IV.7) und zum Moment $M_{i_d}{}^u(i = 0) = - S_0\,y_0{}''$).

Zusammenfassend wird festgestellt, daß die auftretenden Konstanten beim Anfangswertproblem auf Grund der Anfangswerte stets eindeutig berechnet werden können.

B.IV.2. Randwertproblem[1]

Ein Randwertproblem liegt vor, wenn mindestens eine der vorgeschriebenen m Randbedingungen am Ende des Integrationsbereiches vorgeschrieben wird, während die anderen am Anfang des Intervalles vorgegeben sind oder umgekehrt.

Bei einer Differentialgleichung 2. Ordnung muß also je eine Randbedingung am Anfang und am Ende des Bereiches erfüllt werden (Abb. 8b).

Bei einer Differentialgleichung 3. Ordnung müssen 2 Randbedingungen am Anfang und eine am Ende des Intervalles oder umgekehrt vorgeschrieben sein (Abb. 9a, b).

Bei einer Differentialgleichung 4. Ordnung sind eine (zwei, drei) Randbedingung(en) am Anfang und drei (zwei, eine) am Ende vorzugeben (Abb. 10a, b).

Diese Randbedingungen sind nicht auf die einzelnen Randwerte y_0, $y_0{}'$, $y_0{}''$, $y_0{}'''$ oder y_n, $y_n{}'$, $y_n{}''$, $y_n{}'''$ beschränkt, sondern sie können auch als Linearkombinationen auftreten.

Der Elementarstab, an dem die ideellen ursächlichen Schnittlasten (Abschnitt B.III.1.) ermittelt werden, wird beim Randwertproblem als Balken auf 2 Stützen interpretiert. Wenn auf Grund der vorgelegten Randbedingungen die Konstanten, die in den Gleichungen für die ideellen ursächlichen Schnittlasten auftreten, nicht bestimmt werden können, dann müssen — nach entsprechender Transformation (Gleichungen (B.IV.17, 18)) — unbekannte Randmomente $M_0{}^u$

---

[1] Dieser Abschnitt entfällt für die Differentialgleichung 1. Ordnung.

und $M_n{}^u$ berücksichtigt werden. Das endgültige, der betreffenden Differentialgleichung zugeordnete Gesamtersatztragwerk ist dann sowohl im Sinne der Kraftgrößenmethode als auch im Sinne des Ersatzbalkenverfahrens statisch unbestimmt.

Der Angriff der virtuellen Belastung ($\mathfrak{P}_i$, $\mathfrak{M}_i$) darf, wie in der klassischen Statik, an einem beliebigen statisch bestimmten Tragwerk untersucht werden. Im allgemeinen wird auch für die Berechnung der Schnittlasten und Stützenreaktionen infolge der virtuellen Belastung der Balken auf 2 Stützen als Ersatzsystem gewählt. Sind an einem Randpunkt die Randbedingungen y_r und y_r' vorgeschrieben, dann kann auch der Kragträger als Ersatztragwerk für die Untersuchung der virtuellen Belastung dienen (Abb. 8a; 9a, b). Die Berechnung erfolgt nach den bekannten Methoden der klassischen Statik.

Bei der Berechnung der ideellen ursächlichen Schnittlasten werden die Randwerte y_0, y_n und y_0' und y_n' wieder als ideelle eingeprägte Durchbiegungen und Drehungen des Ersatzbalkens gedeutet.

Da diese eingeprägten Randwerte bei den Randwertproblemen am Anfang und am Ende des Intervalles auftreten können, ist in den Grundgleichungen (Gleichung (B.III.51) und (B.III.52)) den Anteilen $\mathfrak{M}_{\mathfrak{p}_i,n} \cdot \varphi(y_n')$, $\mathfrak{A}_{\mathfrak{p}_i,n} \cdot \varDelta(y_n)$ usw. auch am Randpunkt n Beachtung zu schenken.

Weiterhin ist bei der Ermittlung der ideellen ursächlichen Momente $M_{id}{}^u(i)$ im Falle des Randwertproblems einer Besonderheit Rechnung zu tragen, wenn es sich um die Lösung einer Differentialgleichung der 3. und 4. Ordnung handelt.

Während bei der Differentialgleichung 2. Ordnung das ideelle ursächliche Moment durch die Vorgabe von je einer ideellen Durchbiegung oder Neigung am Anfang und Ende des Integrationsbereiches auf Grund der Gleichung (B.III.2) bis auf unbekannte Durchbiegungen und Neigungen, die aus den Grundgleichungen ermittelt werden, bestimmt ist, wird es bei den Differentialgleichungen der 3. und 4. Ordnung jedoch von den Randbedingungen abhängen, ob die in den Gleichungen (Gln. (B.III.9), (B.III.16), (B.III.27), (B.III.36)) für die ideellen ursächlichen Momente auftretenden Konstanten sofort berechnet werden können (wie beim Anfangswertproblem) oder ob sie zunächst als zusätzliche unbekannte Freiwerte im Ansatz verbleiben.

Wie aus den Gleichungen (B.III.9) und (B.III.16) ersichtlich ist, tritt bei dem ideellen ursächlichen Moment der Differentialgleichung 3. Ordnung eine Konstante $K = K(y_z, y_z', M_R{}^u)$ auf. Enthalten die vorgeschriebenen Randbedingungen eine Aussage über y'' — z. B. $y''(x_0) = 0$ oder $y''(x_n) = y_n''$ oder auch eine Linearkombination — so kann die Konstante eindeutig bestimmt werden. Beschränkt sich die Vorgabe dagegen auf eingeprägte Durchbiegungen und Neigungen, so bleibt die Konstante K zunächst unbestimmt.

Ein weiterer Sonderfall liegt vor, wenn u. a. bei der Differentialgleichung 3. Ordnung zwei Randbedingungen vorgeschrieben sind, die nur Aussagen über die 2. Ableitung, also z. B.: $y''(x_0) = y_0''$ und $y''(x_n) = y_n''$, enthalten. In diesem Fall ist die Konstante K überbestimmt und an Stelle einer vorgeschriebenen Randbedingung, in der y'' vorkommt, ist eine Ersatzgleichung zu entwickeln. Diese Ersatzbedingung stellt im statischen Sinne eine Momentengleichgewichtsbedingung dar.

Ähnlich liegen die Verhältnisse bei der Differentialgleichung 4. Ordnung. In diesem Fall tritt in den Gleichungen (B.III.26) und (B.III.34) für die ideelle ursächliche Querkraft die Konstante $K_1 = K_1(y_z, y_z', M_R{}^u)$ auf und in den Gleichungen (B.III.27) und (B.III.36) für das ideelle ursächliche Moment tritt neben der Konstanten K_1 auch noch die Konstante $K_2 = K_2(y_z, y_z', M_R{}^u)$ auf.

Ist am Anfang und am Ende des Integrationsbereiches eine Aussage über $y''(x_0) = y_0''$ und $y''(x_n) = y_n''$ getroffen, so sind die Konstanten K_1 und K_2 eindeutig zu bestimmen (Abb. 10a, b). Dies trifft auch zu, wenn eine Aussage über y'' und eine Aussage über y''' vorgeschrieben wird.

Beinhalten dagegen bei einer Differentialgleichung 4. Ordnung die Randbedingungen nur Aussagen über die ideellen Durchbiegungen und Neigungen in den Randpunkten — z. B.:

$$x = x_0: \qquad y(x_0) = y_0; \qquad y'(x_0) = y_0'$$
$$x = x_n: \qquad y(x_n) = y_n; \qquad y'(x_n) = y_n', \qquad \text{(B.IV.12)}$$

so bleiben die Konstanten zunächst unbestimmt (Abb. 12, 21).

Wie aus den Gleichungen für die ideelle ursächliche Querkraft und für das ideelle ursächliche Moment zu ersehen ist, kann in dem Fall, daß neben zwei Aussagen über die ideellen Randdurchbiegungen und Randneigungen die beiden Randbedingungen

$$y'''(x_0) = y_0''' \qquad \text{und} \qquad y'''(x_n) = y_n''' \qquad \text{(B.IV.13)}$$

vorgeschrieben sind, die Konstante K_2 zunächst ebenfalls nicht ermittelt werden (Abb. 18). Die gleichzeitige Vorgabe der 3. Ableitung an den Randpunkten o und n verhindert aber nicht nur die eindeutige Berechnung der Konstanten K_2, sondern die Randbedingungen dürfen in dieser Form nicht zugelassen werden. Für die Anwendung des Ersatzbalkenverfahrens ist es erforderlich, *eine* der beiden Randbedingungen (Gl. (B.IV.13)) durch eine neue, ihr äquivalente Bedingung zu ersetzen, da die Anzahl der möglichen Grundgleichungen und der verbleibenden Randbedingungen sonst um eine kleiner ist als die Summe der auftretenden Unbekannten (y_i, y_i', K bzw. $M_R{}^u$). Die Formulierung einer derartigen Ersatzbedingung ist in der klassischen Balkentheorie immer möglich und da alle dort verwendeten Beziehungen auf die Lösung der Differentialgleichungen übertragen werden, gelingt die Angabe einer äquivalenten Bedingung auch stets beim Ersatzbalkenverfahren.

Eine derartige Transformation der Randbedingungen ist ebenfalls notwendig, wenn jeweils 2 Bedingungen über die zweite und dritte Ableitung vorgegeben sind (Abb. 19):

$$(\text{z. B.:} \quad x = x_0: \qquad y''(x_0) = y_0''; \qquad y'''(x_0) = y_0'''$$
$$x = x_n: \qquad y''(x_n) = y_n''; \qquad y'''(x_n) = y_n''').$$

In diesem Fall sind 2 Ersatzbedingungen zu entwickeln.

Es sei vorweggenommen, daß es sich bei diesen auf Grund der Randbedingungen zu formulierenden äquivalenten Ersatzgleichungen im Sinne der klassischen Statik um Gleichgewichtsbedingungen handelt (Momenten- und Kräftegleichgewicht).

Eine eingehende Behandlung dieser Zusammenhänge erfolgt im Abschnitt B.V.2.2.1 in Verbindung mit der Entwicklung von Kriterien, die darüber Aufschluß geben,

wieviele und welche Unbekannte auftreten,

wann die Konstanten bestimmbar und

wann Ersatzbedingungen zu formulieren sind,

und an Hand der Beispiele des Abschnittes D.

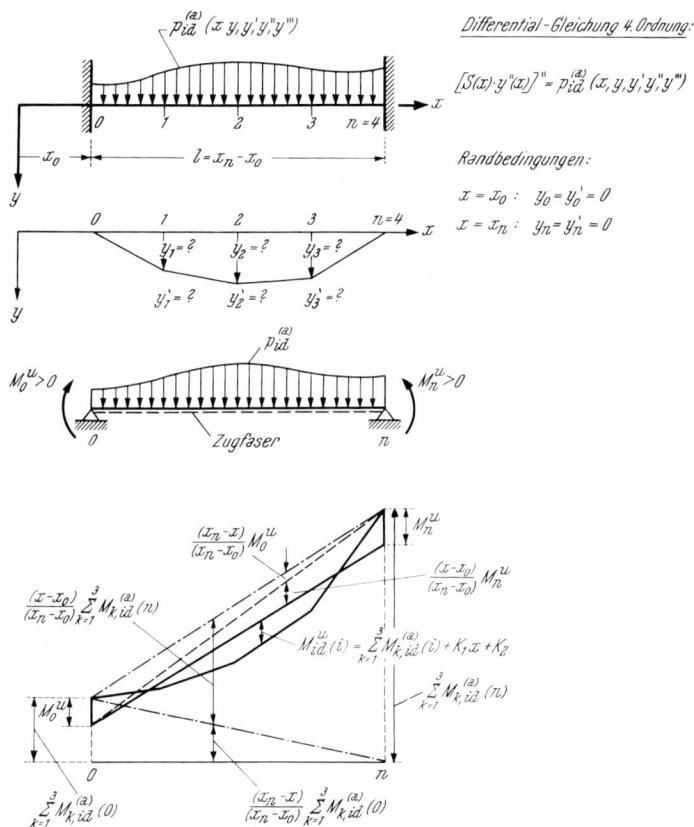

Abb. 12. Transformation der Konstanten K_1 und K_2 bei einer Differentialgleichung 4. Ordnung. Neue Unbekannte: M_0^u und M_n^u

An dieser Stelle soll vielmehr auf die mehrfach erwähnte Umformung der Konstanten, die auf Grund gewisser Randbedingungen (z. B.: Gl. (B.IV.12)) zunächst unbestimmt bleiben, eingegangen werden. Diese Transformation der Konstanten K auf allerdings ebenfalls noch unbekannte ideelle ursächliche Randmomente M_R^u ist zweckmäßig, um die Anschaulichkeit des Ersatzbalkenverfahrens zu heben und um den Anschluß an die Berechnung eines im Sinne der Statik statisch unbestimmten Tragwerkes zu gewinnen. Werden nämlich, wie dies im Abschnitt B.V.2.2.2 geschieht, diese Randmomente M_R^u zunächst Null gesetzt, so kann das so entstehende Ersatztragwerk als statisch bestimmtes

Hauptsystem gedeutet werden, wodurch es gelingt, bei der Integration der Differentialgleichung in der gleichen Weise vorzugehen, wie bei der Berechnung von statisch unbestimmten Tragwerken.

Konstantentransformation:

Für die Transformation der Konstanten auf die unbekannten Randmomente $M_0{}^u$ und $M_n{}^u$ wird das Moment der Differentialgleichung 4. Ordnung nach Gl. (B.III.32) zugrunde gelegt (Abb. 12):

$$M_{id}{}^u(i) = \sum_{k=1}^{3} M_{k,id}{}^{(a)}(i) + K_1 x + K_2. \tag{B.IV.14}$$

Für $x = x_0$ — am Beginn des Integrationsbereiches — wird das noch unbekannte Randmoment $M_0{}^u$ unterstellt und am Ende des Bereiches $x = x_n$ soll das Randmoment $M_n{}^u$ auftreten. Aus der Gleichung (B.IV.14) ergibt sich das Gleichungssystem für die Konstanten K_1 und K_2

$$M_{id}{}^u(x_0) = M_0{}^u = \sum_{k=1}^{3} M_{k,id}{}^{(a)}(0) + K_1 x_0 + K_2 \tag{B.IV.15}$$

$$M_{id}{}^u(x_n) = M_n{}^u = \sum_{k=1}^{3} M_{k,id}{}^{(a)}(n) + K_1 x_n + K_2. \tag{B.IV.16}$$

Die Auflösung des Systems liefert

$$K_1 = \frac{1}{(x_n - x_0)} \left[M_n{}^u - M_0{}^u + \sum_{k=1}^{3} M_{k,id}{}^{(a)}(0) - \sum_{k=1}^{3} M_{k,id}{}^{(a)}(n) \right] \tag{B.IV.17}$$

$$K_2 = \frac{1}{(x_n - x_0)} \left[x_n \left\{ M_0{}^u - \sum_{k=1}^{3} M_{k,id}{}^{(a)}(0) \right\} - x_0 \left\{ M_n{}^u - \sum_{k=1}^{3} M_{k,id}{}^{(a)}(n) \right\} \right]. \tag{B.IV.18}$$

In den Gleichungen (B.IV.17) und (B.IV.18) sind nur die Randmomente $M_0{}^u$ und $M_n{}^u$ unbekannt. Eine Vereinfachung der Gleichungen (B.IV.17, 18) ergibt sich, wenn der Anfang des Integrationsbereiches $x = x_0$ mit dem Ursprung des Koordinatensystems zusammenfällt.

Mit

$$x = x_0 = 0 \qquad \text{und} \qquad x_n = l_{id}$$

gelten die folgenden Formeln

$$K_1 = \frac{1}{l_{id}} \left[M_n{}^u - M_0{}^u + \sum_{k=1}^{3} M_{k,id}{}^{(a)}(0) - \sum_{k=1}^{3} M_{k,id}{}^{(a)}(n) \right] \tag{B.IV.19}$$

$$K_2 = M_0{}^u - \sum_{k=1}^{3} M_{k,id}{}^{(a)}(0). \tag{B.IV.20}$$

Werden die gefundenen Ausdrücke für die Konstanten in die Gleichung (B.IV.14) eingesetzt, so treten beim ideellen ursächlichen Moment $M_{id}{}^u(i)$ anstelle der Konstanten nun die Randmomente als Freiwerte auf. Diese Randmomente entsprechen den Stützmomenten des statisch unbestimmten Systems in der klassischen Statik und leiten zu der im Abschnitt B.V.2.2.2 aufgezeigten zweistufigen Berechnung über, die eine vollkommene Übertragung der Theorie der

Untersuchung von statisch unbestimmten Tragwerken auf die Lösung der Differentialgleichungen gestattet.

Die Transformation der Konstanten K bei der Differentialgleichung 3. Ordnung verläuft in ähnlicher Weise wie bei der Differentialgleichung 4. Ordnung.

Zusammenfassend bleibt festzustellen, daß es beim Randwertproblem im Gegensatz zum Anfangswertproblem von den Randbedingungen abhängt, ob die auftretenden Konstanten sofort bestimmt werden können oder ob sie zunächst noch als Unbekannte, unter Umständen als transformierte Randmomente im Ansatz für das ideelle ursächliche Moment verbleiben müssen.

B.V. Die Formulierung des Lösungsansatzes

B.V.1. Anzahl und Art der Unbekannten — Eindeutigkeit der Lösung

Wie aus den Gleichungen für die ideellen ursächlichen Momente (Gleichung (B.III.2), (B.III.9), (B.III.16), (B.III.27) und (B.III.36)) ersichtlich ist, sind sie nur noch von den ideellen Durchbiegungen y_i, den Neigungen y_i' und den Konstanten K oder — nach Transformation — von den Momenten $M_R{}^u$ abhängig.

Um den zweckmäßigsten und vor allen Dingen auch den mit dem geringsten Arbeitsaufwand verbundenen Ansatz verwenden zu können, ist es von Vorteil, Kriterien zu besitzen, mit denen eine Aussage getroffen werden kann

1. über die Art und Anzahl der Unbekannten (y, y', $M_R{}^u$) und

2. über die Art und Anzahl der zur Verfügung stehenden Bedingungsgleichungen ((B.III.51), (B.III.52) und Ersatz-(Gleichgewichts-)-Bedingungen).

Bei der Entwicklung der ideellen ursächlichen Schnittlasten (Abschnitt B.III.1) wurde bereits darauf hingewiesen, daß für den Fall, wenn die Funktion $A(x) \equiv 0$ ist, in den Gleichungen für die ideellen ursächlichen Momente bei der Differentialgleichung 2. Ordnung immer, bei den Differentialgleichungen 3. und 4. Ordnung bei Verwendung der 2. Darstellungsweise (Gleichung (B.III.16) und (B.III.36)) die ideellen Neigungen y_i' entfallen. Eine Unterscheidung der Kriterien auf Grund der Werte von $A(x)$ ($A(x) \equiv 0$ bzw. $A(x) \neq 0$) ist daher angezeigt.

(Bei der Differentialgleichung 1. Ordnung, die mittels der Substitution auf eine Differentialgleichung 2. Ordnung transformiert wurde, sind stets — auch im Fall $A(x) \equiv 0$ — nur ideelle Neigungen $\bar{y}'$ zu berechnen. Die Entwicklungen der Abschnitte B.V.1.1 und 2 gelten daher für die Differentialgleichung 1. Ordnung nicht. In diesem Fall ist der Abschnitt B.V.1.3 zu beachten).

Bei der Aufstellung der Kriterien ist es weiterhin erforderlich, zu unterscheiden, ob es sich um Anfangs- oder Randwertprobleme handelt.

Für die nachstehenden Entwicklungen der Kriterien sollen folgende Vereinbarungen gelten:

$m \triangleq$ Ordnung der Differentialgleichung und Anzahl der vorgegebenen Randbedingungen

$n \triangleq$ Anzahl der gewählten Intervalle

$k = m - 2 \triangleq$ Anzahl der auftretenden Konstanten K bzw. der Randmomente $M_R{}^u$ ($2 \leqq m \leqq 4$)

$d_i \triangleq$ Anzahl aller auftretenden ideellen Durchbiegungen y_i

$d_i' \triangleq$ Anzahl aller auftretenden ideellen Neigungen y_i'

$a_r \triangleq$ Anzahl der beim Ersatzbalkenverfahren zugelassenen Randbedingungen vom Typ y_r

$a_r' \triangleq$ Anzahl der beim Ersatzbalkenverfahren zugelassenen Randbedingungen vom Typ y_r'

$a_r'' \triangleq$ Anzahl der beim Ersatzbalkenverfahren zugelassenen Randbedingungen vom Typ y_r''

$a_r''' \triangleq$ Anzahl der beim Ersatzbalkenverfahren zugelassenen Randbedingungen vom Typ y_r'''

$a = a_r + a_r' + a_r'' + a_r''' \triangleq$ Summe aller zugelassenen Randbedingungen

$u \triangleq$ Summe aller auftretenden Unbekannten

$u_i \triangleq$ Anzahl der unbekannten Durchbiegungen y_i

$u_i' \triangleq$ Anzahl der unbekannten Neigungen y_i'

$u_i'' \triangleq$ Anzahl der unbekannten im Ansatz verbleibenden Konstanten K bzw. der Randmomente M_R^u

$b \triangleq$ Summe aller Bedingungsgleichungen

$b_i \triangleq$ Anzahl aller Bedingungsgleichungen von der Form der Gleichung (B.III.51)

$b_i' \triangleq$ Anzahl aller Bedingungsgleichungen von der Form der Gleichung (B.III.52)

$b_t = m - a \leq 2 \triangleq$ Anzahl der für unzulässige Randbedingungen zu bildenden äquivalenten Ersatzbedingungen (Gleichgewichtsbedingungen — vergleiche Abschnitt B.IV.2).

B.V.1.1. Allgemeiner Fall: $A(x) \neq 0$

Wird der Bereich vom Anfangspunkt o $(x = x_0)$ bis zum betrachteten Punkt n $(x = x_n)$ in n Intervalle unterteilt, dann ergibt sich die Anzahl der Unbekannten

aus den frei gewählten Durchbiegungen y_i,

aus den frei gewählten Neigungen y_i' und

aus den zu bestimmenden Konstanten K zu

$$u^* = d_i + d_i' + k = d_i + d_i' + (m - 2). \qquad \text{(B.V.1a)}$$

Die Anzahl der zur Verfügung stehenden Bedingungsgleichungen setzt sich

aus den möglichen Bedingungsgleichungen (B.III.51),

aus den möglichen Bedingungsgleichungen (B.III.52) und

aus der Anzahl der vorgeschriebenen Randbedingungen

zusammen

$$b^* = b_i + b_i' + m. \qquad \text{(B.V.2a)}$$

Wenn die virtuelle Belastung am Balken auf 2 Stützen angreift, dann gilt im allgemeinen Fall für $A(x) \neq 0$

$$d_i = n + 1, \qquad d_i' = n + 1, \qquad b_i = n - 1 \quad \text{und} \quad b_i' = n + 1, \qquad \text{(B.V.3)}$$

und es ergibt sich, daß die Anzahl der Unbekannten u^* gerade gleich der Anzahl der zur Verfügung stehenden Bedingungsgleichungen b^* ist, so daß die Unbekannten eindeutig berechnet werden können.

Für die Anwendung werden die Kriterien ($u*$, $b*$) noch umgeformt.

Im Kapitel B.IV.2. wurde bereits darauf hingewiesen, daß die m vorgeschriebenen Randbedingungen mitunter in der Form, in der sie vorgegeben sind, beim Ersatzbalkenverfahren keine Verwendung finden können und daher gewisse Ersatzbedingungen (Momenten- und Kräftegleichgewicht) zu entwickeln sind.

Bei der Differentialgleichung 3. Ordnung ist eine Ersatzbedingung zu bilden, wenn in den vorgegebenen Randbedingungen 2 Aussagen über die 2. Ableitung gemacht werden, da für die Erfüllung nur eine Konstante K (vergleiche Gln. (B.III.9, 16)) zur Verfügung steht.

Bei der Differentialgleichung 4. Ordnung sind 2 Konstanten, K_1 und K_2 (vergleiche Gleichungen (B.III.26, 27) und (B.III.34, 36)), vorhanden. Damit können eine Randbedingung, die die 3. Ableitung (K_1) am Rande vorschreibt, und eine Randbedingung, die die 2. Ableitung (K_2) am Rande vorschreibt, oder 2 Aussagen über die 2. Ableitung befriedigt werden. Sind dagegen mehrere Aussagen über die 2. und 3. Ableitung vorgeschrieben (Beispiele 1–3 des Abschnittes B.V.2 2.1.), dann sind Ersatzbedingungen zu formulieren.

Um diesen Besonderheiten Rechnung zu tragen, wird von den Gleichungen für die Anzahl der Unbekannten $u*$ und der zur Verfügung stehenden Bedingungsgleichungen $b*$ die Anzahl $a \leqq m$ der beim Ersatzbalkenverfahren zugelassenen Randbedingungen abgezogen. (Welche Werte für a, a_r, a_r', a_r'' und a_r''' im Einzelfall einzusetzen sind, wird noch festzulegen sein).

Aus der Gleichung (B.V.1a) ergibt sich für die Anzahl der Unbekannten

$$u = u* - a = d_i + d_i' + (m - 2) - a \qquad \text{(B.V.1b)}$$

und aus der Gleichung (B.V.2a) für die Anzahl der Bedingungsgleichungen

$$b = b* - a = b_i + b_i' + (m - a). \qquad \text{(B.V.2b)}$$

Wird die Beziehung

$$a = a_r + a_r' + a_r'' + a_r''' \leqq m \qquad \text{(B.V.4)}$$

in die Gleichung (B.V.1b) eingeführt, so gilt

$$u = (d_i - a_r) + (d_i' - a_r') + (m - 2 - a_r'' - a_r''') \qquad \text{(B.V.1c)}$$

oder in vereinfachter Form

$$u = u_i + u_i' + u_i'', \qquad \text{(B.V.1d)}$$

womit eine Aussage sowohl über die Anzahl als auch über die Art der auftretenden Unbekannten gewonnen ist. Der Wert

$$u_i = (d_i - a_r) \qquad \text{(B.V.5a)}$$

liefert die Anzahl der unbekannten ideellen Durchbiegungen y_i, der Wert

$$u_i' = (d_i' - a_r') \qquad \text{(B.V.5b)}$$

gibt Auskunft über die Anzahl der unbekannten ideellen Drehungen y_i' und der Wert

$$u_i'' = (m - 2 - a_r'' - a_r''') \qquad \text{(B.V.5c)}$$

beinhaltet eine Aussage über die Anzahl der unbekannten Konstanten K bzw. der Randmomente $M_R''^u$.

Diesen Unbekannten stehen nach Gleichung (B.V.2b)

$$b = b_i + b_i{}' + b_t \; (\equiv u) \qquad\qquad\text{(B.V.2c)}$$

Bedingungsgleichungen gegenüber, wobei der Wert

$$b_t = m - a \qquad\qquad\text{(B.V.6)}$$

die Anzahl der zu formulierenden Ersatzbedingungen angibt.

B.V.1.1.1. Anfangswertproblem $(2 \leqq m \leqq 4)$

In diesem Fall vereinfachen sich die Kriterien. Wird von dem halboffenen Bereich $(0 \leqq x < \infty)$ der Teilbereich von $x_0 = 0$ bis $x = x_n$ betrachtet, der in n Intervalle unterteilt sei, dann gilt im einzelnen (Abb. 13):

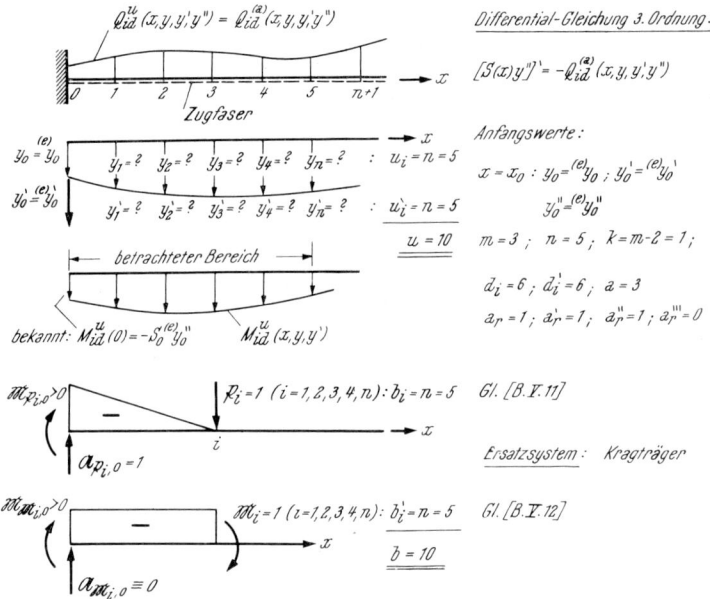

Abb. 13. Anwendung der Kriterien beim Anfangswertproblem einer Differentialgleichung 3. Ordnung

$$
\begin{aligned}
d_i \;\; &= n + 1 \\
d_i{}' \;\; &= n + 1 \\
a \;\; &= m \\
a_r \;\; &= 1 \qquad a_r{}' = 1 \\
a_r{}'' &= 0 \qquad \text{für} \qquad m = 2 \\
a_r{}'' &= 1 \qquad \text{für} \qquad m = 3, 4 \\
a_r{}''' &= 0 \qquad \text{für} \qquad m = 2, 3 \\
a_r{}''' &= 1 \qquad \text{für} \qquad m = 4.
\end{aligned}
\qquad\text{(B.V.7)}
$$

Daraus folgt die Anzahl der Unbekannten

$$
\begin{aligned}
u &= d_i + d_i{}' + (m - 2) - a \\
u &= (n + 1) + (n + 1) + (m - 2) - m = 2\,n
\end{aligned}
\qquad\text{(B.V.8)}
$$

und für die Art der Unbekannten

$$u_i = (n + 1 - a_r) = n \qquad \text{(unbekannte Durchbiegungen } y_i) \qquad \text{(B.V.9a)}$$

$$u_i' = (n + 1 - a_r') = n \qquad \text{(unbekannte Drehungen } y_i') \qquad \text{(B.V.9b)}$$

$$u_i'' = \{m - 2 - (a_r'' + a_r''')\} \equiv 0 \qquad \text{(keine Konstanten).} \qquad \text{(B.V.9c)}$$

Die Anzahl der Bedingungsgleichungen ergibt sich zu

$$b = b_i + b_i' + b_t = 2\,n. \qquad \text{(B.V.10a)}$$

Für die Art der Bedingungsgleichungen gilt

$$b_i = n \qquad \text{(Gleichung (B.III.51))} \qquad \text{(B.V.10b)}$$

$$b_i' = n \qquad \text{(Gleichung (B.III.52))} \qquad \text{(B.V.10c)}$$

$$b_t = (m - a) \equiv 0 \qquad \text{(keine Ersatzbedingung).} \qquad \text{(B.V.10d)}$$

Ein Vergleich der Gleichungen (B.V.8) und (B.V.10) zeigt, daß die Anzahl der zur Verfügung stehenden Grundgleichungen genau der Summe der auftretenden Unbekannten entspricht.

Es treten also

n unbekannte ideelle Durchbiegungen y_i,

n unbekannte ideelle Neigungen y_i' und

keine unbekannte Konstante K auf.

Eine Tatsache, die bereits im Abschnitt B.IV.1. erkannt wurde.

Wenn der Ersatzträger im Punkt $x = x_0$ eingespannt ist, dann ergeben sich aus den Gleichungen (B.III.51) und (B.III.52) unter Beachtung der im Abschnitt B.IV.1. dargelegten Vereinfachungen die folgenden Grundgleichungen für den i-ten Teilpunkt:

$$y_i + \mathfrak{M}_{\mathbf{p}_i,0} \cdot \varphi(y_0') + \mathfrak{A}_{\mathbf{p}_i,0} \cdot A(y_0) = a_{i,\,\otimes} + \sum_{k=0}^{i} a_{i,k}\, y_k + \sum_{k=0}^{i} a_{i,k'}\, y_k'. \qquad \text{(B.V.11)}$$

$$y_i' + \mathfrak{M}_{\mathfrak{M}_i,0} \cdot \varphi(y_0') = a_{i',\,\otimes} + \sum_{k=0}^{i} a_{i',k}\, y_k + \sum_{k=0}^{i} a_{i',k'}\, y_k'. \qquad \text{(B.V.12)}$$

B.V.1.1.2. Randwertproblem (Abb. 14)

Beim Randwertproblem gelten folgende Beziehungen

$$\begin{aligned} d_i &= n + 1 \\ d_i' &= n + 1. \end{aligned} \qquad \text{(B.V.13)}$$

Die Anzahl der Unbekannten ergibt sich aus Gleichung (B.V.1b):

$$\begin{aligned} u &= d_i + d_i' + (m - 2) - a \\ u &= (n + 1) + (n + 1) + (m - 2) - a = 2\,n + m - a \end{aligned} \qquad \text{(B.V.14a)}$$

und die Art der Unbekannten aus den Gleichungen (B.V.5)

$$\begin{aligned} u_i &= (n + 1 - a_r) \\ u_i' &= (n + 1 - a_r') \\ u_i'' &= \{m - 2 - (a_r'' + a_r''')\}. \end{aligned} \qquad \text{(B.V.14b)}$$

Bei der Verwendung der Kriterien müssen die Gl. (B.V.4) und die folgenden Nebenbedingungen, die die Anzahl der zulässigen Randbedingungen betreffen, erfüllt werden (vergleiche Abschnitt B.V.2.2.1.):

$$a_r \leq 2 \; ; \qquad a_r{}' \leq 2 \tag{B.V.15a}$$

Differentialgleichung 2. Ordnung:

$$a_r + a_r{}' = 2 \tag{B.V.15b}$$

Differentialgleichung 3. Ordnung:

$$a_r{}'' \leq 1; \qquad (a_r{}''' \leq 1); \qquad a_r{}'' + (a_r{}''') \leq 1 \tag{B.V.15c}$$

Differentialgleichung 4. Ordnung:

$$a_r{}'' \leq 2; \qquad a_r{}''' \leq 1; \qquad a_r{}'' + a_r{}''' \leq 2. \tag{B.V.15d}$$

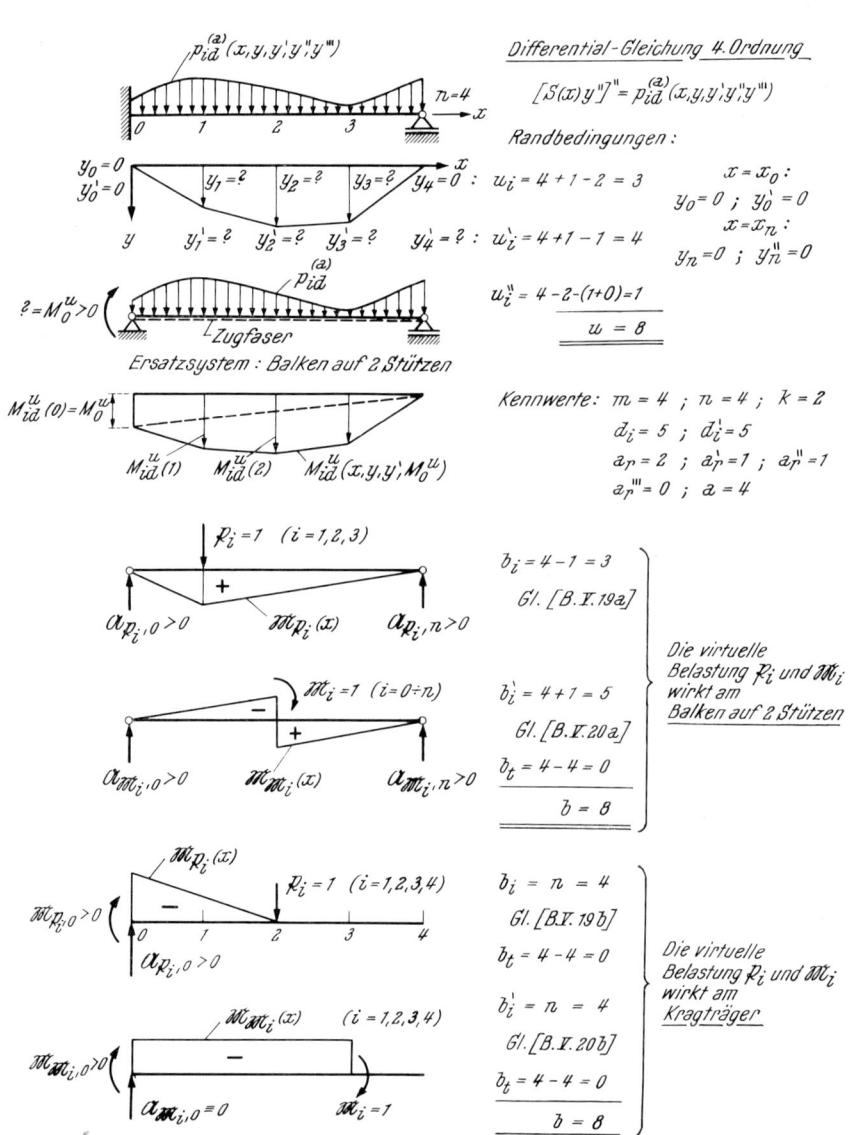

Abb. 14. Anwendung der Kriterien beim Randwertproblem einer Differentialgleichung 4. Ordnung

Bei der Aufstellung der Bedingungsgleichungen muß ferner beachtet werden, welches Ersatztragwerk für die Berechnung der Schnittlasten und Stützenreaktionen infolge der virtuellen Belastung gewählt wird.

a) *Die virtuelle Belastung wirkt am Balken auf 2 Stützen*

Die Anzahl und die Art der Bedingungsgleichungen folgt aus der Gleichung (B.V.2c) mit

$$b_i = (n-1)$$
$$b_i' = (n+1)$$
(B.V.16a)
$$b_t = (m-a)$$

$$b = (n-1) + (n+1) + (m-a) = 2n + m - a. \tag{B.V.17a}$$

In diesem Fall gilt

$$\mathfrak{M}_{\mathfrak{p}_i,0} = \mathfrak{M}_{\mathfrak{p}_i,n} = \mathfrak{M}_{\mathfrak{M}_i,0} = \mathfrak{M}_{\mathfrak{M}_i,n} = 0 \tag{B.V.18}$$

und die Grundgleichungen (B.III.51) und (B.III.52) lauten:

$$y_i + \mathfrak{A}_{\mathfrak{p}_i,0} \cdot \varDelta(y_0) + \mathfrak{A}_{\mathfrak{p}_i,n} \cdot \varDelta(y_n) = a_{i,\otimes} +$$
$$+ \sum_{k=0}^{n} a_{i,k}\, y_k + \sum_{k=0}^{n} a_{i,k'}\, y_k' + a_{i,M_0} M_0{}^u + a_{i,M_n} M_n{}^u. \tag{B.V.19a}$$

$$y_i' + \mathfrak{A}_{\mathfrak{M}_i,0} \cdot \varDelta(y_0) + \mathfrak{A}_{\mathfrak{M}_i,n} \cdot \varDelta(y_n) = a_{i',\otimes} +$$
$$+ \sum_{k=0}^{n} a_{i',k}\, y_k + \sum_{k=0}^{n} a_{i',k'}\, y_k' + a_{i',M_0} M_0{}^u + a_{i',M_n} M_n{}^u. \tag{B.V.20a}$$

b) *Die virtuelle Belastung wirkt am Kragträger*

(Voraussetzung: $x = x_0$: $y(x_0) = y_0$; $y'(x_0) = y_0'$
oder $x = x_n$: $y(x_n) = y_n$; $y'(x_n) = y_n'$).

Die Anzahl und die Art der Bedingungsgleichungen lauten:

$$b_i = n$$
$$b_i' = n$$
(B.V.16b)
$$b_t = m - a$$

$$b = n + n + (m-a) = 2n + m - a. \tag{B.V.17b}$$

Wird vorausgesetzt, daß der Kragträger an der Stelle $x = x_0$ eingespannt ist, dann können folgende Grundgleichungen Verwendung finden:

$$y_i + \mathfrak{M}_{\mathfrak{p}_i,0} \cdot \varphi(y_0') + \mathfrak{A}_{\mathfrak{p}_i,0} \cdot \varDelta(y_0) = a_{i,\otimes} +$$
$$+ \sum_{k=0}^{i} a_{i,k}\, y_k + \sum_{k=0}^{i} a_{i,k'}\, y_k' + a_{i,M_0} M_0{}^u + a_{i,M_n} M_n{}^u. \tag{B.V.19b}$$

$$y_i' + \mathfrak{M}_{\mathfrak{M}_i,0} \cdot \varphi(y_0') = a_{i',\otimes} + \sum_{k=0}^{i} a_{i',k}\, y_k +$$
$$+ \sum_{k=0}^{i} a_{i',k'}\, y_k' + a_{i',M_0} M_0{}^u + a_{i',M_n} M_n{}^u. \tag{B.V.20b}$$

4*

Ob in den Gleichungen (B.V.19a, b) und (B.V.20a, b) die Anteile infolge der idellen ursächlichen Randmomente M_0^u und M_n^u auftreten, wird durch den Wert u_i'' festgelegt.

Aus den Gleichungen (B.V.17a, b) ist ersichtlich, daß die Anzahl der Bedingungsgleichungen in beiden Fällen gleich ist und gerade ausreicht, um die Unbekannten (Gleichung (B.V.14)) eindeutig zu berechnen. Ein Vergleich der Gleichungen (B.V.16a) und (B.V.16b) zeigt aber, daß die Art der Bedingungsgleichungen verschieden ist, wenn einmal der Balken auf 2 Stützen und das andere Mal der Kragträger für die Berechnung der Schnittlasten und Lagerreaktionen infolge der virtuellen Belastung ($\mathfrak{P}_i$, $\mathfrak{M}_i$) verwendet wird.

B.V.1.2. Sonderfall: $A(x) \equiv 0$ $(2 \leq m \leq 4)$

Um den Arbeitsaufwand einzuschränken, werden in diesem Fall für die Darstellung der idellen ursächlichen Momente $\bar{M}_{id}^u$ die am weitgehendsten aufbereiteten Gleichungen (B.III.2), (B.III.16), (B.III.36)) verwendet. Dadurch können idelle Neigungen höchstens in den Randpunkten auftreten und auch nur dann, wenn sie auf Grund der Randbedingungen vorgeschrieben sind.

Die Entwicklung der Kriterien, mit denen eine Aussage über die Art und die Anzahl der auftretenden Unbekannten u und der zur Verfügung stehenden Bedingungsgleichungen b gemacht werden kann, erfolgt an Hand der bereits für den Fall $A(x) \neq 0$ aufgestellten Gleichungen. Sie sind aber für den Sonderfall — $A(x) \equiv 0$ — zu modifizieren.

B.V.1.2.1. Anfangswertproblem

Wird die gewählte Unterteilung (n Intervalle) beibehalten, dann muß bei den Gleichungen (B.V.7) lediglich $d_i' = n + 1$ durch $d_i' = a_r'$ ersetzt werden, um die gesuchten Kriterien angeben zu können.

Für die Unbekannten u ergibt sich aus Gleichung (B.V.1b)

$$u = d_i + d_i' + (m - 2) - a$$
$$u = (n + 1) + a_r' + (m - 2) - a = n, \tag{B.V.21}$$

da $a_r' = 1$ und $a = m$ ist.

Für die Unbekannten gilt im einzelnen:

$$u_i = d_i - a_r = n$$
$$u_i' = d_i' - a_r' \equiv 0 \tag{B.V.22}$$
$$u_i'' = \{k - (a_r'' + a_r''')\} \equiv 0.$$

An Bedingungsgleichungen stehen zur Verfügung:

$$b_i = n$$
$$b_i' \equiv 0 \tag{B.V.23}$$
$$b_t = m - a \equiv 0.$$

Ihre Summe beträgt

$$b = b_i + b_i' + b_t = n. \tag{B.V.24}$$

Die Anzahl der Grundgleichungen $b = b_i = n$ reicht also gerade aus, um die auftretenden unbekannten idellen Durchbiegungen y_i (Anzahl: $u_i = b_i = n$)

eindeutig berechnen zu können. In diesem Fall sind also nur Grundgleichungen der Form (B.V.11) zu formulieren. Die Gleichungen (B.V.12) entfallen.

B.V.1.2.2. Randwertproblem

Unter Beachtung der vereinbarten Bezeichnungen behalten die Gleichungen (B.V.13) ihre Gültigkeit, wenn dort $d_i' = n + 1$ durch $d_i' = a_r'$ ersetzt wird. Aus der Gleichung (B.V.1b) ergibt sich die Anzahl der Unbekannten

$$u = d_i + d_i' + (m - 2) - a$$
$$u = (n + 1) + a_r' + (m - 2) - (a_r + a_r' + a_r'' + a_r''') \qquad \text{(B.V.25)}$$
$$u = n - 1 + m - (a_r + a_r'' + a_r''').$$

Weiterhin gilt:

$$\begin{aligned}
u_i\ \ &= d_i - a_r = n + 1 - a_r \\
u_i'\ &= d_i' - a_r' \equiv 0 \\
u_i'' &= \{m - 2 - (a_r'' + a_r''')\}.
\end{aligned} \qquad \text{(B.V.26)}$$

Bei der Formulierung der Kriterien für die Bedingungsgleichungen muß wieder beachtet werden, an welchem Ersatztragwerk die virtuelle Belastung angreift.

a) *Die virtuelle Belastung wirkt am Balken auf 2 Stützen* (Abb. 18).

In diesem Fall gilt

$$\begin{aligned}
b_i\ &= n - 1 \\
b_i' &= a_r' \\
b_t\ &= m - a.
\end{aligned} \qquad \text{(B.V.27a)}$$

Die Summe beträgt:

$$b = b_i + b_i' + b_t = n - 1 + m - (a_r + a_r'' + a_r''') \qquad \text{(B.V.28a)}$$

und stimmt mit der Anzahl der Unbekannten u (Gl. (B.V.25)) überein.

Für die Aufstellung der Grundgleichungen $(b_i + b_i')$ können die Gleichungen (B.V.19a) und (B.V.20a) Verwendung finden, wenn in diesen Gleichungen

$$\sum_{k=0}^{n} a_{i,k'}\, y_k' \equiv 0 \qquad \text{und} \qquad \sum_{k=0}^{n} a_{i',k'}\, y_k' \equiv 0$$

gesetzt wird.

b) *Die virtuelle Belastung wirkt am Kragträger* (Abb. 18)

In diesem Fall gelten die folgenden Kriterien

$$\begin{aligned}
b_i\ &= n \\
b_i' &= a_r' - 1 \\
b_t\ &= m - a.
\end{aligned} \qquad \text{(B.V.27b)}$$

Ihre Summe beträgt:

$$b = b_i + b_i' + b_t = n - 1 + m - (a_r + a_r'' + a_r''') \qquad \text{(B.V.28b)}$$

und stimmt mit der der Gleichung (B.V.28a) überein.

Die Grundgleichungen entsprechen den Gleichungen (B.V.19b) und (B.V.20b). Allerdings entfallen die Summen

$$\sum_{k=0}^{i} a_{i,k'} \, y_k{}' \equiv 0 \quad \text{und} \quad \sum_{k=0}^{i} a_{i',k'} \, y_k{}' \equiv 0.$$

Bezüglich der Formulierung der Bedingungsgleichungen ($b_t = m - a \leqq 2$), die bei der Differentialgleichung 4. Ordnung u.a. bei gleichzeitiger Vorgabe der 3. Ableitung an beiden Randpunkten oder bei Vorgabe der 2-ten und 3-ten Ableitung an beiden Integrationsgrenzen und bei der Differentialgleichung 3. Ordnung bei Vorgabe der 2. Ableitung an beiden Grenzen des Bereiches notwendig werden kann, wird auf die Entwicklungen des Abschnittes B.V.2.2.1. verwiesen.

An die Kriterien muß noch eine Bemerkung angeschlossen werden für den Fall, daß die Randbedingung $M_0{}^u = - EI_0 y_0{}'' = - d_0 y_0{}'$ [elastische Einspannung, $d_0 \triangleq$ elastische Drehfederkonstante] vorgeschrieben ist.

Diese Bedingung wird vereinbarungsgemäß in den Typ $a_r{}''$ eingeordnet. Da die Kriterien für $A(x) \equiv 0$ nur für den Fall gelten, daß keine unbekannte Neigung auftritt, müssen die Anzahl der Unbekannten u und die Art der Unbekannten $u_i{}'$ um eine erhöht und eine Bedingungsgleichung $b_i{}'$ berücksichtigt werden, weil eine unbekannte Neigung (hier $y_0{}'$) in den Ansatz eingeführt wird.

B.V.1.3. Sonderfall: Keine unbekannte Durchbiegung y_i ($2 \leq m \leq 4$)

In einzelnen Fällen treten bei Verwendung der Gleichungsgruppe I[1] keine unbekannten Durchbiegungen y_i auf. Dies ist z. B. der Fall, wenn bei einer Differentialgleichung 3. Ordnung der Koeffizient $C(x) \equiv 0$ ist (Abb. 9).

Ferner trifft dieser Fall immer für die auf eine Differentialgleichung 2. Ordnung transformierte Differentialgleichung 1. Ordnung zu (Abschnitt B.I.1.).

Spezielle Kriterien sollen für diesen Fall nicht entwickelt werden, da diese einerseits leicht aus denen des Abschnittes B.V.1.1. entwickelt werden können oder andererseits durch Verwendung der Gleichungsgruppe II[1] der Anschluß an die mitgeteilten Formeln gefunden werden kann, so daß durch den Verzicht auf diese Kriterien keine Einschränkung der Anwendung bedingt ist.

Bei erweiterten Spannungsproblemen ist die Verwendung der Gleichungsgruppe II auch deshalb zweckmäßig, weil in diesem Fall die Funktion $y(x)$ gesucht wird, die bei Zugrundelegung der Gleichungsgruppe I aus den Neigungen

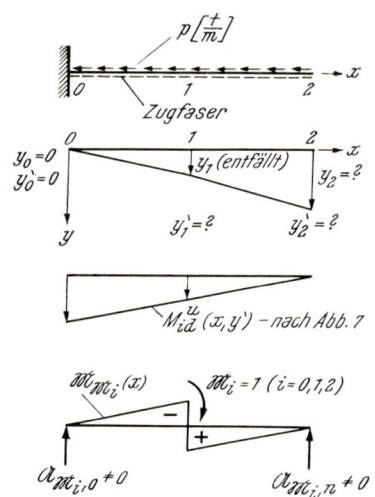

Abb. 15. Randwertproblem nach Abb. 7 virtuelle Belastung wirkt am Balken auf 2 Stützen: 3 Unbekannte: y_2, $y_1{}'$, $y_2{}'$

---

[1] Siehe Abschnitt B.III.1.4.

$y'(x)$ zu berechnen ist, womit eine zusätzliche numerische Integration verbunden
wäre.

Bei Eigenwertaufgaben (homogene Matrix) entfällt diese Rückrechnung
und es brauchen bei Verwendung der Gleichungsgruppe I nur die unbekannten
Neigungen y_i' in den Teilpunkten i der Berechnung zugrunde gelegt werden.
Dieser Weg ist aber an die Voraussetzung gebunden, daß die virtuelle Belastung
(nur $\mathfrak{M}_i$) am Kragträger wirken kann (Abb. 9). Wird der Balken auf 2 Stützen
für die virtuelle Belastung gewählt, dann müssen die Durchbiegungen der Auf-
lagerpunkte wegen der Arbeitsanteile infolge $\mathfrak{A}_{\mathfrak{M}_i, r}$ ebenfalls als Unbekannte
eingeführt werden, wenn nicht an beiden Randpunkten $y_r = 0$ vorgegeben ist
(Abb. 15) oder Momentengleichgewichtsgruppen, die keine Auflagerkräfte hervorrufen, aufgebracht werden. Dies bedeutet aber praktisch wieder die Wahl
des Kragträgers als Ersatztragwerk, wovon bei der transformierten Differentialgleichung 1. Ordnung stets Gebrauch gemacht wird.

B.V.2. Die Bildung der Gleichungssysteme

An Hand der im Abschnitt B.V.1. entwickelten Beziehungen können bei
Vorgabe der Differentialgleichung und der Anfangs- bzw. Randbedingungen
grundsätzlich folgende Aussagen getroffen werden:
1.a. Anzahl der Unbekannten u
  b. Art der Unbekannten u
  (Durchbiegung $y_i{}^1 \doteq u_i$,
  Neigungen $y_i' \doteq u_i'$;
  Konstanten K bzw. Randmomente $M_R{}^u \doteq u_i''$).
2.a. Anzahl der Bedingungsgleichungen b
  b. Art der Bedingungsgleichungen b
  (virtuelle Belastung $\mathfrak{P}_i{}^1$ (Gleichung (B.III.51)) $\doteq b_i$;
  virtuelle Belastung $\mathfrak{M}_i$ (Gleichung (B.III.52)) $\doteq b_i'$;
  Ersatzbedingung $\doteq b_t$).
Werden die erforderlichen b Bedingungsgleichungen formuliert, dann steht
das Gleichungssystem zur Berechnung der auftretenden Unbekannten u zur
Verfügung. Die entstehenden Matrizen weisen gewisse Merkmale auf, die sich
aus dem Aufbau und der Ordnung der gegebenen Differentialgleichung und aus
den vorgeschriebenen Anfangs- und Randbedingungen ergeben. So kann eine
klare Trennung zwischen den Gleichungssystemen von Anfangs- und Randwertproblemen gezogen werden. Bei den Randwertproblemen ist wiederum zwischen
homogener Matrix (Eigenwertproblem) und inhomogener Matrix („erweitertes
Spannungsproblem") zu unterscheiden. Weiterhin kann entweder eine kombinierte Momenten- und Formänderungsmatrix oder aber ein Gleichungssystem
entstehen, das nur Formänderungsgrößen enthält.

Um die erfolgreiche Anwendung des Ersatzbalkenverfahrens zu sichern,
ist es zweckmäßig, die angedeuteten Beziehungen zu präzisieren und weitere
bestehende Zusammenhänge aufzuzeigen. Für diese Untersuchungen erfolgt
eine Trennung nach Anfangs- und Randwertproblemen.

---

[1] Die Durchbiegungen entfallen bei der Differentialgleichung 1. Ordnung.

B.V.2.1. Anfangswertproblem

Für alle Aufgaben, die diesem Problemkreis angehören, gelten die folgenden Feststellungen:

1. Als Ersatztragwerk ist stets der Kragträger zu wählen. Die gestellte Aufgabe ist daher im Sinne der klassischen Statik immer statisch bestimmt. An diesem Kragträger wirkt sowohl die ideelle ursächliche als auch die virtuelle Belastung.

2. Auf Grund der Anfangswerte sind die ideellen eingeprägten Formänderungen und die ideellen ursächlichen Schnittlasten am Beginn des Integrationsbereiches ($x = x_0$; Einspannstelle des Kragträgers) eindeutig bestimmt.

3. Die auftretenden Konstanten K können unter Verwendung der Anfangswerte ebenfalls berechnet werden.

4. Die ideellen ursächlichen Momente $M_{id}{}^u(i)$ hängen nur von den ideellen Durchbiegungen $y_k{}^1$ und Neigungen $y_k{}'$ ab.

5. Die Zustände infolge der virtuellen Belastungen $\mathfrak{P}_i{}^1$ und $\mathfrak{M}_i$ erstrecken sich nur auf den Bereich $x_0 \leqq x \leqq x_i$, so daß sogenannte gestaffelte Gleichungssysteme entstehen (Abb. 16, 17).

6. Die Bedingungsgleichungen sind grundsätzlich vom Typ der Gleichung (B.V.11)[1] und (B.V.12). Die Aufstellung der einer Randbedingung äquivalenten Ersatzbedingung ist in keinem Fall notwendig.

7. Bei Anfangswertproblemen handelt es sich stets um „erweiterte" Spannungsprobleme.

Im Anschluß an die Darlegung der bestehenden Zusammenhänge soll der Gang der Berechnung bei Anfangswertproblemen umrissen werden.

Für die Untersuchungen wird der meist halboffene Integrationsbereich ($x_0 \leqq x \leqq \infty$) in Intervalle, deren Größe beliebig und verschieden sein kann, eingeteilt, wobei der Ursprung $x = x_0$ mit der Einspannstelle des Kragträgers zusammenfällt. Auf Grund der im Abschnitt B.III. mitgeteilten Beziehungen können jedem Teilpunkt ideelle ursächliche Schnittlasten, insbesondere Momente zugeordnet werden, die nur noch von ideellen Durchbiegungen[1] und Neigungen abhängig sind. Am Beginn des Integrationsbereiches sind wegen der vorgeschriebenen Anfangswerte (Gl. (B.IV.1)) sowohl die ideellen eingeprägten Formänderungen als auch die ideellen ursächlichen Schnittlasten eindeutig bestimmt.

Daher sind nur noch die ideellen Durchbiegungen $y_k{}^1$ und Neigungen $y_k{}'$ für $0 < k \leqq i$ unbekannt, für die die Grundgleichungen (B.V.11)[1] und (B.V.12) formuliert werden müssen. Hierzu werden in jedem Teilpunkt die virtuellen Belastungen $\mathfrak{P}_i{}^1$ und $\mathfrak{M}_i$ aufgebracht und die Momente und Stützenreaktionen ermittelt. Da sich diese Zustände nur auf den Bereich $x_0 \leqq x \leqq x_i$ erstrecken, entsteht ein zweigliedriges gestaffeltes Gleichungssystem, aus dem die unbekannten ideellen Durchbiegungen y_i und Neigungen $y_i{}'$ sukzessiv, mit $i = 1$ beginnend, berechnet werden können (Abb. 16). (Bei der Differentialgleichung 1. Ordnung

---

[1] Bei der Differentialgleichung 1. Ordnung entfällt die Berechnung der ideellen Durchbiegungen $\bar{y}_i$ und damit auch die virtuelle Belastung $\mathfrak{P}_i$ sowie die Gl. (B.V.11).

entsteht ein eingliedriges, gestaffeltes Gleichungssystem für die ideellen Drehungen $\bar{y}_i'$).

Im Sonderfall[1], daß die ideellen ursächlichen Momente nur von y_i abhängen, braucht nur jeweils die Gleichung (B.V.11) formuliert zu werden und die unbekannte ideelle Durchbiegung y_i wird aus einem eingliedrigen gestaffelten Gleichungssystem ermittelt (Abb. 17).

Gl. Nr.	y_0	y_0'	y_0''	y_0'''	y_1	y_1'	y_2	y_2'	y_3	y_3'	y_4	y_4'	y_5	y_5'	y_6	y_6'		
1.	✳	✳	✳	✳	?	?											→	y_1, y_1'
2.	✳	✳	✳	✳	⊗	⊗	?	?									→	y_2, y_2'
3.	✳	✳	✳	✳	⊗	⊗	⊗	⊗	?	?							→	y_3, y_3'
4.	✳	✳	✳	✳	⊗	⊗	⊗	⊗	⊗	⊗	?	?					→	y_4, y_4'
5.	✳	✳	✳	✳	⊗	⊗	⊗	⊗	⊗	⊗	⊗	⊗	?	?			→	y_5, y_5'
6.	✳	✳	✳	✳	⊗	⊗	⊗	⊗	⊗	⊗	⊗	⊗	⊗	⊗	?	?	→	y_6, y_6'

✳ ≙ Anfangswerte
⊗ ≙ berechnete Werte
$M_{id}^u = M_{id}^u(x, y, y')$

Abb. 16. Zweigliedriges gestaffeltes Gleichungssystem.
Differentialgleichung 4. Ordnung

Diese Vereinfachung ist gegeben, wenn $A \equiv 0$ ist, oder wenn für die erste Ableitung nach Abschnitt B.V.3. der erste Differenzenquotient eingeführt wird.

Gl. Nr.	y_0	y_0'	y_0''	y_1	y_2	y_3	y_4	y_5	y_6	y_7		
1.	✳	✳	✳	?							→	y_1
2.	✳	✳	✳	⊗	?						→	y_2
3.	✳	✳	✳	⊗	⊗	?					→	y_3
4.	✳	✳	✳	⊗	⊗	⊗	?				→	y_4
5.	✳	✳	✳	⊗	⊗	⊗	⊗	?			→	y_5
6.	✳	✳	✳	⊗	⊗	⊗	⊗	⊗	?		→	y_6
7.	✳	✳	✳	⊗	⊗	⊗	⊗	⊗	⊗	?	→	y_7

✳ ≙ Anfangswerte
⊗ ≙ berechnete Werte
$M_{id}^u = M_{id}^u(x, y)$

Abb. 17. Eingliedriges gestaffeltes Gleichungssystem.
Differentialgleichung 3. Ordnung

Es sei darauf hingewiesen, daß beim Anfangswertproblem die Genauigkeit von der gewählten Intervallänge bestimmt wird, da sich Ungenauigkeiten der bereits berechneten ideellen Durchbiegungen y_k und Neigungen y_k' ($k < i$) bei der Berechnung der Werte y_i und y_i' auswirken. Eine Abschätzung der auftretenden Abweichung kann durch Variation der Intervallänge erfolgen.

Beim Anfangswertproblem liegt oft ein einseitig offener (halboffener) Bereich vor. Es ist daher theoretisch notwendig, $u = 2 \cdot n = 2 \cdot \infty$ viele ideelle Durchbiegungen y_i und Neigungen y_i' zu berechnen. Praktisch wird es aber möglich sein, nach Ermittlung einer bestimmten Anzahl der unbekannten Werte die Berechnung abzubrechen, da die Funktion $y(x)$ im allgemeinen gegen einen Grenzwert strebt oder aber eine Periode auftritt. Die Entscheidung, ob unter Umständen die Werte $y(x)$ über alle Grenzen wachsen, wird ebenfalls nach der Berechnung einer bestimmten Anzahl von Werten (graphische Darstellung) zu treffen sein.

---

[1] Dieser Sonderfall ist bei der Differentialgleichung 1. Ordnung ausgeschlossen.

B.V.2.2. Randwertproblem[1]

Die Fragestellungen bei dieser Problemklasse sind mannigfaltiger als bei den Anfangswertproblemen. Es wurde bereits darauf hingewiesen, daß eine Trennung nach Eigenwertproblemen und erweiterten Spannungsproblemen erfolgen kann. Das Anwendungsgebiet kann aber entscheidend erweitert werden, wenn auch zusammengesetzte Systeme zugelassen werden. Unter diesen zusammengesetzten Systemen seien Ersatztragwerke verstanden, die aus mehreren Bereichen bestehen, für die verschiedene Differentialgleichungen gelten. An den Nahtstellen der Bereiche sind die Übergangsbedingungen zu erfüllen, die beim Ersatzbalkenverfahren im Sinne der klassischen Statik als Kontinuitäts- und Gleichgewichtsbedingungen gedeutet werden. Die Untersuchung derartiger Systeme wird durch das Ersatzbalkenverfahren auf die Untersuchung von Durchlaufträgern und Rahmentragwerken zurückgeführt. Die Behandlung dieser zusammengesetzten Systeme erfolgt im Abschnitt B.VII.

Die nachfolgenden Darlegungen beschränken sich auf die Berechnung von einfachen Systemen, die nur aus einem einzigen Integrationsbereich bestehen.

Am Beginn seien zunächst einige prinzipielle Aussagen zusammengestellt:

1. Bei allen Randwertproblemen wird der Balken auf 2 Stützen als Ersatztragwerk (statisch bestimmtes Hauptsystem) gewählt. An diesem statisch bestimmten Ersatztragwerk werden die ideellen Schnittlasten und Stützenreaktionen infolge der ursächlichen Belastung berechnet. Die Entscheidung, ob der endgültige Gesamtersatzbalken im Sinne des Ersatzbalkenverfahrens statisch bestimmt oder unbestimmt ist, ergibt sich aus dem Wert u_i''.

Es gelten für das endgültige System, das aber nicht für die Ermittlung der ideellen ursächlichen Schnittlasten verwendet wird, folgende Zusammenhänge:

$$u_i'' = 0 : \text{statisch bestimmt}$$
$$u_i'' = 1 : \text{einfach statisch unbestimmt}$$
$$u_i'' = 2 : \text{zweifach statisch unbestimmt.}$$

Es sei nochmals darauf hingewiesen, daß die statische Unbestimmtheit beim Ersatzbalkenverfahren nicht zwangsläufig mit der statischen Unbestimmtheit der Kraftgrößenmethode übereinzustimmen braucht, da beim Ersatzbalkenverfahren unter Umständen statisch unbestimmte Schnittlasten, die bei der Kraftgrößenmethode auftreten, auf Grund der Randbedingungen (z. B.:

$$E\,I_0\,y_0'' = d_0 y_0' = -M_0; \qquad [E\,I_0\,y_0'']' + P\,y_0' = -c_0\,y_0\,)$$

durch allerdings ebenfalls noch unbekannte Formänderungen eliminiert werden, wodurch eine geometrische Unbestimmtheit bedingt ist (Abschnitt B.III.1.).

2. Die Konstanten K können beim statisch bestimmten Ersatztragwerk $(u_i'' = 0)$ stets ermittelt werden. Beim einfach statisch unbestimmten System $(u_i'' = 1)$ bleibt eine Konstante K (bzw. ein Randmoment $M_R{}^u$) und beim zweifach statisch unbestimmten System $(u_i'' = 2)$ bleiben beide Konstanten K (bzw. beide Randmomente $M_R{}^u$) zunächst unbekannt.

---

[1] Dieser Abschnitt entfällt für die Differentialgleichung 1. Ordnung, da sie stets ein Anfangswertproblem beschreibt.

3. Können die Konstanten K (bzw. die Randmomente $M_R{}^u$) auf Grund der vorgeschriebenen Randbedingungen berechnet werden, dann ergibt sich stets eine Matrix, die nur Formänderungsgrößen enthält. Ist dagegen $u_i'' \neq 0$, dann enthält die Matrix sowohl Formänderungsgrößen, als auch Momente. In beiden Fällen beträgt die Ordnung des Gleichungssystems $b = u$.

4. Ist die Störfunktion $F_i \equiv 0$ und sind die Randbedingungen homogen, dann liegt ein Eigenwertproblem vor und die Matrix ist homogen. Sind diese Bedingungen nicht erfüllt, dann ergibt sich ein „erweitertes" Spannungsproblem mit inhomogenem Gleichungssystem.

5. Wenn $b_t \neq 0$ ist, dann sind bei der Aufstellung des Gleichungssystems neben den Grundgleichungen (B.V.19) und (B.V.20) Zusatzgleichungen zu beachten, die an die Stelle von nicht zugelassenen Randbedingungen treten. Diese Ersatzbedingungen stellen im Sinne der Stabstatik Gleichgewichtsbedingungen dar. (Abschnitt B.V.2.2.1.).

6. Bei statisch unbestimmten Ersatztragwerken kann das kombinierte Gleichungssystem in $(u_i'' + 1)$ Formänderungsgrößenmatrizen und eine Momentenmatrix zerlegt werden. Diese Aufspaltung führt zu einer zweistufigen Berechnung, die praktisch die Anwendung der aus der Stabstatik bekannten Theorie für statisch unbestimmte Tragwerke bedeutet. Diese Zerlegung ist allerdings nur bei „erweiterten" Spannungsproblemen (inhomogene Matrix) zweckmäßig.

7. Die Berechnung der Schnittlasten und Stützenreaktionen infolge der virtuellen Belastungen $\mathfrak{P}_i$ und $\mathfrak{M}_i$ kann stets am statisch bestimmten System erfolgen. Die Möglichkeit, bei der Berechnung der Formänderungen von statisch unbestimmten Systemen einen Lastfall am statisch bestimmten Tragwerk wirken zu lassen, wird in der Statik als Reduktionssatz bezeichnet. Er unterliegt beim Ersatzbalkenverfahren insofern einer Einschränkung, daß der Lastfall, der am statisch bestimmten Stabwerk berechnet werden darf, die virtuelle Belastung sein muß.

In Sonderfällen können allerdings auch beim Ersatzbalkenverfahren die Schnittlasten infolge der ursächlichen Belastung am statisch bestimmten System und die infolge der virtuellen Belastung am statisch unbestimmten Tragwerk ermittelt werden (vergleiche Beispiel D.VI.2.1). Als statisch bestimmtes Ersatztragwerk wird für die virtuelle Belastung bei Randwertaufgaben entweder der Balken auf 2 Stützen oder bei Vorgabe der Randbedingungen y_r und y_r' an einem Randpunkt der Kragträger gewählt.

An die gegebene Übersicht der wichtigsten Beziehungen seien noch einige Bemerkungen angeschlossen. Diese Hinweise beziehen sich insbesondere auf die Formulierung der notwendigen Ersatzbedingungen, auf die angedeutete Zerlegung des Gleichungssystems und auf einige grundsätzliche Zusammenhänge bei der Behandlung von Eigenwert- und erweiterten Spannungsproblemen.

B.V.2.2.1. Eigenwertprobleme — homogene Matrix

Besitzt das Gleichungssystem einen homogenen Charakter, dann liegt ein Eigenwertproblem vor; das Gleichungssystem weist in diesem Fall nur dann nichttriviale Lösungen auf, wenn die Koeffizientendeterminante, d. h. die Nennerdeterminante, verschwindet. Theoretisch ergibt sich ein Polynom u-ten Grades, dessen Wurzeln $\varkappa$ die gesuchten Eigenwerte darstellen.

Aus der homogenen Matrix ergeben sich genau u Eigenwerte $\varkappa$. Von diesen Eigenwerten $\varkappa$ interessiert sich der Bauingenieur meist nur für den kleinsten oder größten Wert (es kommt auf die Definition von $\varkappa$ an), wenn von Sonderfällen (Ermittlung von Frequenzen der Oberschwingungen usw.) abgesehen wird.

Die numerische Berechnung kann in einfachen Fällen durch die Auswertung des Polynomes erfolgen. Meist werden die Lösungen jedoch durch Probieren

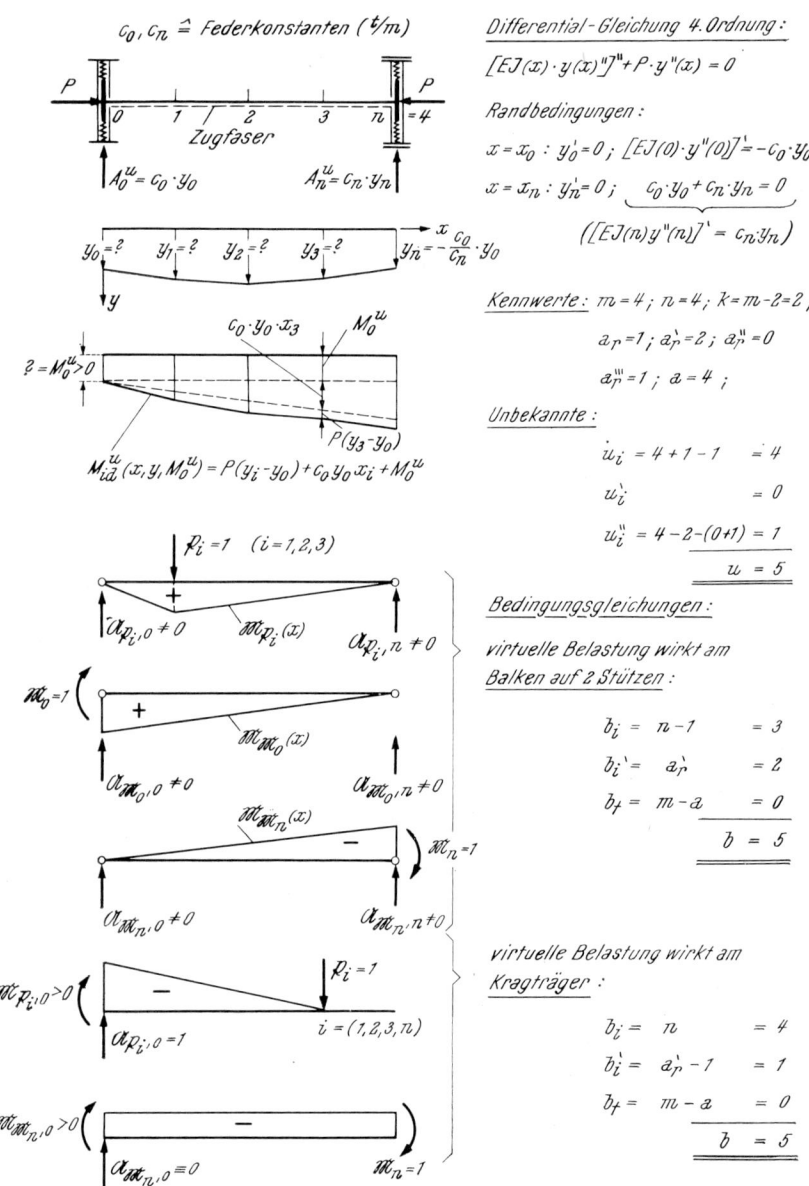

Abb. 18. Eigenwertproblem — Anwendung der Kriterien — Ersatzbedingung — Wahl der virtuellen Belastung

(graphische Auftragung) oder durch Iterationsverfahren, die sich für die Programmierung auf elektronischen Datenverarbeitungsanlagen eignen, gewonnen. Bezüglich einer allgemeinen numerischen Behandlung von homogenen Gleichungssystemen wird auf die umfangreiche einschlägige Literatur verwiesen [7, 8].

An dieser Stelle soll indessen dargelegt werden, in welcher Weise die Formulierung der Ersatzbedingungen erfolgt, wenn zunächst für das Ersatzbalkenverfahren unzulässige Randbedingungen vorliegen. Zur Erläuterung werden Beispiele aus dem Gebiet des Bauingenieurwesens herangezogen, wodurch die Deutung dieser Ersatzbedingungen als Gleichgewichtsbedingungen besonders klar hervortritt.

1. Beispiel:

Der beiderseits eingespannte und elastisch gestützte Knickstab (Eigenwertproblem — Abb. 18).

Die Differentialgleichung für diese Aufgabe lautet:

$$[E\,I(x)\,y''(x)]'' + P\,y''(x) = 0. \tag{B.V.29}$$

Folgende Randbedingungen sind vorgeschrieben:

$$\begin{aligned}
x = x_0 = 0: && y_0' = 0; && [E\,I(x)\,y''(x)]_{x_0}{}' &= -\,c_0\,y_0 \\
x = x_n = l: && y_n' = 0; && [E\,I(x)\,y''(x)]_{x_n}{}' &= +\,c_n\,y_n
\end{aligned} \tag{B.V.30}$$

c_0 und c_n {Dimension: Kraft/Durchbiegung} sind die Federkonstanten in den Punkten o und n. Wird die Stützweite $l = x_n - x_0$ in n Intervalle geteilt, so gilt nach Abschnitt B.V.1.2.2:

Anzahl und Art der Unbekannten:

$$u = n - 1 + m - (a_r + a_r'' + a_r''') = n - 1 + 4 - (0 + 0 + 1) = n + 2.$$

Wegen der Nebenbedingung (B.V.15d) $a_r''' \leqq 1$ ist $a_r''' = 1$ zu setzen.

$u_i = n + 1 - 0 = n + 1$ unbekannte Durchbiegungen

$u_i' = 0$ keine unbekannte Neigung

$u_i'' = m - 2 - a_r'' - a_r''' = 4 - 2 - 0 - 1 = 1$ unbekanntes Randmoment

Anzahl und Art der Bedingungsgleichungen:

$b = n - 1 + m - (a_r + a_r'' + a_r''') = n - 1 + 4 - (0 + 0 + 1) = n + 2$

$b_i = n - 1$ Grundgleichungen (B.V.19)

$b_i' = a_r' = 2$ Grundgleichungen (B.V.20)

$b_t = m - a = 4 - (0 + 2 + 0 + 1) = 1$ Ersatzbedingung.

Erwartungsgemäß muß also eine Ersatzbedingung entwickelt werden, da 2 Aussagen über y''' vorliegen.

Die Gleichung läßt sich formal aus der ideellen Querkraft (Gl. (B.III.34)) herleiten. Mit den Beziehungen

$$\begin{aligned}
S(x) &= E\,I(x) \\
A(x) &= 0 \\
B(x) &= P; && B'(x) = 0 \\
C(x) &= D(x) = F(x) = 0
\end{aligned}$$

ergibt sich

$$- [E\,I(x)\,y''(x)]_{x_0}' = \bar{Q}_{id}{}^u(x_0) = + c_0\,y_0 = \bar{K}_1 \qquad \text{(B.V.31)}$$

und

$$- [E\,I(x)\,y''(x)]_{x_n}' = \bar{Q}_{id}{}^u(x_n) = - c_n\,y_n = \bar{K}_1. \qquad \text{(B.V.32)}$$

Aus der Gleichsetzung der Gleichungen (B.V.31) und (B.V.32) folgt:

$$\bar{Q}_{id}{}^u(x_0) - \bar{Q}_{id}{}^u(x_n) = c_0\,y_0 + c_n\,y_n = 0 \qquad \text{(B.V.33)}$$

und die Ersatzbedingung ist gewonnen. Es handelt sich praktisch um die Aussage, daß die Summe aller Vertikalkräfte verschwinden muß. Die Randbedingungen für das Ersatzbalkenverfahren lauten somit

$$\begin{aligned}
&x = x_0 = 0: &y_0' &= 0; &[E\,I(x)\,y''(x)]_{x_0}' &= - c_0\,y_0 \\
&x = x_n = l: &y_n' &= 0; &&\\
&\text{Ersatzbedingung:} &\sum V &= 0 = c_0\,y_0 + c_n\,y_n.&&
\end{aligned} \qquad \text{(B.V.34)}$$

Anstelle der Bedingung $[E\,I(x)\,y''(x)]_{x_0}' = - c_0\,y_0$ kann auch die Bedingung $[E\,I(x)\,y''(x)]_{x_n}' = c_n\,y_n$ verwendet werden.

Wenn die Gleichungen (B.V.34) als Randbedingungen Verwendung finden, wobei die Ersatzbedingung formal aber eine Gleichgewichtsbedingung ist und als Typ a_r gewertet wird, dann ergibt sich nach Abschnitt B.V.1.2.2:

Art und Anzahl der Unbekannten:

$$u = n - 1 + m - (a_r + a_r'' + a_r''') = n - 1 + 4 - (1 + 0 + 1) = n + 1$$
$$u_i = n + 1 - 1 = n$$
$$u_i' = 0$$
$$u_i'' = m - 2 - a_r'' - a_r''' = 4 - 2 - 0 - 1 = 1$$

Art und Anzahl der Bedingungsgleichungen:

$$b = n - 1 + m - (a_r + a_r'' + a_r''') = n - 1 + 4 - (1 + 0 + 1) = n + 1 \equiv u$$
$$b_i = n - 1$$
$$b_i' = a_r' = 2$$
$$b_t = m - a = 4 - (1 + 2 + 0 + 1) = 0.$$

Die Ordnung des Gleichungssystems beträgt nun nur noch $b = u = n + 1$, da auf Grund der Ersatzbedingung sofort eine Beziehung zwischen y_0 und y_n vorgeschrieben ist.

2. Beispiel:

Der gelenkig gelagerte und elastisch gestützte Knickstab (Eigenwertproblem — Abb. 19).

Für diesen Stab gilt die bereits angegebene Differentialgleichung (B.V.29). Die Randbedingungen lauten in diesem Fall

$$\begin{aligned}
&x = x_0 = 0: &y_0'' &= 0; &[E\,I(x)\,y''(x)]_{x_0}' + P\,y'(x)|_{x_0} &= - c_0\,y_0 \\
&x = x_n = l: &y_n'' &= 0; &[E\,I(x)\,y''(x)]_{x_n}' + P\,y'(x)|_{x_n} &= + c_n\,y_n
\end{aligned} \qquad \text{(B.V.35)}$$

Anzahl und Art der Unbekannten:

$$u = n - 1 + m - (a_r + a_r{}'' + a_r{}''') = n - 1 + 4 - (0 + 1 + 1) = n + 1$$

$$u_i = n + 1 - 0 = n + 1$$

$$u_i{}' = 0$$

$$u_i{}'' = m - 2 - a_r{}'' - a_r{}''' = 4 - 2 - 1 - 1 = 0.$$

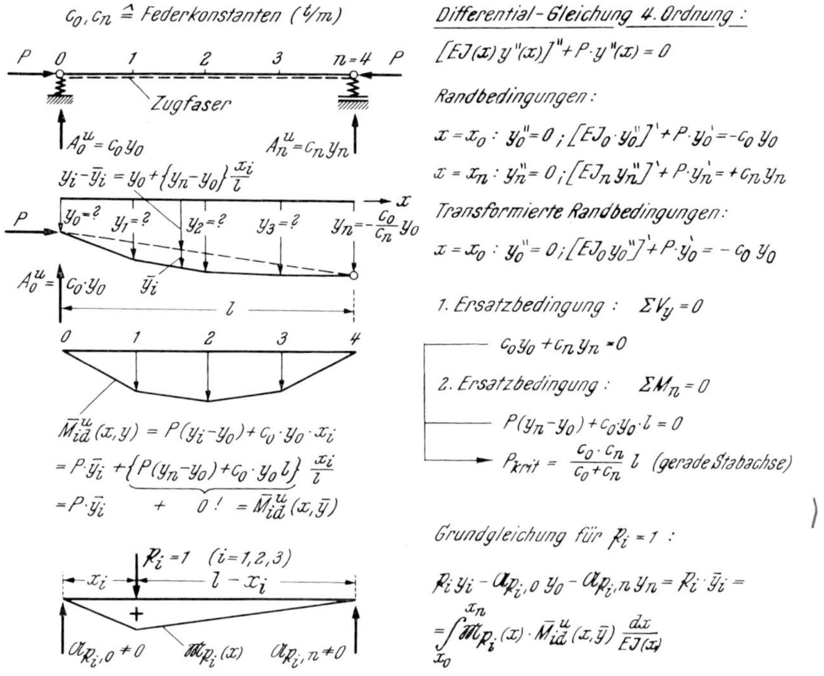

Abb. 19. Der gelenkig gelagerte und elastisch gestützte Knickstab

Es sei hier darauf hingewiesen, daß wegen der im Abschnitt B.V.1. — Gleichung (B.V.15d) — geforderten Nebenbedingung $a_r{}'' + a_r{}''' \leqq 2$ für $a_r{}'' = 1$ gesetzt werden muß.

Anzahl und Art der Bedingungsgleichungen:

$$b = n - 1 + m - (a_r + a_r{}'' + a_r{}''') = n - 1 + 4 - (0 + 1 + 1) = n + 1$$

$$b_i = n - 1 \quad \text{Grundgleichungen (B.V.19)}$$

$$b_i{}' = 0$$

$$b_t = m - a = 4 - (0 + 0 + 1 + 1) = 2 \quad \text{Ersatzgleichungen.}$$

Diese beiden Ersatzbedingungen lassen sich aus den Gleichungen (B.III.34) für die ideelle Querkraft und (B.III.36) für das ideelle ursächliche Moment entwickeln.

Mit den bereits beim ersten Beispiel erkannten Beziehungen ergibt sich aus Gleichung (B.III.34)

$$- [E\,I(x)\,y''(x)]_{x_0}{}' - P\,y'(x)|_{x_0} = + c_0\,y_0 = \bar{K}_1 \qquad \text{(B.V.36a)}$$

und

$$- [E\,I(x)\,y''(x)]_{x_n}{}' - P\,y'(x)\big|_{x_n} = -\,c_n\,y_n = \bar{K}_1.\qquad\text{(B.V.36b)}$$

Somit gilt

$$A_0{}^u + A_n{}^u = c_0\,y_0 + c_n\,y_n = 0.\qquad\text{(B.V.37)}$$

Die Gleichung sagt aus, daß die Auflagerkräfte im Gleichgewicht stehen müssen. Sie kann in die Gruppe a_r eingereiht werden.

Aus der Gleichung (B.III.36) folgt

$$\bar{M}_{id}{}^u(i) = P\,y_i + \bar{K}_1\,x_i + \bar{K}_2.\qquad\text{(B.V.38)}$$

Für die Formulierung der 2. Ersatzgleichung muß $\bar{K}_1$ gewählt werden. Nach Gleichung (B.V.36) kann $\bar{K}_1 = +\,c_0\,y_0$ bzw. $\bar{K}_1 = -\,c_n\,y_n$ gesetzt werden. Im vorliegenden Fall soll der Wert $\bar{K}_1 = +\,c_0\,y_0$ für die weiteren Untersuchungen zugrunde gelegt werden. Weiterhin muß entschieden werden, ob die Randbedingung $y_0'' = 0$ oder $y_n'' = 0$ ersetzt werden soll.

Wird die Randbedingung $y_0'' = 0$ beibehalten, dann gilt

$$\bar{M}_{id}{}^u(0) = P\,y_0 + \bar{K}_2 = 0\qquad\text{(B.V.39)}$$

bzw.

$$\bar{K}_2 = -\,P\,y_0.\qquad\text{(B.V.40)}$$

Somit kann für das Moment geschrieben werden

$$\bar{M}_{id}{}^u(i) = P(y_i - y_0) + c_0\,y_0\,x_i.\qquad\text{(B.V.41)}$$

Aus der Bedingung $y_n'' = 0$ folgt

$$\bar{M}_{id}{}^u(x_n) = P(y_n - y_0) + c_0\,y_0\,l = 0.\qquad\text{(B.V.42)}$$

Dies ist die zweite Ersatzbedingung. Sie läßt sich ebenfalls in die Gruppe a_r einreihen und stellt praktisch die Momentengleichgewichtsbedingung dar. Die Randbedingungen (Gl. (B.V.35)) lauten damit in der für das Ersatzbalkenverfahren erforderlichen Form:

$$x = x_0 = 0:\qquad y_0'' = 0;\qquad [E\,I(x)\,y''(x)]_{x_0}{}' + P\,y'(x)\big|_{x_0} = -\,c_0\,y_0$$

1. Ersatzbedingung: $\;c_0\,y_0 + c_n\,y_n = 0\qquad\left(\sum V_y = 0\right)$ (B.V.43)

2. Ersatzbedingung: $\;P(y_n - y_0) + c_0\,y_0\,l = 0\qquad\left(\sum M_n = 0\right)$

Sie können die Randbedingungen (B.V.35) vollständig ersetzen. Wenn für die Bedingungen die Kriterien ausgewertet werden, dann ergeben sich folgende Zusammenhänge:

Art und Anzahl der Unbekannten:

$$u \;\; = n - 1 + m - (a_r + a_r'' + a_r''') = n - 1 + 4 - (2 + 1 + 1) = n - 1$$

$$u_i \;\; = n + 1 - a_r = n - 1$$

$$u_i' = 0$$

$$u_i'' = m - 2 - 1 - 1 = 0.$$

Art und Anzahl der Bedingungsgleichungen:

$$b \;\; = n - 1 + m - (a_r + a_r'' + a_r''') = n - 1$$

$$b_i = n - 1$$

$$b_i' = a_r' = 0$$
$$b_t = m - a = 4 - (2 + 0 + 1 + 1) = 0.$$

Bei Verwendung der Bedingungen (B.V.43) sind nur $(n-1)$ Grundgleichungen (B.V.19) zu formulieren.

Es sei vermerkt, daß sich die Lösung für den Knickstab mit gerader Stabachse sofort aus den beiden Ersatzbedingungen herleiten läßt. Hierzu wird y_n in der zweiten Ersatzbedingung (B.V.43) durch die Beziehung

$$y_n = -\frac{c_0}{c_n} y_0$$

der ersten Ersatzbedingung ausgedrückt, womit sich

$$P_{\text{krit.}} = \frac{c_0 \, c_n}{c_0 + c_n} \cdot l$$

ergibt [9].

Bei nicht gerader Stabachse stehen den 4 unbekannten ideellen Durchbiegungen y_i $(i = 0, 1, 2, 3)$ scheinbar nur 3 Grundgleichungen ($\mathfrak{P}_i = 1$ $(i = 1, 2, 3)$) gegenüber. Wenn aber als neue Veränderliche die Durchbiegungen $\bar{y}_i$ $(i = 1, 2, 3)$ eingeführt werden, so wird die Lösung eindeutig (Abb 19).

3. Beispiel:

Der beiderseits eingespannte und verschieblich gelagerte Knickstab (Eigenwertproblem — Abb. 20).

Die Aufgabe wird durch die gleiche Differentialgleichung beschrieben wie bei den beiden ersten Beispielen. Allerdings ist den folgenden veränderten Randbedingungen Rechnung zu tragen:

$$\begin{aligned} x = x_0 = 0: \quad & y_0' = 0; \quad [E \, I(x) \, y''(x)]_{x_0}' = 0 \\ x = x_n = l: \quad & y_n' = 0; \quad [E \, I(x) \, y''(x)]_{x_n}' = 0. \end{aligned} \qquad \text{(B.V.44)}$$

Die Anwendung der Kriterien des Abschnittes B.V.1.2.2 liefert die gleichen Werte wie beim ersten Beispiel. Es ist somit eine Ersatzbedingung zu formulieren. Da $c_0 = c_n = 0$ ist, kann die beim ersten Beispiel entwickelte Bedingung keine Verwendung finden. Da die 3. Ableitung zweimal in den Randbedingungen (B.V.44) auftritt, muß die Ersatzbedingung eine Kräfte-Gleichgewichtsbedingung sein. Sie kann sofort an Hand der Gleichung (B.III.23) angegeben werden

$$Q_{id}{}^u(x, y') = - [S(x) \, y''(x)]' = - \int_{x_0}^{x} p_{id}{}^{(a)}(x, y'') \, dx + K_1. \qquad \text{(B.V.45)}$$

Wegen $- [S(x) \, y''(x)]_{x_0}' = 0$ nach Gleichung (B.V.44) folgt $K_1 = 0$. Da weiterhin auch $- [S(x) \, y''(x)]_{x_n}' = 0$ vorgeschrieben ist, folgt aus Gleichung (B.V.45)

$$\int_{x_0}^{x_n} p_{id}{}^{(a)}(x, y'') \, dx = 0. \qquad \text{(B.V.46)}$$

Wird die Gleichung (B.II.10) beachtet

$$p_{id}^{(a)}(x, y'') = -B(x)\, y''(x) = -P\, y''(x) \tag{B.V.47}$$

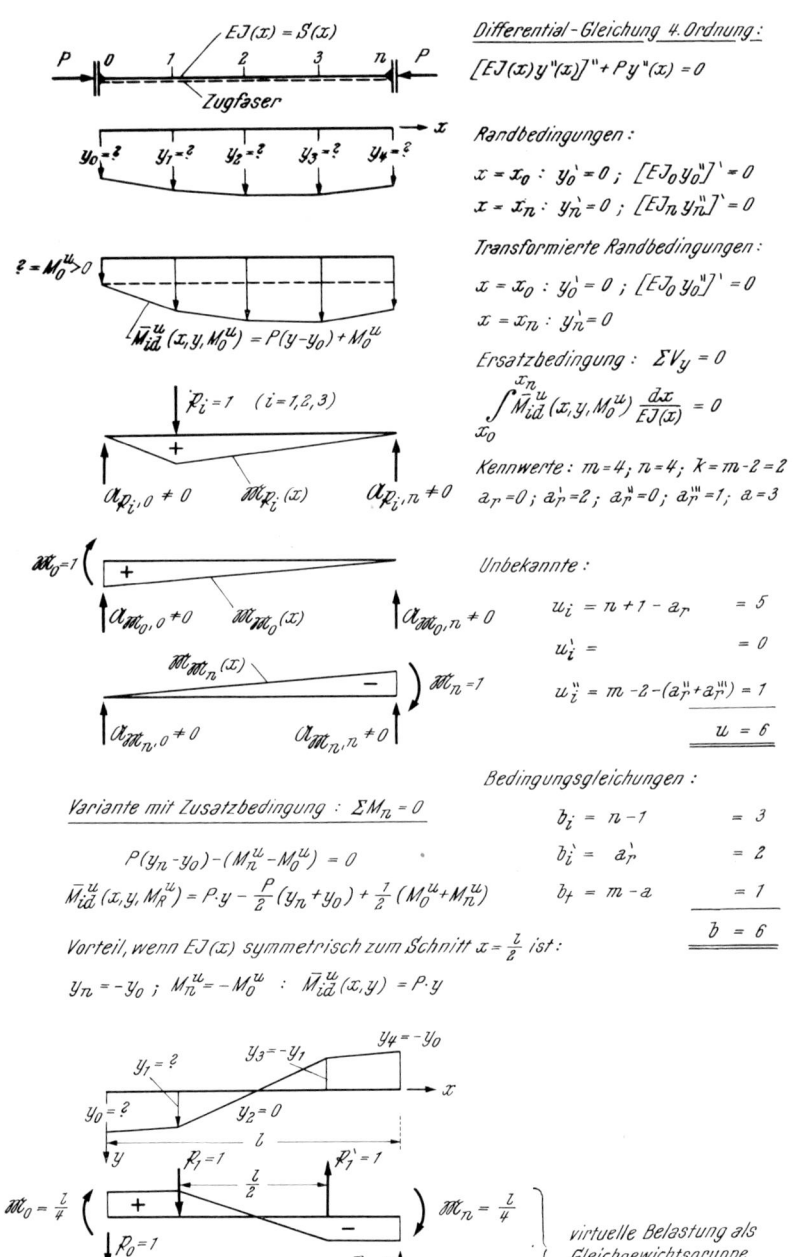

Differential-Gleichung 4. Ordnung:

$$[EJ(x)\, y''(x)]'' + P\, y''(x) = 0$$

Randbedingungen:

$$x = x_0 : \quad y_0' = 0 ; \quad [EJ_0\, y_0'']' = 0$$
$$x = x_n : \quad y_n' = 0 ; \quad [EJ_n\, y_n'']' = 0$$

Transformierte Randbedingungen:

$$x = x_0 : \quad y_0' = 0 ; \quad [EJ_0\, y_0'']' = 0$$
$$x = x_n : \quad y_n' = 0$$

Ersatzbedingung: $\sum V_y = 0$

$$\int_{x_0}^{x_n} \overline{M}_{id}^{u}(x, y, M_0^u)\, \frac{dx}{EJ(x)} = 0$$

Kennwerte: $m = 4;\ n = 4;\ k = m-2 = 2$
$a_r = 0;\ a_r' = 2;\ a_r'' = 0;\ a_r''' = 1;\ a = 3$

Unbekannte:

$$u_i = n + 1 - a_r \qquad = 5$$
$$u_i' = \qquad\qquad = 0$$
$$u_i'' = m - 2 - (a_r'' + a_r''') = 1$$
$$\underline{\underline{u = 6}}$$

Bedingungsgleichungen:

Variante mit Zusatzbedingung: $\sum M_n = 0$

$$P(y_n - y_0) - (M_n^u - M_0^u) = 0$$
$$\overline{M}_{id}^{u}(x, y, M_R^u) = P\cdot y - \frac{P}{2}(y_n + y_0) + \frac{1}{2}(M_0^u + M_n^u)$$

$$b_i = n - 1 \qquad = 3$$
$$b_i' = a_r' \qquad = 2$$
$$b_f = m - a \qquad = 1$$
$$\underline{\underline{b = 6}}$$

Vorteil, wenn $EJ(x)$ symmetrisch zum Schnitt $x = \frac{l}{2}$ ist:

$$y_n = -y_0 ; \quad M_n^u = -M_0^u : \quad \overline{M}_{id}^{u}(x, y) = P\cdot y$$

virtuelle Belastung als Gleichgewichtsgruppe

Abb. 20. Der beidseits eingespannte und beidseits verschieblich gelagerte Knickstab

und in die Gleichung (B.V.46) eingesetzt, so ergibt sich:

$$\int_{x_0}^{x_n} p_{id}^{(a)}(x, y'') \, dx = - P \int_{x_0}^{x_n} y''(x) \, dx = + P \int_{x_0}^{x_n} \frac{M_{id}^{u}(x, y, M_R^{u})}{E\,I(x)} \, dx = 0$$

$$(B.V.48)$$

oder — wegen $P \neq 0$ —

$$\int_{x_0}^{x_n} \frac{M_{id}^{u}(x, y, M_R^{u})}{E\,I(x)} \, dx = 0. \qquad\qquad (B.V.49)$$

Die Gleichung (B.V.48) besagt, daß die Radial-(Vertikal-)kräfte am ausgebogenen Stab im Gleichgewicht stehen müssen. Die Randbedingungen (B.V.44) erhalten somit folgende für das Ersatzbalkenverfahren gültige Form:

$$x = x_0 = 0: \qquad y_0' = 0; \qquad [E\,I(x)\,y''(x)]_{x_0}' = 0;$$
$$x = x_n = l: \qquad y_n' = 0; \qquad\qquad\qquad\qquad (B.V.50)$$

$$\text{Ersatzbedingung:} \quad \int_{x_0}^{x_n} \frac{M_{id}^{u}(x, y, M_R^{u})}{E\,I(x)} \, dx = 0.$$

Es sei darauf hingewiesen, daß das ideelle ursächliche Moment mit Hilfe der Gleichgewichtsbedingung $\Sigma M_n = 0$ auf eine Form gebracht werden kann, die sich für die Berechnung besonders eignet, wenn das Tragwerk und die Belastung symmetrisch sind und gleichzeitig Gleichgewichtsgruppen für die virtuelle Belastung verwendet werden (Abb. 20).

An Hand der 3 Beispiele wurde induktiv die Entwicklung der unter Umständen beim Ersatzbalkenverfahren notwendigen Ersatzbedingungen dargelegt.

Es wurde erkannt, daß diese Ersatzbedingungen im Sinne der klassischen Statik immer Gleichgewichtsbedingungen sind. Ob die Formulierung einer Ersatzbedingung notwendig ist, wird formal durch den Wert $b_l \leq 2$ festgelegt. Dabei gelten folgende Gesetzmäßigkeiten (Differentialgleichung 4. Ordnung):

1. Ist $a_r''' = 2$ und $a_r'' = 0$, dann ist die Ersatzbedingung eine Kräftegleichgewichtsbedingung.

2. Ist $a_r''' = 2$ und $a_r'' = 1$, dann ist die Ersatzbedingung ebenfalls eine Kräftegleichgewichtsbedingung.

3. Ist $a_r''' = 1$ und $a_r'' = 2$, dann ist die Ersatzbedingung eine Momentengleichgewichtsbedingung.

4. Ist $a_r''' = 2$ und $a_r'' = 2$, dann sind 2 Ersatzbedingungen zu formulieren. Die eine ist eine Kraft-, die andere eine Momentengleichgewichtsbedingung.

Bei der Anwendung der Kriterien ist auf die Nebenbedingungen $a_r''' \leq 1$ und $a_r'' + a_r''' \leq 2$ zu achten.

In den oben angeführten Fällen ist also zu setzen:

1.	$a_r''' = 1$		wegen	$a_r''' \leq 1$
2.	$a_r''' = 1$		wegen	$a_r''' + a_r'' \leq 2$
3.	$a_r''' = 1,$	$a_r'' = 1$	wegen	$a_r''' + a_r'' \leq 2$
4.	$a_r''' = 1,$	$a_r'' = 1$	wegen	$a_r''' + a_r'' \leq 2.$

Bei der Differentialgleichung 3. Ordnung (Nebenbedingung $a_r'' \leqq 1$) führt nur der Fall $a_r'' = 2$ zu der Notwendigkeit, eine Ersatzbedingung, die dann einer Momentengleichgewichtsbedingung entspricht, zu entwickeln.

B.V.2.2.2. Erweiterte Spannungsprobleme — inhomogene Matrix

Ergibt sich aus den Bedingungsgleichungen ein lineares, inhomogenes Gleichungssystem, dann können die Unbekannten u, soweit es sich um ein nicht singuläres System handelt, daraus berechnet werden.

Die Aufgaben mit inhomogenem Charakter werden als „erweiterte Spannungsprobleme" bezeichnet, da der Bauingenieur den Begriff eines Spannungsproblems mit der eindeutigen Berechnung von Formänderungen und Schnittlasten verbindet. Auf die Darlegung der Methoden zur Auflösung derartiger Gleichungssysteme kann verzichtet werden, da dem Ingenieur die numerische Behandlung derartiger Systeme von der Berechnung statisch unbestimmter Tragwerke her geläufig ist [10].

Im Zusammenhang mit den erweiterten Spannungsproblemen soll indessen ein Weg zur Zerlegung des inhomogenen Gleichungssystems dargelegt werden, der zwar die Lösung mehrerer Matrizen erfordert, die aber im allgemeinen eine niedrigere Ordnung aufweisen als die kombinierte Matrix, die Formänderungsgrößen und Momente enthält.

Zerlegung des Gleichungssystems — 2-stufige Berechnung:

Bei den nachfolgenden Untersuchungen erfolgt eine Beschränkung auf die Aufgaben, die durch eine einzige Differentialgleichung in einem einzigen Integrationsbereich beschrieben werden können. Eine Erweiterung des Ansatzes für zusammengesetzte Systeme wird im Abschnitt B.VII. gegeben.

In den Fällen, da beim erweiterten Spannungsproblem in dem inhomogenen Gleichungssystem sowohl Schnittlasten (ideelle, ursächliche Randmomente $M_R{}^u$, $u_i'' \neq 0$) als auch ideelle Formänderungen auftreten, ist eine Zerlegung in $(u_i'' + 1)$ Formänderungsmatrizen und eine Momentenmatrix möglich.

Die Aufspaltung der Matrix bedeutet praktisch die Anwendung der aus der Statik bekannten Theorie für statisch unbestimmte Tragwerke auf die Integration von linearen gewöhnlichen Differentialgleichungen. Diese Zerlegung des Gleichungssystems wird vor allen Dingen immer dann zweckmäßig sein, wenn zusammengesetzte Systeme zu untersuchen sind, da in diesen Fällen eine Erniedrigung der Matrix erzielt wird. Diese Aufspaltung in Einzelaufgaben fördert nicht nur die Anschaulichkeit und vermindert daher die Fehlerempfindlichkeit, sondern sie macht das Problem auch der numerischen Auswertung zugänglicher.

Die bestehenden Zusammenhänge werden induktiv an Hand der allgemeinen Differentialgleichung 4. Ordnung (Gl. (B.I.4d)) dargelegt (Abb. 21). Der Integrationsbereich sei durch $x_0 \leqq x \leqq x_n$ festgelegt und die folgenden Randbedingungen seien vorgegeben:

$$\begin{array}{lllll} x = x_0: & y(x_0) = y_0; & y'(x_0) = y_0' & (a_r = 2) \\ x = x_n = l: & y(x_n) = y_n; & y'(x_n) = y_n' & (a_r' = 2). \end{array} \qquad \text{(B.V.51)}$$

Es muß betont werden, daß die folgenden Gleichungen an die Randbedingungen (Gl. (B.V.51)) gebunden sind. Bei anderen Randbedingungen bleiben selbstverständlich die wesentlichen Merkmale der Entwicklung erhalten. Es ergeben sich aber von Fall zu Fall andere spezielle Gleichungen für die ideellen ursächlichen Momente.

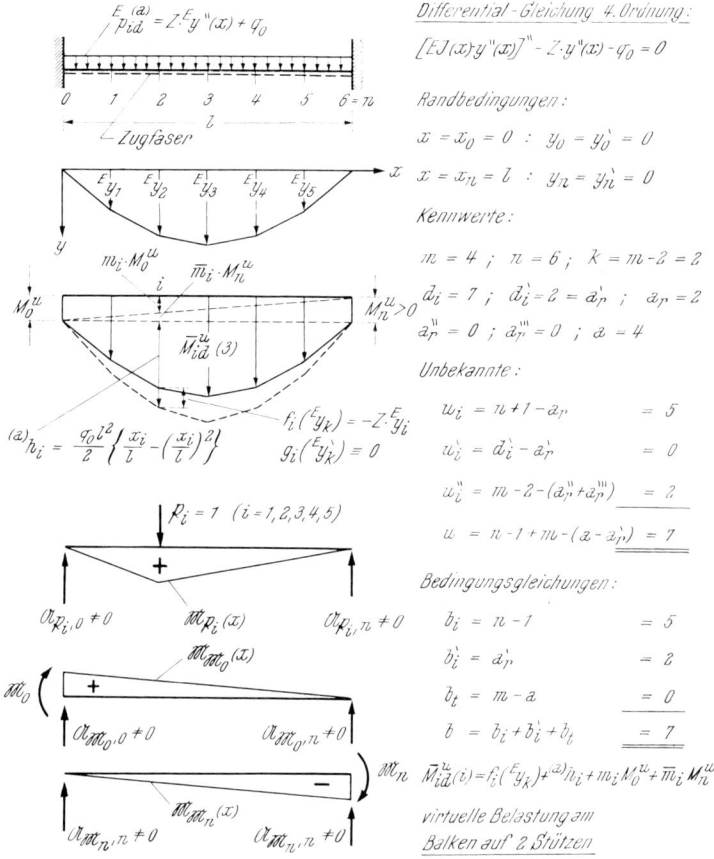

Abb. 21. Einstufige Berechnung des eingespannten querbelasteten (q_0) Stabes mit einer Zuglängskraft (Z)

Die Anwendung der Kriterien des Abschnittes B.V.1.1.2. ergibt:

Art und Anzahl der Unbekannten:

$$u = 2n + m - a = 2n + 4 - (2 + 2 + 0 + 0) = 2n$$

$$u_i = (n + 1 - a_r) = n - 1 \quad \text{Durchbiegungen } y_i$$

$$u_i' = (n + 1 - a_r') = n - 1 \quad \text{Neigungen } y_i'$$

$$u_i'' = (m - 2 - (a_r'' + a_r''')) = 2 \quad \text{Randmomente } M_R{}^u.$$

Neben den Durchbiegungen und Neigungen treten bei den $2n$ Unbekannten u auch zwei Randmomente auf, so daß nach dem Vorhergesagten die Zerlegung der Matrix möglich sein muß.

Wird auf die Aufspaltung verzichtet, so wären folgende Bedingungsgleichungen zu formulieren:

$$b \quad = 2\,n + m - a = 2\,n$$

$$b_i \quad = n - 1 \quad \text{Grundgleichungen (B.V.19)}$$

$$b_i{}' = n + 1 \quad \text{Grundgleichungen (B.V.20)}$$

$$b_t \quad = m - a \equiv 0.$$

Das für die Aufstellung der Grundgleichungen erforderliche ideelle ursächliche Moment kann auf Grund der Gleichung (B.III.27) und (B.III.36) in Verbindung mit der Gleichung (B.IV.17) und (B.IV.18) wie folgt dargestellt werden.

$$M_{i\,d}{}^u(i) = f_i({}^E y_k) + g_i({}^E y_k{}') + {}^{(a)}h_i + m_i\,M_0{}^u + \bar m_i\,M_n{}^u. \qquad \text{(B.V.52)}$$

Es bedeuten:

$f_i({}^E y_k)$ $\quad\hat= $ alle Ausdrücke, die nur von den endgültigen ideellen Durchbiegungen ${}^E y_k$ abhängen;

$g_i({}^E y_k{}')$ $\quad\hat= $ alle Ausdrücke, die nur von den endgültigen ideellen Neigungen ${}^E y_k{}'$ abhängen;

${}^{(a)}h_i$ $\quad\hat= $ alle Ausdrücke, die nur absolute Werte beinhalten. Es sind dies für den Teilpunkt i reine Zahlenwerte;

$m_i = \left(1 - \dfrac{x_i}{l}\right) \hat= $ Faktor des Momentes $M_0{}^u$ im Punkt i;

$\bar m_i = \dfrac{x_i}{l} \quad \hat= $ Faktor des Momentes $M_n{}^u$ im Punkt i.

Unter der Voraussetzung, daß der Koordinatenursprung im Punkt $x = x_0 = 0$ liegt und daß die Randbedingungen (Gl. (B.V.51)) gelten, und bei Verwendung der 1. Darstellungsweise für das ideelle ursächliche Moment $M_{i\,d}{}^u(i)$ (Abschnitt B.III.1.3.) gelten für die Funktionen $f_i({}^E y_k)$, $g_i({}^E y_k{}')$ und ${}^{(a)}h_i$ folgende Gleichungen:

$$f_i({}^E y_k) = \int_{x_0}^{x_i}\int_{x_0}^{x} D(x)\,{}^E y(x)\,dx\,dx - \frac{x_i}{l}\int_{x_0}^{x_n}\int_{x_0}^{x} D(x)\,{}^E y(x)\,dx\,dx. \qquad \text{(B.V.53a)}$$

$$g_i({}^E y_k{}') = A_i\,{}^E y_i{}' - \frac{x_i}{l}\,A_n\,{}^E y_n{}' - A_0\,y_0{}'\left\{1 - \frac{x_i}{l}\right\} +$$

$$+ \int_{x_0}^{x_i}\{B(x) - 2\,A'(x)\}\,{}^E y'(x)\,dx - \frac{x_i}{l}\int_{x_0}^{x_n}\{B(x) - 2\,A'(x)\}\,{}^E y'(x)\,dx +$$

$$+ \int_{x_0}^{x_i}\int_{x_0}^{x}\{A''(x) - B'(x) + C(x)\}\,{}^E y'(x)\,dx\,dx -$$

$$- \frac{x_i}{l}\int_{x_0}^{x_i}\int_{x_0}^{x}\{A''(x) - B'(x) + C(x)\}\,{}^E y'(x)\,dx\,dx. \qquad \text{(B.V.53b)}$$

$$^{(a)}h_i = \int\limits_{x_0}^{x_i}\int\limits_{x_0}^{x} F(x)\,dx\,dx - \frac{x_i}{l} \int\limits_{x_0}^{x_n}\int\limits_{x_0}^{x} F(x)\,dx\,dx. \qquad (B.V.53c)$$

Die Funktionen $f_i(^E y_k)$, $g_i(^E y_k')$ und $^{(a)}h_i$ sind für $x = x_0$ und $x = x_n = l$ identisch Null! Die Auswertung der Integrale erfolgt mit Hilfe der Trapezformel.

Wird die 2. Darstellungsweise für das ideelle ursächliche Moment $\bar{M}_{id}{}^u(i)$ (Abschnitt B.III.1.3.) gewählt und wiederum vorausgesetzt, daß sich der Koordinatenursprung im Punkt $x = x_0 = 0$ befindet und daß die Randbedingungen (Gl. (B.V.51)) gelten, dann ergeben sich folgende Gleichungen:

$$f_i(^E y_k) = + \{B_i - 2\,A_i'\}\,^E y_i - \frac{x_i}{l}\{B_n - 2\,A_n'\}\,^E y_n - \{B_0 - 2\,A_0'\}\,^E y_0\left\{1 - \frac{x_i}{l}\right\} +$$

$$+ \int\limits_{x_0}^{x_i} \{3\,A''(x) - 2\,B'(x) + C(x)\}\,^E y(x)\,dx -$$

$$- \frac{x_i}{l} \int\limits_{x_0}^{x_n} \{3\,A''(x) - 2\,B'(x) + C(x)\}\,^E y(x)\,dx -$$

$$- \int\limits_{x_0}^{x_i}\int\limits_{x_0}^{x} \{A'''(x) - B''(x) + C'(x) - D(x)\}\,^E y(x)\,dx\,dx +$$

$$+ \frac{x_i}{l} \int\limits_{x_0}^{x_n}\int\limits_{x_0}^{x} \{A'''(x) - B''(x) + C'(x) - D(x)\}\,^E y(x)\,dx\,dx. \qquad (B.V.54a)$$

$$g_i(^E y_k') = A_i\,^E y_i' - \frac{x_i}{l}\,A_n\,^E y_n' - A_0\,^E y_0'\left\{1 - \frac{x_i}{l}\right\}. \qquad (B.V.54b)$$

$$^{(a)}h_i = \int\limits_{x_0}^{x_i}\int\limits_{x_0}^{x} F(x)\,dx\,dx - \frac{x_i}{l} \int\limits_{x_0}^{x_n}\int\limits_{x_0}^{x} F(x)\,dx\,dx. \qquad (B.V.54c)$$

Auch bei der 2. Darstellungsweise werden die Funktionen $f_i(^E y_k)$, $g_i(^E y_k')$ und $^{(a)}h_i$ für die Randpunkte $x = x_0 = 0$ und $x = x_n = l$ Null.

Damit sind die ideellen ursächlichen Momente nach Gleichung (B.V.52) bekannt und es kann die Matrix $b = u = 2n$-ter Ordnung angeschrieben werden. Sie enthält $2(n - 1)$ Formänderungsgrößen und 2 Momente. Aus der Lösung dieser kombinierten Matrix ergeben sich alle gefragten Größen.

Wird jedoch die Aufspaltung der Matrix angestrebt, so sind zunächst $(u_i'' + 1) = 3$ Formänderungsmatrizen und anschließend eine Momentenmatrix aufzustellen.

Die 3 Formänderungsmatrizen stellen praktisch — im Sinne der Stabstatik — die Untersuchung der Belastungsfälle

1. Äußere Belastung (einschließlich der vorgegebenen Randwerte y_0 und y_n)

2. Einheitsbelastung $M_0{}^u = 1$

3. Einheitsbelastung $M_n{}^u = 1$

am statisch bestimmten Hauptsystem dar, während die Momentenmatrix mit der „Elastizitätsgleichung" der Statik identisch ist.

Formänderungsmatrizen (Abb. 22)
Formänderungsmatrizen infolge der äußeren Belastung

In völliger Übereinstimmung mit der Statik werden bei der Untersuchung infolge der äußeren Belastung am statisch bestimmten System die Randmomente $M_0{}^u = M_n{}^u = 0$ gesetzt:

$$\left.\begin{aligned} M_0{}^u &= - S_0\, y_0{}'' = 0 \\ M_n{}^u &= - S_n\, y_n{}'' = 0 \end{aligned}\right\} \qquad (a_r{}'' = 2). \tag{B.V.55}$$

Die Werte

$$y(x_0) = {}^{(e)}y_0 = {}^{(a)}y_0 \quad \text{und} \quad y(x_n) = {}^{(e)}y_n = {}^{(a)}y_n \qquad (a_r = 2) \tag{B.V.56}$$

werden als eingeprägte Durchbiegungen gedeutet. Durch die Gleichungen (B.V.55) und (B.V.56) sind damit die Randbedingungen für diese Matrix festgelegt und die Kriterien liefern:

$$\begin{aligned} u &= 2\,n + m - a = 2\,n = b \quad \text{Unbekannte} \\ u_i &= (n + 1 - a_r) = n - 1 \quad \text{Durchbiegungen } {}^{(a)}y_i \\ u_i{}' &= (n + 1 - a_r{}') = n + 1 \quad \text{Neigungen } {}^{(a)}y_i{}' \\ u_i{}'' &= (m - 2 - (a_r{}'' + a_r{}''')) = 0. \\ b_i &= n - 1 \quad \text{Grundgleichungen (B.V.19)} \\ b_i{}' &= n + 1 \quad \text{Grundgleichungen (B.V.20)} \\ b_t &= 0. \end{aligned}$$

Das für die Aufstellung der Grundgleichungen zu verwendende ideelle ursächliche Moment lautet:

$$^{(a)}M_{id}{}^u(i) = f_i({}^{(a)}y_k) + g_i({}^{(a)}y_k{}') + {}^{(a)}h_i. \tag{B.V.57}$$

Es bedeuten:

$f_i({}^{(a)}y_k) \,\hat{=}\,$ alle Ausdrücke, die nur von den ideellen Durchbiegungen ${}^{(a)}y_k$ abhängen, die infolge ${}^{(a)}h_i$ unter Beachtung der Randbedingungen entstehen.

$g_i({}^{(a)}y_k{}') \,\hat{=}\,$ alle Ausdrücke, die nur von den ideellen Neigungen ${}^{(a)}y_k{}'$ abhängen, die infolge ${}^{(a)}h_i$ unter Beachtung der Randbedingungen entstehen.

Die Funktionen $f_i({}^{(a)}y_k)$, $g_i({}^{(a)}y_k{}')$ und ${}^{(a)}h_i$ sind durch die Gleichungen (B.V.53a, b, c) bei der 1. Darstellungsweise und durch die Gleichungen (B.V.54a, b, c) bei der 2. Darstellungsweise gegeben, wenn der obere Index E bei ${}^E y_k$ und ${}^E y_k{}'$ durch (a) ersetzt wird.

Für die weiteren Untersuchungen ist es zweckmäßig, die Funktion $f_i({}^{(a)}y_k)$ aufzuspalten:

$$f_i(^{(a)}y_k) = f_i(^{(a)}y_k; y_0 = y_n = 0) + f_i(^{(a)}y_k = 0; k \neq 0, n). \qquad \text{(B.V.58)}$$

Es bedeuten:

$f_i(^{(a)}y_k; y_0 = y_n = 0)$ nach Gleichung (B.V.53a) oder Gleichung (B.V.54a) für

$$y_0 = y_n = 0 \quad \text{und} \quad ^{(a)}y_k \neq 0 \quad \text{für} \quad k \neq 0, n.$$

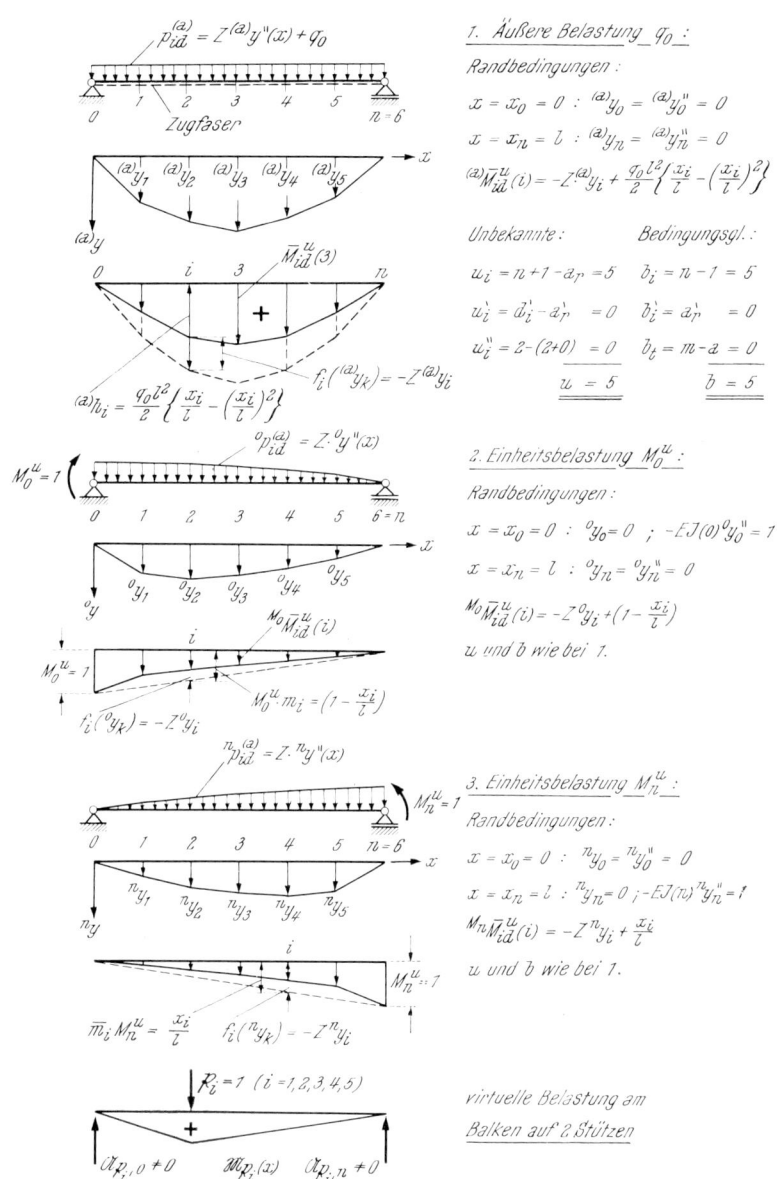

1. *Äußere Belastung* q_0:

Randbedingungen:

$x = x_0 = 0$: $^{(a)}y_0 = {}^{(a)}y_0'' = 0$

$x = x_n = l$: $^{(a)}y_n = {}^{(a)}y_n'' = 0$

$^{(a)}\overline{M}_{id}^u(i) = -Z^{(a)}y_i + \frac{q_0 l^2}{2}\left\{\frac{x_i}{l} - \left(\frac{x_i}{l}\right)^2\right\}$

Unbekannte: *Bedingungsgl.:*

$u_i = n+1-a_p = 5$ $b_i = n-1 = 5$

$u_i' = d_i' - a_p' = 0$ $b_i' = a_p' = 0$

$u_i'' = 2-(2+0) = 0$ $b_i' = m-a = 0$

$\underline{\underline{u = 5}}$ $\underline{\underline{b = 5}}$

2. *Einheitsbelastung* M_0^u:

Randbedingungen:

$x = x_0 = 0$: $^0y_0 = 0$; $-EJ(0)^0y_0'' = 1$

$x = x_n = l$: $^0y_n = {}^0y_n'' = 0$

$M_0\overline{M}_{id}^u(i) = -Z\,^0y_i + \left(1 - \frac{x_i}{l}\right)$

u und b wie bei 1.

3. *Einheitsbelastung* M_n^u:

Randbedingungen:

$x = x_0 = 0$: $^ny_0 = {}^ny_0'' = 0$

$x = x_n = l$: $^ny_n = 0$; $-EJ(n)^ny_n'' = 1$

$M_n\overline{M}_{id}^u(i) = -Z\,^ny_i + \frac{x_i}{l}$

u und b wie bei 1.

virtuelle Belastung am
Balken auf 2 Stützen

Abb. 22. Zweistufige Berechnung des eingespannten, querbelasteten (q_0) Stabes mit einer Zuglängskraft (Z)

$f_i({}^{(a)}y_k = 0; \, k \neq 0, n)$ nach Gleichung (B.V.53a) oder Gleichung (B.V.54a) für $y_0 = {}^{(e)}y_0$ und $y_n = {}^{(e)}y_n$ und ${}^{(a)}y_k = 0$ für $k \neq 0, n$. Diese Funktion erstreckt sich nur auf das erste und letzte Intervall.

Nach Gleichung (B.V.57) ist damit das ideelle ursächliche Moment bekannt und aus der Matrix $2n$-ter Ordnung, die sich aus den $(n-1)$ Grundgleichungen (B.V.19) und $(n+1)$ Grundgleichungen (B.V.20) aufbaut, können dann alle erforderlichen Größen berechnet werden; insbesondere ergeben sich daraus die Randneigungen ${}^{(a)}y_0{}'$ und ${}^{(a)}y_n{}'$, die für die Formulierung der Momentenmatrix, der „Elastizitätsgleichung", von Interesse sind.

Formänderungsmatrizen infolge der „Einheitsbelastungen"
Einheitsbelastung: $M_0{}^u = -S_0\,y_0{}'' = +1$

Hierzu wird als Ausgangspunkt die homogene Differentialgleichung gewählt, die den folgenden Randbedingungen angepaßt werden muß:

$$x = x_0: \quad {}^0y(x_0) = 0; \quad M_0{}^u = -S_0\,y_0{}'' = 1 \quad (a_r = 2)$$
$$x = x_n: \quad {}^0y(x_n) = 0; \quad M_n{}^u = -S_n\,y_n{}'' \equiv 0 \quad (a_r{}'' = 2) \qquad \text{(B.V.59)}$$

Es sei besonders hervorgehoben, daß in diesem Fall ${}^0y(x_0) = 0 = {}^0y(x_n)$ gesetzt werden muß, da $y(x_0) = y_0$ und $y(x_n) = y_n$ als eingeprägte Verschiebungen interpretiert werden und daher als ursächliche äußere Belastung in der ersten Matrix berücksichtigt wurden.

An Hand der Kriterien kann leicht gezeigt werden, daß die Zahl der Unbekannten $u = 2n$ beträgt und $b_i = n-1$ und $b_i{}' = n+1$ Grundgleichungen zur Bildung der Matrix herangezogen werden müssen. Dabei ist das folgende ideelle ursächliche Moment

$$^{M_0}M_{id}{}^u(i) = f_i({}^0y_k) + g_i({}^0y_k{}') + m_i \qquad \text{(B.V.60)}$$

zu verwenden. Hier entfällt also ${}^{(a)}h_i$ und $M_n{}^u = 0$.

Es bedeuten:

$f_i({}^0y_k), g_i({}^0y_k{}') \,\hat{=}\,$ alle Ausdrücke, die nur von den ideellen Durchbiegungen ${}^0y_k$ und Neigungen ${}^0y_k{}'$ abhängen.

Die Funktionen $f_i({}^0y_k)$ und $g_i({}^0y_k{}')$ ergeben sich sofort, ohne erneute Berechnung aus den Funktionen $f_i({}^{(a)}y_k; \, y_0 = y_n = 0)$ und $g_i({}^{(a)}y_k{}')$, wenn in diesen Funktionen ${}^{(a)}y_k$ durch ${}^0y_k$ und ${}^{(a)}y_k{}'$ durch ${}^0y_k{}'$ ersetzt wird.

Damit ist nach Gleichung (B.V.60) das ideelle ursächliche Moment $^{M_0}M_{id}{}^u(i)$ in Abhängigkeit von den unbekannten Durchbiegungen ${}^0y_k$ und ${}^0y_k{}'$ gegeben. Die Bedingungsgleichungen werden formuliert und aus der entstehenden inhomogenen Matrix können die Durchbiegungen ${}^0y_k$ und die Neigungen ${}^0y_k{}'$ eindeutig berechnet werden.

Einheitsbelastung: $M_n{}^u = -S_n\,y_n{}'' = +1$

Für diesen Fall gelten ähnliche Überlegungen wie bei der Untersuchung des Belastungsfalles $M_0{}^u = 1$. Auf eine eingehende Darstellung kann daher verzichtet werden. Ergänzend sei lediglich darauf hingewiesen, daß das ideelle ursächliche Moment $^{M_n}M_{id}{}^u(i)$ die folgende Form besitzt:

$$^{M_n}M_{id}{}^u(i) = f_i({}^ny_k) + g_i({}^ny_k{}') + \bar{m}_i. \qquad \text{(B.V.61)}$$

Es bedeuten:

$f_i(^n y_k)$, $g_i(^n y_k') \triangleq$ alle Ausdrücke, die nur von ideellen Durchbiegungen $^n y_k$ und Neigungen $^n y_k'$ abhängen.

Auch für diesen Belastungszustand können die Funktionen $f_i(^n y_k)$ und $g_i(^n y_k')$ aus den Funktionen $f_i(^{(a)} y_k; y_0 = y_n = 0)$ und $g_i(^{(a)} y_k')$ hergeleitet werden, wenn $^{(a)} y_k$ durch $^n y_k$ und $^{(a)} y_k'$ durch $^n y_k'$ ersetzt wird.

Die Berechnung der unbekannten Durchbiegungen $^n y_k$ und Drehungen $^n y_k'$ erfolgt dann in der bereits beim ersten Einheitsbelastungszustand dargelegten Weise.

Es sei noch darauf hingewiesen, daß bei der Aufstellung der Grundgleichungen für die $(u_i'' + 1)$ Formänderungsmatrizen theoretisch die gleichen Rechenoperationen dreimal durchgeführt werden müssen. Der Rechenaufwand kann aber erheblich reduziert werden, wenn folgende Gesichtspunkte beachtet werden.

1. Die virtuelle Belastung ($\mathfrak{P}_i$ oder $\mathfrak{M}_i$) für die i-te Grundgleichung wirkt bei allen 3 Belastungszuständen am Balken auf 2 Stützen und ruft die gleichen Schnittlasten und Stützenreaktionen hervor.

2. Die ideellen ursächlichen Momente $^{(a)} M_{id}{}^u$, $^{M_0} M_{id}{}^u$ und $^{M_n} M_{id}{}^u$ weisen mehrere gleichartige Funktionen auf, wenn von den Werten y_k und y_k', die als Unbekannte im Ansatz verbleiben, abgesehen wird.

Wird z. B. die i-te Grundgleichung für die Durchbiegung $^{(a)} y_i$, $^0 y_i$ oder $^n y_i$ aufgestellt, so ist aus der folgenden Zusammenstellung zu ersehen, daß verschiedene *numerische Teilwerte* der einzelnen Integrale für alle 3 Grundgleichungen gleich sind:

$$\int_{x_0}^{x_n} \mathfrak{M}_{\mathbf{p}_i}(x) \, {}^{(a)}M_{id}{}^u(x, {}^{(a)}y_k, {}^{(a)}y_k') \, \frac{dx}{S(x)} =$$

$$= \int_{x_0}^{x_n} \mathfrak{M}_{\mathbf{p}_i}(x) \, \{f_i(^{(a)}y_k; y_0 = y_n = 0) + g_i(^{(a)}y_k')\} \, \frac{dx}{S(x)} +$$

$$+ \int_{x_0}^{x_n} \mathfrak{M}_{\mathbf{p}_i}(x) \, \{f_i(^{(a)}y_k = 0; k \neq 0, n) + {}^{(a)}h_i\} \, \frac{dx}{S(x)} , \qquad \text{(B.V.62a)}$$

$$\int_{x_0}^{x_n} \mathfrak{M}_{\mathbf{p}_i}(x) \, {}^{M_0}M_{id}{}^u(x, {}^0y_k, {}^0y_k') \, \frac{dx}{S(x)} =$$

$$= \int_{x_0}^{x_n} \mathfrak{M}_{\mathbf{p}_i}(x) \, \{f_i(^0y_k; y_0 = y_n = 0) + g_i(^0y_k')\} \, \frac{dx}{S(x)} +$$

$$+ \int_{x_0}^{x_n} \mathfrak{M}_{\mathbf{p}_i}(x) \, m_i \, \frac{dx}{S(x)} , \qquad \text{(B.V.62b)}$$

$$\int_{x_0}^{x_n} \mathfrak{M}_{\mathfrak{p}_i}(x) \; {}^{M_n}\!M_{id}{}^u(x, {}^ny_k, {}^ny_k') \; \frac{dx}{S(x)} =$$

$$= \int_{x_0}^{x_n} \underline{\mathfrak{M}_{\mathfrak{p}_i}(x) \; \{f_i({}^ny_k; \, y_0 = y_n = 0) + g_i({}^ny_k')\} \; \frac{dx}{S(x)}} +$$

$$+ \int_{x_0}^{x_n} \mathfrak{M}_{\mathfrak{p}_i}(x) \; \bar{m}_i \, \frac{dx}{S(x)} \, , \quad \text{usw.} \tag{B.V.62c}$$

Die *numerischen Faktoren*, die sich bei der Anwendung der Trapezregel ergeben, besitzen bei den unterstrichenen Integralen den gleichen Wert, so daß jeweils nur die 2. Anteile neu berechnet werden müssen. Ähnliche Vereinfachungen ergeben sich bei den übrigen Integralen ($\mathfrak{P}_k$, $\mathfrak{M}_k$).

Wenn die inhomogenen Gleichungssysteme für die **3** Belastungsfälle (äußere Belastung, Einheitsbelastungen $M_0{}^u = 1$ und $M_n{}^u = 1$) gelöst sind, können mit den berechneten ideellen ursächlichen Durchbiegungen ${}^{(a)}y_k$, ${}^0y_k$, ${}^ny_k$ und Neigungen ${}^{(a)}y_k'$, ${}^0y_k'$, ${}^ny_k'$ die ideellen ursächlichen Schnittlasten, insbesondere die Momente ${}^{(a)}M_{id}{}^u(i)$ (B.V.57), ${}^{M_0}M_{id}{}^u(i)$ (B.V.60) und ${}^{M_n}M_{id}{}^u(i)$ (B.V.61) berechnet werden.

Die ermittelten Formänderungen und Schnittlasten entsprechen praktisch denen, die infolge der verschiedenen Belastungen am statisch bestimmten Hauptsystem entstehen. Damit ist die erste Stufe der Berechnung abgeschlossen und in der 2. Stufe ist nun die

Momentenmatrix,
die der Elastizitätsgleichung der Statik entspricht, aufzustellen. Durch den Rechnungsgang der zweiten Stufe sind die Randbedingungen $y'(x_0) = y_0'$ und $y'(x_n) = y_n'$ zu befriedigen. Hierzu stehen die beiden Freiwerte $M_0{}^u$ und $M_n{}^u$ zur Verfügung, für die die „Elastizitätsgleichungen" formuliert werden. Sie lauten (Abb. 23)

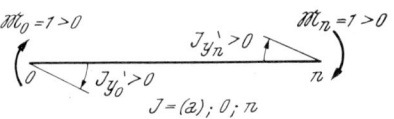

Abb. 23. Zur Berechnung der Drehungen

$$M_0{}^u \, {}^0y_0' + M_n{}^u \, {}^ny_0' + {}^{(a)}y_0' + {}^{(e)}y_0' = 0 \tag{B.V.63a}$$

$$M_0{}^u \, {}^0y_n' + M_n{}^u \, {}^ny_n' + {}^{(a)}y_n' + {}^{(e)}y_n' = 0. \tag{B.V.63b}$$

Die Gleichungen (B.V.63a, b) bilden die Momentenmatrix. Ihre Ordnung ist von den unbekannten Randmomenten $M_R{}^u$ abhängig.

Ein Vergleich der Berechnung mittels des kombinierten Gleichungssystems und mittels des zweistufigen Verfahrens ergibt, daß die Untersuchung in 2 Stufen nur dann angezeigt ist, wenn die Ordnung des kombinierten Gleichungssystems dadurch abgebaut werden kann. Dies wird insbesondere bei zusammenhängenden Ersatzsystemen zweckmäßig sein, da die Ordnung der kombinierten Matrix bei N Bereichen und einer Teilung eines jeden Bereiches in n Teile $u = N \cdot 2\,n$ beträgt. Bei der zweistufigen Methode müssen zwar N Formänderungsmatrizen und eine

Momentenmatrix gelöst werden, aber die Formänderungsmatrizen haben höchstens die Ordnung $u = 2\,n\;(A(x) \neq 0)$.

Die obigen Entwicklungen der ein- und zweistufigen Berechnung sind für den Sonderfall des eingespannten Stabes mit einer konstanten Zuglängskraft Z und mit einer gleichmäßig verteilten Querbelastung (q_0) für die vereinfachten Randbedingungen $(y_0 = y_0' = 0,\; y_n = y_n' = 0)$ dargestellt (Abb. 21, 22, 23). Für diese spezielle Aufgabe ist die Funktion $g_i \equiv 0$, da keine unbekannten Drehungen auftreten $(A(x) \equiv 0)$. Um die „Elastizitätsgleichungen" aufstellen zu können, müssen in diesem Fall aus den ideellen ursächlichen Momenten $^{(a)}\bar{M}_{id}{}^u$, $^{M_0}\bar{M}_{id}{}^u$ und $^{M_n}\bar{M}_{id}{}^u$ unter Verwendung der virtuellen Belastung ($\mathfrak{M}_0 = 1$, $\mathfrak{M}_n = 1$; Abb. 23) die Neigungen $^{(a)}y_0'$, $^{(a)}y_n'$, $^0y_0'$, $^0y_n'$, $^ny_0'$ und $^ny_n'$ berechnet werden. Um die Einheitlichkeit bei der virtuellen Belastung zu bewahren, wurde $\mathfrak{M}_k = 1$ immer positiv gewählt, wenn das Moment am Balken im Uhrzeigersinn wirkt. Die Werte $^0y_0'$, $^ny_n'$ können daher auch negativ sein, obgleich sie im übertragenden Sinne den Hauptdiagonalgliedern (δ_{ii}) entsprechen. Unter Umständen kann es zweckmäßig sein, wie bei der Deformationsmethode $M_n{}^u$ im Uhrzeigersinn positiv zu definieren.

Es sei endlich noch vermerkt, daß bei symmetrischen Systemen die Ausnützung der Symmetrie bzw. Antimetrie der ideellen Belastung zu einer Vereinfachung des Ansatzes führt.

B.V.3. Erniedrigung der Ordnung der Gleichungssysteme durch Einführung von Differenzenquotienten

Bei vielen Aufgaben des Bauingenieurwesens wird die Funktion $A(x) \equiv 0$ sein, so daß nach Abschnitt B.V.1.2. verfahren werden kann. In diesem Fall vereinfacht sich der Lösungsansatz erheblich. Beim Anfangswertproblem ist nur jeweils die Hälfte der Gleichungen zu lösen.

Beim Randwertproblem stehen den $b = b_i + b_i' + b_t = 2\,n + m - a$ Gleichungen für $A(x) \neq 0$ nur $b = b_i + b_i' + b_t = (n - 1) + a_r' + m - a$ Gleichungen für $A(x) \equiv 0$ gegenüber, wobei a_r' maximal den Wert 2 annehmen kann. Dies bedeutet, daß auch beim Randwertproblem für $A(x) \equiv 0$ die Ordnung des Gleichungssystemes praktisch um die Hälfte abgebaut wird.

Dies wird ersichtlich, wenn die Differenz Δb der in beiden Fällen aufzustellenden Bedingungsgleichungen gebildet wird:

$$\Delta b = b\{A(x) \neq 0\} - b\{A(x) \equiv 0\} = n + 1 - a_r'.$$

Für $A(x) \neq 0$ sind also Δb Gleichungen zusätzlich aufzustellen.

Diese Erniedrigung der Ordnung des Gleichungssystems kann auch für den Fall $A(x) \neq 0$ erreicht werden, wenn in den Gln. für die ideellen ursächlichen Momente (Gl. (B.III.2), (B.III.9), (B.III.27)) die erste Ableitung $y'(x)$ durch den Differenzenquotienten ersetzt wird. (Bei der transformierten Differentialgleichung 1. Ordnung (Gl. (B.I.4a)) bietet die Einführung der Differenzenquotienten keinen Vorteil, da von vornherein nur die Grundgleichungen für die Drehungen y_i' verwendet werden).

Die Einführung der Differenzenquotienten bedingt naturgemäß eine gewisse Ungenauigkeit, die aber durch die Wahl einer kleineren Intervallänge in Grenzen gehalten werden kann (vergleiche Abschnitt B.III.1.4.).

Beim *Anfangswertproblem* wird es zweckmäßig sein, den rückwärtigen Differenzenquotienten (Abb. 24)

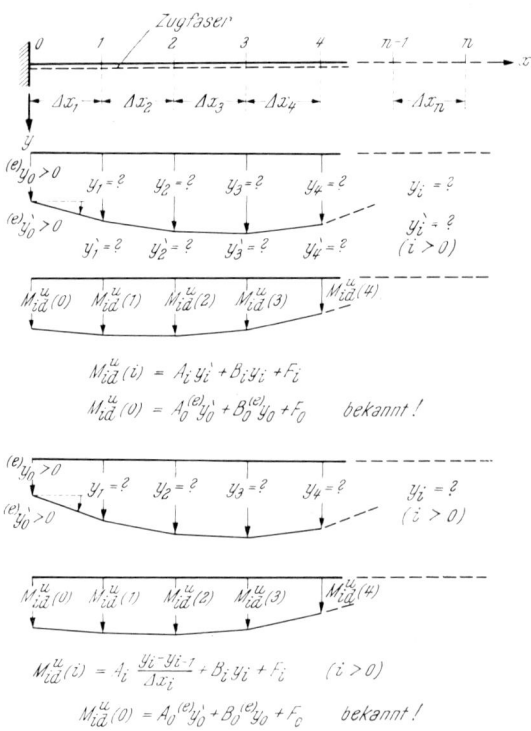

Abb. 24. Ersatz der 1. Ableitung y_i' durch den Differenzenquotienten bei einer Differentialgleichung 2. Ordnung — Anfangswertproblem

$$y_i' = \frac{1}{\Delta x_i} \{y_i - y_{i-1}\} \qquad \text{(B.V.64)}$$

zu verwenden, um den Vorteil des gestaffelten Gleichungssystems auszunutzen. Grundsätzlich könnte auch für $(n-1)$ Teilpunkte i der zentrale Differenzenquotient

$$y_i' = \frac{1}{2\,\Delta x} \{y_{i+1} - y_{i-1}\} \qquad \text{(B.V.65)}$$

eingeführt werden, während für den n-ten Teilpunkt der rückwärtige Differenzenquotient benutzt wird. In diesem Fall wäre dann allerdings ein inhomogenes Gleichungssystem n-ter Ordnung zu lösen.

Beim *Randwertproblem* (Abb. 25) werden die Ableitungen $y'(x_0) = y_0'$ und $y'(x_n) = y_n'$, wenn sie nicht als Randbedingungen vorgegeben sind, am Rande $x = x_0$ durch den vorderen Differenzenquotienten

$$y_i' = \frac{1}{\Delta x_{i+1}} \{y_{i+1} - y_i\} \qquad \text{(B.V.66)}$$

und am Rand $x = x_n$ durch den rückwärtigen Differenzenquotienten (Gl. (B.V.64)) ersetzt. Für den mittleren Bereich ist es zweckmäßig, den zentralen Differenzenquotienten (Gl. (B.V.65)) zu verwenden.

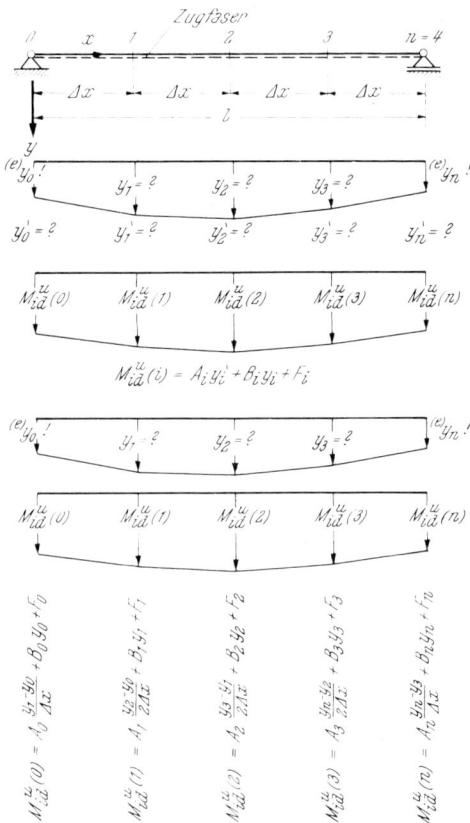

Abb. 25. Ersatz der 1. Ableitung durch Differenzenquotienten bei einer Differentialgleichung 2. Ordnung — Randwertproblem

B.VI. Verwendung spezieller Funktionen

Bei den bisherigen Untersuchungen wurde der Integrationsbereich des Ersatztragwerkes in n Intervalle eingeteilt. Das jeder Differentialgleichung zugeordnete ideelle ursächliche Moment $M_{id}{}^u(i)$ wurde in Abhängigkeit von den noch unbekannten ideellen Durchbiegungen y_i und Neigungen y_i' für jeden Teilpunkt i entwickelt. Bei im Sinne des Ersatzbalkenverfahrens statisch unbestimmten Ersatzsystemen traten zusätzlich noch ebenfalls unbekannte Randmomente $M_R{}^u$ auf. Da für das ideelle ursächliche Moment von Teilpunkt zu Teilpunkt ein geradliniger Verlauf unterstellt wird, soll es als *polygonales* ideelles ursächliches Moment bezeichnet werden.

Die Bildung des ideellen ursächlichen Momentes, das als Basis für die Formulierung der Grundgleichungen dient, ist also dadurch gekennzeichnet, daß keine Annahme über den Verlauf der ideellen Durchbiegung $y(x)$ getroffen wurde. Es besteht beim Ersatzbalkenverfahren nun auch grundsätzlich die Möglichkeit, bei der Aufstellung des ideellen ursächlichen Momentes spezielle Funktionen $\bar{y}(x)$ für $y(x)$ zu verwenden, durch die die Form, nicht aber die Größe der gesuchten Funktion $y(x)$ von vornherein festgelegt wird. Das Ergebnis, das durch die Benützung des sich daraus ergebenden ideellen ursächlichen Momentes gewonnen wird, wird umso besser mit der genauen Lösung übereinstimmen, je mehr sich die angenommene Funktion $\bar{y}(x)$ bei inhomogener Differentialgleichung dem allgemeinen Integral und bei homogener Differentialgleichung dem Fundamentalsystem nähert.

Wird bei der Ermittlung des ideellen ursächlichen Momentes das allgemeine Integral für die gesuchte Funktion angesetzt — dies trifft für erweiterte Spannungsprobleme zu — so wird es als *vollständiges* ideelles ursächliches Moment bezeichnet. Wird das Fundamentalsystem verwendet — dieser Ansatz ergibt sich bei Eigenwertproblemen — so wird das Moment *fundamentales* ideelles ursächliches Moment genannt. Es bedarf keines Beweises, daß die Einführung dieser vollständigen oder fundamentalen Momente in die Grundgleichungen zu den strengen Lösungen führt, da diese bereits als Ausgangspunkt gewählt wurden.

Die Verwendung der vollständigen oder fundamentalen ursächlichen Momente ist bei einem einzigen geschlossenen Integrationsbereich ohne Bedeutung, da die gesuchte Lösung durch das Fundamentalsystem oder durch das vollständige (allgemeine) Integral gegeben ist. Anders liegen die Verhältnisse bei zusammengesetzten (ein- oder mehrfach zusammenhängenden) Systemen. Hier können neben Integrationsbereichen, die sich durch genaue Lösungen beherrschen lassen, auch Bereiche auftreten, die keiner geschlossenen Integration zugänglich sind.

In diesem Fall wird die teilweise Verwendung der vollständigen oder fundamentalen ideellen ursächlichen Momente und die teilweise Benützung der polygonalen ideellen ursächlichen Momente bei der Aufstellung der Grundgleichungen zweckmäßig sein und wesentlich zur Vereinfachung des Ansatzes beitragen.

Neben den beiden Gruppen des ideellen ursächlichen Momentes

1. a) vollständiges Moment bei erweiterten Spannungsproblemen mit inhomogener Matrix,

   b) fundamentales Moment bei Eigenwertproblemen mit homogener Matrix und

2. polygonales Moment

soll noch eine dritte Gruppe des ideellen ursächlichen Momentes eingeführt werden, das sich aus der Verwendung der oben erwähnten speziellen Funktionen $\bar{y}(x)$ ergibt.

Dieses Moment soll als *spezielles* Moment bezeichnet werden. Diese spezielle Funktion und das daraus resultierende spezielle Moment müssen gewissen Anforderungen genügen, um zu brauchbaren Näherungslösungen zu gelangen. Unter Verwendung der Bezeichnungen des Abschnittes B.V.1. müssen folgende Bedingungen erfüllt werden:

1. Die vorgeschriebenen Randbedingungen $a_r \leqq 2$ müssen eingehalten werden.

2. Die Funktion muß im Fall $A(x) \neq 0$ mindestens eine Durchbiegung y_i und eine Drehung $y_i{}'$ als Freiwert enthalten; im Fall $A(x) \equiv 0$ ist mindestens eine Durchbiegung y_i als Unbekannte erforderlich. Der gewählte Teilpunkt i darf nicht mit den Randpunkten zusammenfallen.

3. Die Funktion muß Entier $(m + 1)/2$-mal stetig differenzierbar sein.

4. Das spezielle ideelle ursächliche Moment, das sich bei Verwendung der speziellen Funktion $\bar{y}(x)$ ergibt, muß die $a_r{}'' + a_r{}''' \leq 2$ Randbedingungen erfüllen, wofür die Konstanten K zur Verfügung stehen. Unter Umständen, wenn $a_r{}'' + a_r{}''' < 2$ ist, verbleiben auch unbekannte Randmomente $M_R{}^u$ im Ansatz.

Es sei in diesem Zusammenhang darauf hingewiesen, daß die Randbedingungen $a_r{}' \leq 2$ durch die Formulierung der Grundgleichungen (B.III.52) berücksichtigt werden und daher bei der Wahl der speziellen Funktion nicht beachtet werden müssen.

Die Verwendung dieser speziellen Funktionen führt in vielen Fällen zu brauchbaren Näherungslösungen. Allerdings ist es ohne Zusatzuntersuchungen kaum möglich, über den Genauigkeitsgrad eine Aussage zu treffen. Die Anwendung wird sich daher auf solche Aufgaben beschränken, bei denen das Ergebnis zumindest hinsichtlich der Größenordnung durch einfache Grenzwertbetrachtungen bestätigt werden kann.

Sollten dagegen zur Klarstellung umfangreiche Untersuchungen erforderlich sein, dann wird der Ansatz unter Verwendung des polygonalen Momentes mit geringerem Arbeitsaufwand zum Ziele führen. Diese Tatsache konnte bei den durchgerechneten Beispielen eindeutig bestätigt werden.

Abschließend sei vermerkt, daß es bei der Untersuchung von Eigenwertproblemen zweckmäßig ist, eine zulässige Funktion [7] anstelle der speziellen Funktion zu verwenden. Diese zulässige Funktion unterscheidet sich von der speziellen Funktion dadurch, daß sie die wesentlichen Randbedingungen erfüllen muß.

Unter Verwendung der bereits eingeführten *Entierfunktion* gilt für die wesentlichen Randbedingungen folgende Definition:

Alle Randbedingungen, die als höchste Ableitung die Entier $(m - 1)/2$-te enthalten, zählen zu den wesentlichen.

Bei einer Differentialgleichung 4. Ordnung $(m = 4)$ muß die zulässige Funktion also auch die Randbedingungen vom Typ $a_r{}'$ befriedigen (Entier $(m - 1)/2 =$ = Entier $(1,5) = 1$).

In diesem Zusammenhang sei aber besonders hervorgehoben, daß die Grundgleichungen (B.III.52) bei Einführung der zulässigen Funktion nicht entfallen, obgleich die Randbedingungen $a_r{}'$ bei der zulässigen Funktion bereits einmal berücksichtigt wurden.

B.VII. Zusammengesetzte Systeme

B.VII.1. Vorbemerkung und Definition

Bei den bisherigen Untersuchungen wurde vorausgesetzt, daß sich die gestellten Aufgaben durch eine einzige Differentialgleichung, die in einem bestimmten Integrationsbereich $(x_0 \leq x \leq x_n)$ galt, beschreiben ließen. Als

Ersatztragwerk wurde der Kragträger oder der Balken auf 2 Stützen gewählt.

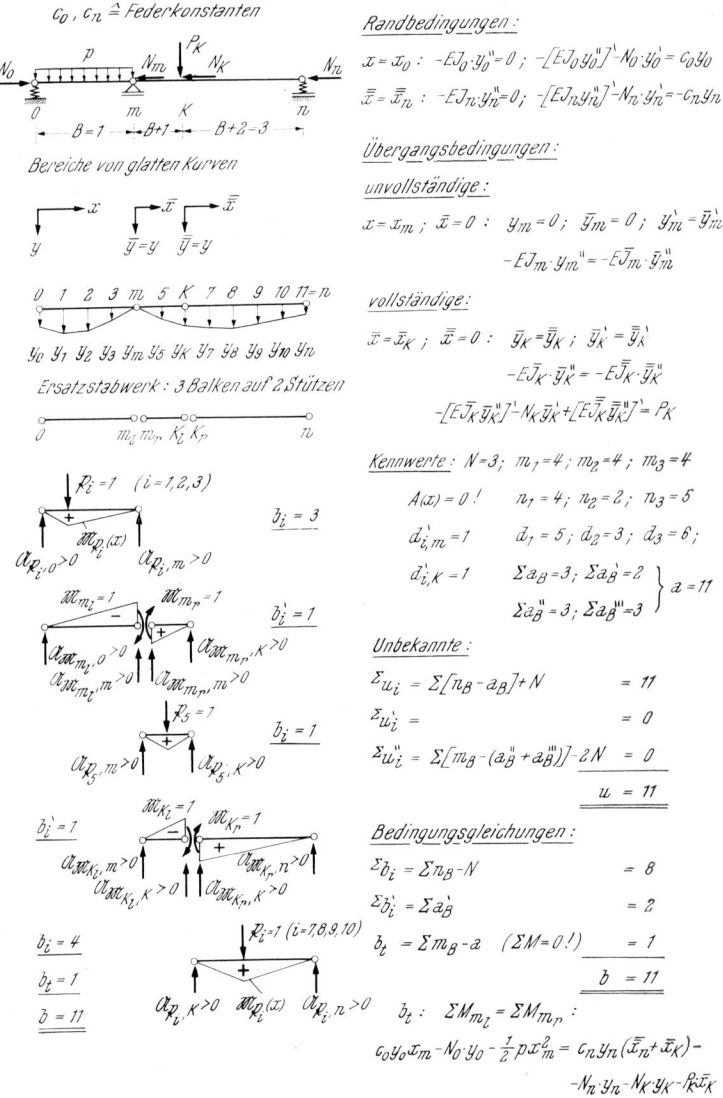

Abb. 26. Einfach zusammenhängendes Ersatzstabwerk — Rand- und Übergangsbedingungen — Anwendung der Kriterien — virtuelle Belastung — Ersatzbedingung

Bei vielen Problemen des Bauingenieurs müssen nun aber mehrere Teilbereiche, in denen die jeweils zugeordneten Differentialgleichungen vorgegeben sind und für deren Lösung der einfache Balken als Ersatzsystem Verwendung findet, zu einem Gesamtsystem zusammengefaßt werden. Um die Verträglichkeit an den Nahtstellen der Einzelbereiche sicherzustellen, sind die vorgeschriebenen Kontinuitäts- oder Verträglichkeits- und die Gleichgewichtsbedingungen — neben den Randbedingungen — zu beachten. Die Behandlung derartiger zusammengesetzter Systeme führt zu einer Erweiterung der bisher mitgeteilten Ansätze.

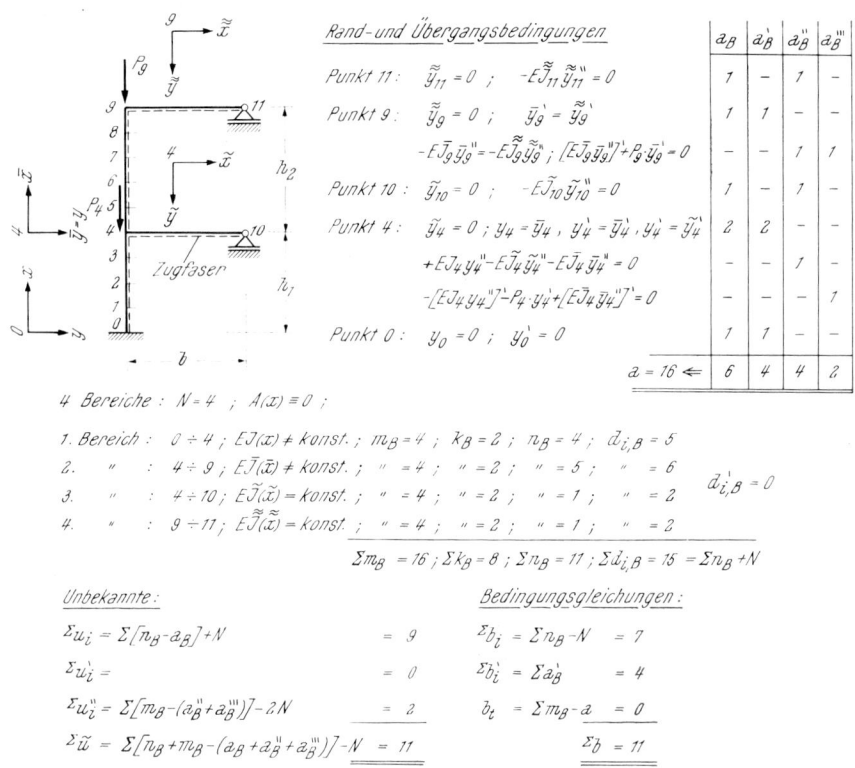

Abb. 27. Mehrfach zusammenhängendes Ersatzstabwerk — Rand- und Übergangsbedingungen — Anwendung der Kriterien

Bevor auf Einzelheiten eingegangen wird, sei festgestellt, daß nur die Aufgaben auf zusammengesetzte Systeme führen, bei denen die den einzelnen Differentialgleichungen zugeordneten ideellen ursächlichen Momente an den Übergängen eine — im mathematischen Sinne — „nicht glatte" Kurve ergeben. Dies ist z. B. der Fall, wenn eine Einzellast angreift oder wenn sich die Druckkraft sprungweise ändert (Abb. 26). Ist dagegen beim Druckstab die Normalkraft konstant, während sich nur das Trägheitsmoment oder die Fläche (plastischer Bereich) ändert, dann ist das zugeordnete Moment nicht nur eine stetige Kurve, sondern sogar eine glatte Kurve und es liegt kein zusammengesetztes System vor, obgleich für die einzelnen Teilbereiche verschiedene Differentialgleichungen gelten.

Aus dieser Definition ergibt sich die Tatsache, daß in jedem Teilbereich, aus dem sich das zusammengesetzte Ersatztragwerk ergibt, das Moment eine glatte Kurve ist.

Bei der Untersuchung der zusammengesetzten Systeme soll weiterhin zwischen

a) einfach und

b) mehrfach zusammengesetzten Ersatzstabwerken
unterschieden werden.

Die einfach zusammengesetzten Tragwerke (Abb. 26) sind dadurch gekennzeichnet, daß in dem jeweiligen Knotenpunkt nur zwei einfache Ersatzstäbe zu-
sammengefügt werden, während bei den mehrfach zusammengesetzten Stab-
werken (Abb. 27) an dem jeweiligen Knoten mehrere Ersatzstäbe angeschlossen
sind.

Die nachfolgenden Untersuchungen beschränken sich auf Randwertprobleme.
Eine Kombination von Rand- und Anfangswertaufgaben, die z. B. bei Schwin-
gungen auftreten können, lassen sich durch einfache Überlegungen ebenfalls
erfassen. Auf die Darlegung wird im Rahmen dieser Arbeit verzichtet.

B.VII.2. Kriterien für zusammengesetzte Systeme

Die Kriterien können aus denen, die für einfache Ersatzstabwerke (Abschnitt
B.V.1.) gelten, durch entsprechende Summenbildung hergeleitet werden.

Es werden folgende Bezeichnungen vereinbart:

N $\qquad \hat{=}$ Anzahl der Teilbereiche B.

m_B $\qquad \hat{=}$ Ordnung der Differentialgleichung des Teilbereiches B
und die Anzahl der vorgegebenen Rand- und Über-
gangsbedingungen.

n_B $\qquad \hat{=}$ Anzahl der Intervalle des Teilbereiches B.

$k_B = m_B - 2$ $\qquad \hat{=}$ Anzahl der im Teilbereich B auftretenden Konstanten
K_B bzw. der Randmomente $M_{R,B}{}^u$.

$d_{i,B}, d_{i,B}{}'$ $\qquad \hat{=}$ Anzahl aller im Teilbereich B auftretenden Durchbiegungen $y_{i,B}$ und Drehungen $y_{i,B}{}'$, einschließlich der
Randwerte der Teilbereiche, d. h. die Durchbiegungen
$y_{ü,B}$ und $y_{ü,B+1}$ an der Nahtstelle $ü$ der beiden Bereiche
B und $B+1$ sind also in $d_{i,B}$ und $d_{i,B+1}$ zu berücksichtigen. Entsprechend ist bei den Drehungen $y_{ü,B}{}'$
und $y_{ü,B+1}{}'$ zu verfahren.

$\displaystyle\sum_B a_B; \sum_B a_B{}'; \sum_B a_B{}''; \sum_B a_B{}''' \hat{=}$ Anzahl aller vorgegebenen zugelassenen Rand-,

Kontinuitäts- und Gleichgewichtsbedingungen. Sie sind
vom Typ $y_B, y_B{}', y_B{}'', y_B{}'''$. Bei Linearkombinationen
werden sie dem Typ der höchsten auftretenden Ableitung zugeordnet. Es sei an dieser Stelle darauf hingewiesen, daß in den Knotenpunkten, in denen s Ersatzstäbe angeschlossen sind, jede Übergangsbedingung von
einem ausgewählten Stab zu den anderen als besondere
Bedingung zu berücksichtigen ist. Greifen z. B. in
einem Knoten K $s = 4$ Stäbe an, so bestehen $(s-1) = 3$
Kontinuitätsbedingungen für die Drehung: $y_{s_1}{}' = y_{s_2}{}'$;
$y_{s_1}{}' = y_{s_3}{}'$, $y_{s_1}{}' = y_{s_4}{}'$. Für die 2. Ableitung steht die
Gleichgewichtsbedingung $\pm \sum_B E\,I_B\,y_B{}'' = 0$ zur Verfügung. Für die ideelle Durchbiegung und die 3. Ableitung können für 2 ausgezeichnete senkrecht auf-
einanderstehende Richtungen Verträglichkeitsbedingun-

gen formuliert werden: $y_{s_1} = y_{s_3}$; $y_{s_2} = y_{s_4}$. Dies gilt für den Fall, daß der Stab $s_1 \parallel$ zu s_3 und $s_2 \parallel s_4$ und $s_1 \perp s_2$ ist.

Im übrigen werden alle an einem Knoten auftretenden Bedingungen als Übergangsbedingungen bezeichnet.

$a = \displaystyle\sum_{B=1}^{N} \{a_B + a_B{}' + a_B{}'' + a_B{}'''\} \,\hat{=}$ Summe aller vorgeschriebenen zugelassenen

Bedingungen.

$u_{i,B}, u_{i,B}{}', u_{i,B}{}''$ $\hat{=}$ Anzahl der im Teilbereich B auftretenden unbekannten Durchbiegungen $y_{i,B}$, Neigungen $y_{i,B}{}'$ und Konstanten K_B bzw. Randmomente $M_{R,B}{}^u$.

u_B $\hat{=}$ Summe aller im Teilbereich B auftretenden Unbekannten.

${}^{\Sigma}u_i, {}^{\Sigma}u_i{}', {}^{\Sigma}u_i{}'', {}^{\Sigma}u$ $\hat{=}$ Summe aller Unbekannten des Gesamtsystems. Es gilt ${}^{\Sigma}u_i = \displaystyle\sum_B u_{i,B}$ usw.

$b_{i,B}, b_{i,B}{}'$ $\hat{=}$ Anzahl der zur Verfügung stehenden Bedingungsgleichungen von der Form der Gln. (B.III.51) und (B.III.52).

$b_t = \displaystyle\sum_{B=1}^{N} m_B - a \leqq 2$ $\hat{=}$ Anzahl der für unzulässige Bedingungen zu bildenden

äquivalenten Ersatzbedingungen.

${}^{\Sigma}b = \displaystyle\sum_{B=1}^{N} [b_{i,B} + b_{i,B}{}'] + b_t \,\hat{=}$ Anzahl aller zur Verfügung stehenden Bedingungs-

gleichungen.

Unter Verwendung dieser Bezeichnungen gelten folgende Beziehungen: Anzahl der Unbekannten:

$$ {}^{\Sigma}u \;\; = \sum_{B=1}^{N} [d_{i,B} + d_{i,B}{}' + k_B] - a. \qquad \text{(B.VII.1)} $$

Art der Unbekannten:

$$ {}^{\Sigma}u_i \;\; = \sum_{B=1}^{N} [d_{i,B} - a_B] \qquad \text{(B.VII.2)} $$

$$ {}^{\Sigma}u_i{}' \;\; = \sum_{B=1}^{N} [d_{i,B}{}' - a_B{}'] \qquad \text{(B.VII.3)} $$

$$ {}^{\Sigma}u_i{}'' = \sum_{B=1}^{N} [k_B - (a_B{}'' + a_B{}''')]. \qquad \text{(B.VII.4)} $$

Anzahl der zur Verfügung stehenden Bedingungsgleichungen:

$$ {}^{\Sigma}b \;\; = \sum_{B=1}^{N} [b_{i,B} + b_{i,B}{}'] + b_t. \qquad \text{(B.VII.5)} $$

Art der Bedingungsgleichungen:

$$ {}^{\Sigma}b_i \;\; = \sum_{B=1}^{N} b_{i,B} \qquad \text{(B.VII.6)} $$

$$ {}^{\Sigma}b_i{}' \;\; = \sum_{B=1}^{N} b_{i,B}{}' \qquad \text{(B.VII.7)} $$

$$b_t \;\; = \sum_{B=1}^{N} m_B - a \leqq 2. \tag{B.VII.8}$$

Es sei besonders darauf hingewiesen, daß die Anzahl der zu formulierenden Ersatzbedingungen auch bei zusammengesetzten Tragwerken höchstens zwei sein kann. Es sind dies wiederum Gleichgewichtsbedingungen.

Die Gültigkeit der angegebenen Kriterien ist an die Erfüllung der folgenden Nebenbedingungen gebunden:

$$\sum_{B=1}^{N} a_B \leqq 2\,N; \qquad \sum_{B=1}^{N} a_B{}' \leqq 2\,N; \qquad a \leqq \sum_{B=1}^{N} m_B. \tag{B.VII.9}$$

Zusätzlich sind bei den einzelnen Differentialgleichungen folgende Bedingungen einzuhalten:
Differentialgleichung 2. Ordnung:

$$\sum_{B=1}^{N} [a_B + a_B{}'] \leqq 2\,N; \tag{B.VII.10}$$

Differentialgleichung 4. Ordnung:

$$\sum_{B=1}^{N} a_B{}'' \leqq 2\,N; \qquad \sum_{B=1}^{N} a_B{}''' \leqq N; \qquad \sum_{B=1}^{N} [a_B{}'' + a_B{}'''] \leqq 2\,N. \tag{B.VII.11}$$

Die Differentialgleichung 3. Ordnung wird bei der Aufstellung der Kriterien nicht berücksichtigt, da sie bei den meisten zusammengesetzten Systemen eine untergeordnete Rolle spielt.

Ist eine Differentialgleichung 3. Ordnung dennoch zu berücksichtigen, dann wird sie durch Differenzieren in eine Differentialgleichung 4. Ordnung verwandelt und es wird eine zusätzliche Randbedingung berücksichtigt.

B.VII.2.1. Allgemeiner Fall: $A(x) \neq 0$

Werden die einzelnen Teilbereiche B in jeweils n_B Intervalle unterteilt, dann gilt

$$\begin{aligned} d_{i,\,B} &= n_B + 1; & d_{i,\,B}{}' &= n_B + 1 \\ b_{i,\,B} &= n_B - 1; & b_{i,\,B}{}' &= n_B + 1. \end{aligned} \tag{B.VII.12}$$

Aus den Gln. (B.VII.1—8) ergeben sich daher folgende Zusammenhänge:
Anzahl der Unbekannten:

$$^{\Sigma}u \;\; = \sum_{B=1}^{N} [2\,n_B + m_B] - a. \tag{B.VII.13}$$

Art der Unbekannten:

$$^{\Sigma}u_i \;\; = \sum_{B=1}^{N} [n_B - a_B] + N$$

$$^{\Sigma}u_i{}' \;\; = \sum_{B=1}^{N} [n_B - a_B{}'] + N \tag{B.VII.14}$$

$$^{\Sigma}u_i{}'' = \sum_{B=1}^{N} [m_B - (a_B{}'' + a_B{}''')] - 2\,N.$$

Anzahl der Bedingungsgleichungen:

$$^{z}b \;=\; \sum_{B=1}^{N} [2\,n_B + m_B] - a. \tag{B.VII.15}$$

Art der Bedingungsgleichungen:

Es wird für die virtuelle Belastung der Balken auf 2 Stützen für jeden Teilbereich B unterstellt.

$$^{z}b_i \;=\; \sum_{B=1}^{N} n_B - N$$

$$^{z}b_i{}' \;=\; \sum_{B=1}^{N} n_B + N \tag{B.VII.16}$$

$$b_t \;=\; \sum_{B=1}^{N} m_B - a \leqq 2$$

Bei der Anwendung sind die Nebenbedingungen (B.VII.9), (B.VII.10) und (B.VII.11) zu beachten.

Wird der Kragträger verwendet, dann sind die obigen Gln. (B.VII.16) entsprechend Abschnitt B.V.1.1.2. zu modifizieren.

B.VII.2.2. Sonderfall: $A(x) \equiv 0$ (Abb. 26, 27)

In diesem Fall muß

$$\begin{aligned} d_{i,B} = n_B + 1; \qquad & d_{i,B}{}' = a_B{}' \\ b_{i,B} = n_B - 1; \qquad & b_{i,B}{}' = a_B{}' \end{aligned} \tag{B.VII.17}$$

gesetzt werden, um aus den allgemeinen Kriterien die speziellen zu erhalten.
Anzahl der Unbekannten:

$$^{z}u \;=\; \sum_{B=1}^{N} [n_B + m_B - a_B - a_B{}'' - a_B{}'''] - N. \tag{B.VII.18}$$

Art der Unbekannten:

$$^{z}u_i \;=\; \sum_{B=1}^{N} [n_B - a_B] + N$$

$$^{z}u_i{}' \equiv 0 \tag{B.VII.19}$$

$$^{z}u_i{}'' \;=\; \sum_{B=1}^{N} [m_B - (a_B{}'' + a_B{}''')] - 2\,N.$$

Anzahl der Bedingungsgleichungen:

$$^{z}b \;=\; \sum_{B=1}^{N} [n_B + m_B - a_B - a_B{}'' - a_B{}'''] - N. \tag{B.VII.20}$$

Art der Bedingungsgleichungen:

Die virtuelle Belastung wirkt in allen Teilbereichen B am Balken auf 2 Stützen (Abb. 29).

$$^{z}b_i \;=\; \sum_{B=1}^{N} n_B - N$$

$$^z b_i' = \sum_{B=1}^{N} a_B' \qquad\qquad (\text{B.VII.21})$$

$$b_t = \sum_{B=1}^{N} m_B - a \leqq 2$$

Bezüglich der Bedingungsgleichungen $^z b_i' = \sum^N_{B=1} a_B'$ ist zu bemerken, daß bei ihrer Aufstellung als virtueller Belastungszustand $\mathfrak{M}_i$ das Doppelmoment $\mathfrak{M}_{i_l} = 1$ und $\mathfrak{M}_{i_r} = 1$ zu verwenden ist. Es sei besonders darauf hingewiesen, daß es sich bei dem Doppelmoment um keine Gleichgewichtsgruppe handelt. Dadurch gilt $y_{i_l}' = y_{i_r}'$. Es wäre möglich, die Gleichgewichtsgruppe als Doppelmoment zu wählen. Dann gilt aber $y_{i_l}' + y_{i_r}' = 0$ (Koordinatensystem beachten!).

Bei der Vorgabe einer elastischen Einspannung ist der Hinweis des Abschnittes B.V.1.2.2. zu beachten.

B.VII.2.3. Die vollständigen und unvollständigen Übergangsbedingungen

Die einzelnen Teilbereiche sind dadurch gegeben, daß in ihnen die auftretenden ideellen ursächlichen Momente glatte Kurven sind. Sobald eine Sprung- oder Knickstelle auftritt, endet der eine Teilbereich und ein anderer beginnt. Durch die Übergangsbedingungen, die aus Kontinuitäts- und Gleichgewichtsbedingungen bestehen, werden die einzelnen Teilbereiche miteinander verknüpft. In vielen Fällen ist es nun aber zweckmäßig zwei oder mehrere Teilbereiche zu einem Teilbereich zusammenzufassen. In dem neuen zusammenhängenden Teilbereich braucht das ideelle ursächliche Moment dann weder glatt noch stetig sein. Die abgeleiteten Kriterien behalten bei dem zusammenhängenden Teilbereich aber weiterhin ihre Gültigkeit, wenn sogenannte vollständige Übergangsbedingungen vorliegen. Bei unvollständigen Übergangsbedingungen gelten die Kriterien für die Anzahl und die Art der Unbekannten und der zur Verfügung stehenden Bedingungsgleichungen nicht mehr.

Es sollen nun die vollständigen und unvollständigen Übergangsbedingungen definiert werden. Als vollständig sollen die Übergangsbedingungen bezeichnet werden, wenn bei einer Differentialgleichung m-ter Ordnung über die Funktion und über alle Ableitungen bis zur $(m-1)$-ten Ordnung jeweils eine Aussage an der Übergangsstelle vorliegt (Abb. 26). Bei einer Differentialgleichung 4. Ordnung lauten die vollständigen Übergangsbedingungen z. B. für einen elastisch gestützten Träger:

$$y_{\ddot{u},B} = y_{\ddot{u},B+1};$$
$$y_{\ddot{u},B}' = y_{\ddot{u},B+1}';$$
$$E\,I_{\ddot{u},B}\,y_{\ddot{u},B}'' = E\,I_{\ddot{u},B+1}\,y_{\ddot{u},B+1}''; \qquad (\text{B.VII.22})$$
$$[E\,I_{\ddot{u},B}\,y_{\ddot{u},B}'']' - [E\,I_{\ddot{u},B+1}\,y_{\ddot{u},B+1}'']' = c_{\ddot{u}}\,y_{\ddot{u}}.$$

Ist dies nicht der Fall, dann sollen die Übergangsbedingungen als unvollständig bezeichnet werden. Unvollständige Übergangsbedingungen liegen vor, wenn z. B. der Träger im Punkte $\ddot{u}$ starr gestützt ist (Abb. 26):

$$y_{\ddot{u},B} = 0!; \qquad y_{\ddot{u},B+1} = 0!;$$
$$y_{\ddot{u},B}' = y_{\ddot{u},B+1}'; \qquad (\text{B.VII.23})$$
$$E\,I_{\ddot{u},B}\,y_{\ddot{u},B}'' = E\,I_{\ddot{u},B+1}\,y_{\ddot{u},B+1}''.$$

Im Punkt $\ddot{u}$, der Nahtstelle der Teilbereiche B und $B+1$, liegen also formal 2 Aussagen über die Durchbiegung vor. Werden die Teilbereiche B und $B+1$ als ein zusammengefaßter Teilbereich aufgefaßt, dann muß bei der Anwendung

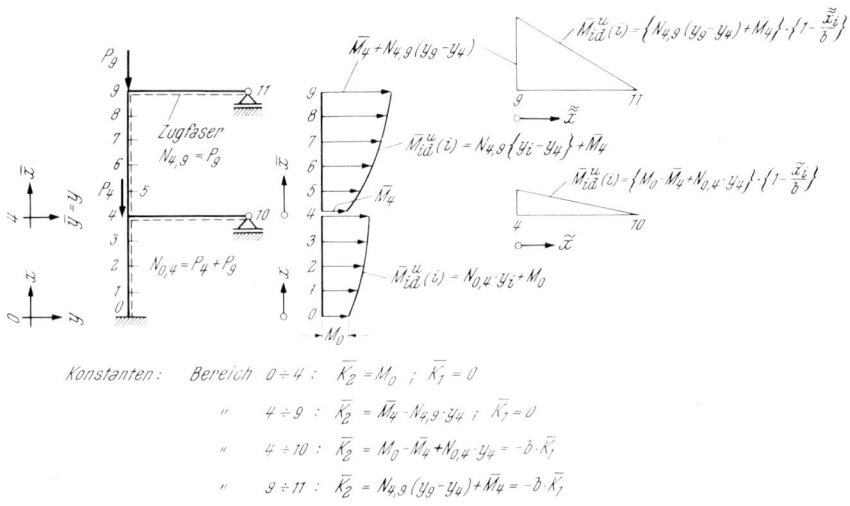

Abb. 28. Ideelle ursächliche Momente $\bar{M}_{id}^{\;u}(i)$: Unbekannte: $y_i\,(i=1,\ldots,9)$; M_0 und $\bar{M}_4$.

der Kriterien für diesen Gesamtteilbereich beachtet werden, daß im Punkte $\ddot{u}$ die Durchbiegung vorgeschrieben ist und sowohl die Anzahl der Unbekannten $^z u$ und $^z u_i$ um eine unbekannte Durchbiegung zu vermindern ist, als auch eine Bedingungsgleichung $^z b_i$ weniger formuliert zu werden braucht. In ähnlicher Weise sind die Kriterien bei der Vorgabe anderer unvollständiger Übergangsbedingungen abzuwandeln.

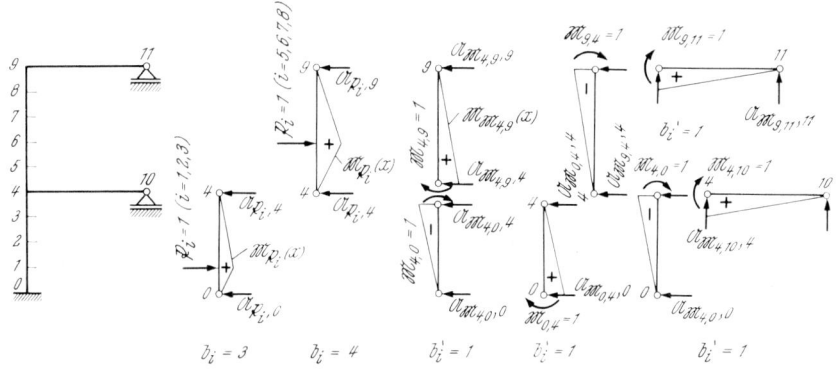

Abb. 29. Die virtuelle Belastung wirkt am Balken auf 2 Stützen — $b_i=7$; $b_i'=4$

Die erforderliche Modifizierung der Kriterien bei unvollständigen Randbedingungen wird in dieser Arbeit nicht im einzelnen verfolgt, da die Anwendung des Ersatzbalkenverfahrens durch den Verzicht auf diese Kriterien keine Beschränkung erfährt.

B.VII.3. Wahl des Ersatztragwerkes — Die ideellen ursächlichen Schnittlasten — Formulierung der Bedingungsgleichungen

Als Ersatztragwerk wird für jeden Teilbereich B der Balken auf 2 Stützen gewählt, an dem die ideellen ursächlichen Schnittlasten in der in den Abschnitten B.II.1. und B.III.1. dargelegten Weise ermittelt werden. Die ideellen ursächlichen Momente sind in diesem Fall glatte Kurven (Abb. 28).

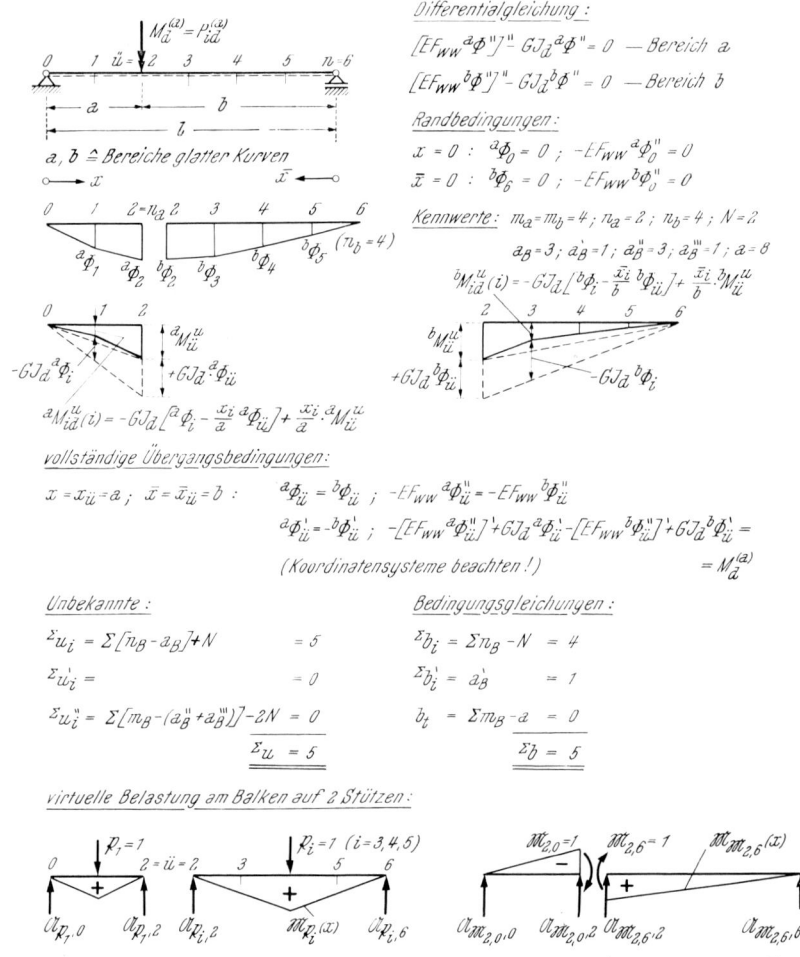

Abb. 30. Einfach zusammenhängendes Ersatztragwerk.
Bei den ideellen ursächlichen Momenten werden die vollständigen Übergangsbedingungen nicht berücksichtigt

Für jeden Teilbereich werden dann die Bedingungsgleichungen entsprechend den Abschnitten B.II.2. und B.III.2. aufgestellt.

Hierzu wird die virtuelle Belastung $\mathfrak{P}_i$ bzw. $\mathfrak{M}_i$ jeweils auf den dem Teilbereich B zugeordneten Ersatzbalken (Balken auf 2 Stützen) aufgebracht (Abb. 29).

Auf die Berücksichtigung der Arbeitsanteile, die infolge der Wirkung der virtuellen Belastung an den ideellen Durchbiegungen und Drehungen entstehen, ist dabei zu achten. Unter Beachtung der vorgeschriebenen Rand- und Übergangsbedingungen können dann die unbekannten Durchbiegungen $y_{i,B}$, Neigungen $y_{i,B}'$ und Randmomente $M_{R,B}''$ berechnet werden.

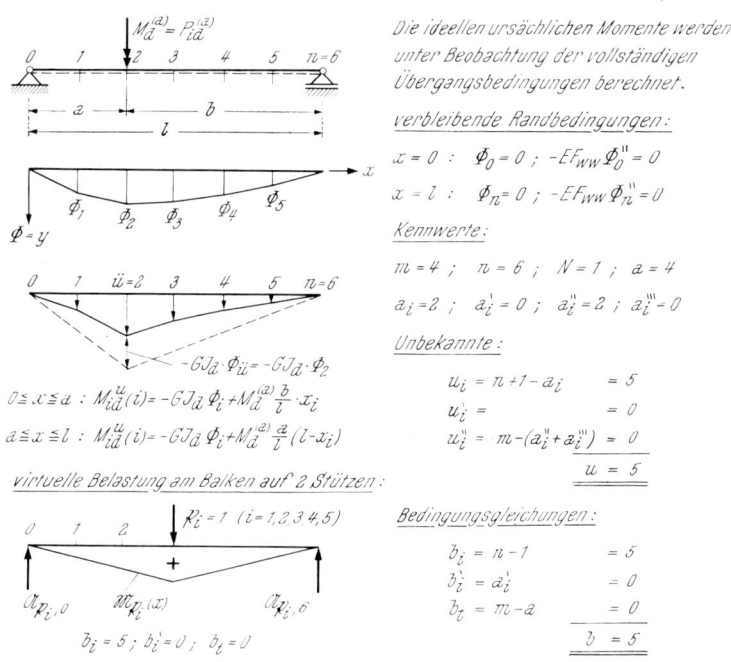

Abb. 31. Einfach zusammenhängendes Ersatztragwerk.
Elimination der vollständigen Übergangsbedingungen

Wenn an einzelnen Nahtstellen die Übergangsbedingungen von vornherein berücksichtigt werden und auf die Voraussetzung, daß die ideellen ursächlichen Momente glatte Kurven sind, verzichtet wird, dann können mehrere Teilbereiche B zu einem Gesamtbereich $\sum B = G$ zusammengefaßt werden. Diesem Bereich G wird dann wiederum ein Balken auf 2 Stützen zugeordnet (Abb. 30, 31).

Grundsätzlich ist es möglich, durch sinngemäße Beachtung aller Rand- und Übergangsbedingungen die ideellen ursächlichen Momente so aufzubereiten, daß sie denen eines statisch gleichwertigen — statisch bestimmten oder statisch unbestimmten — Ersatztragwerkes entsprechen. Neben den unbekannten Durchbiegungen und Neigungen treten dann gerade soviel unbekannte Schnittlasten auf, wie es der statischen Unbestimmtheit des Stabwerkes — im Sinne des Ersatzbalkenverfahrens — entspricht.

Die virtuelle Belastung ($\mathfrak{P}_i, \mathfrak{M}_i$) kann dann auf ein ausgewähltes statisch bestimmtes Hauptsystem aufgebracht werden (Abb. 32).

Bei entsprechenden Randbedingungen kann der Balken auf 2 Stützen oder auch der Kragträger gewählt werden (Abb. 33).

In allen Fällen wird ein derartiges, statisch bestimmtes Ersatztragwerk gewählt, daß sich die Integration über einen jeweils kleinstmöglichen Bereich erstreckt!

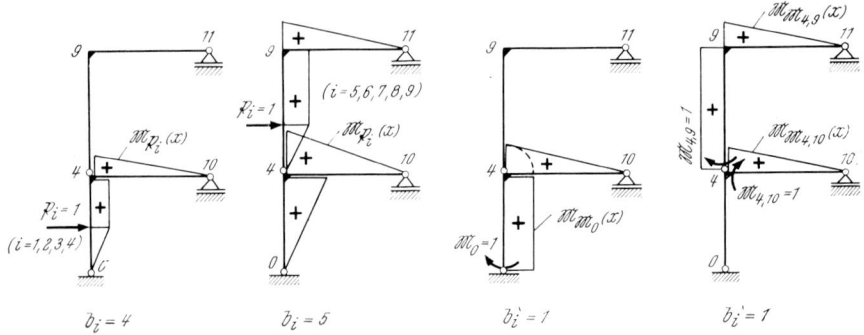

Abb. 32. Die virtuelle Belastung wirkt an einem statisch bestimmten Hauptsystem

Es ist aber zu beachten, daß die mitgeteilten Kriterien für die Anzahl und die Art der Bedingungsgleichungen nur dann Gültigkeit besitzen, wenn die virtuelle

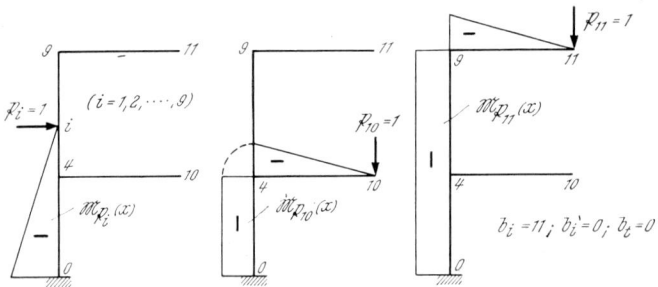

Abb. 33. Die virtuelle Belastung wirkt am Kragträger (Punkt 0 — Einspannung)

Belastung am Balken auf 2 Stützen angreift. Auf die Darstellung von Kriterien für den Kragträger, die sich leicht entwickeln lassen, wird verzichtet.

C. Die Lösung von simultanen Systemen, die aus linearen gewöhnlichen Differentialgleichungen bestehen, mit Hilfe des Ersatzbalkenverfahrens

C.I. Vorbemerkung

Das Anwendungsgebiet des Ersatzbalkenverfahrens erfährt eine wesentliche Erweiterung durch die Möglichkeit, es zur Lösung von simultanen Systemen, die durch die Kombination der linearen gewöhnlichen Differentialgleichungen (Gl. (A.I.1.2) bzw. (B.I.4a, b, c, d)) aufgebaut werden, heranzuziehen. Die Anzahl der abhängigen Variablen, die mit y_ν ($1 \leqq \nu \leqq r$) bezeichnet werden, und die Anzahl r der dem simultanen System angehörenden Gleichungen, die gerade der Anzahl der Variablen entsprechen muß, ist beliebig.

Der Grundgedanke des Ersatzbalkenverfahrens, jeder Differentialgleichung einen Ersatzbalken zuzuordnen, führt bei simultanen Systemen von r Differentialgleichungen zur Untersuchung von r Ersatzstabwerken. Jedem Ersatztragwerk wird dabei eine ausgewählte abhängige Variable zugewiesen, so daß für jede Variable auch gerade ein Ersatzbalken zur Verfügung steht, an dem durch entsprechende Interpretation der abhängigen Variablen und ihrer Ableitungen ideelle Formänderungen und ideelle ursächliche Momente zu berechnen sind.

Da in der jeweiligen einem bestimmten Ersatzbalken zugeordneten Differentialgleichung aber nicht nur die ausgezeichnete abhängige Variable und ihre Ableitungen auftreten, sondern da die Differentialgleichungen im allgemeinen Fall auch die übrigen abhängigen Variablen und ihre Ableitungen enthalten, können bei simultanen Systemen die Ersatztragwerke nicht mehr unabhängig voneinander untersucht werden, wie dies bei der Vorlage einer einzigen Differentialgleichung für den jeweiligen Bereich möglich ist. Diese Abhängigkeit der einzelnen Ersatztragwerke untereinander ergibt sich aus dem bei simultanen Systemen bestehenden Kopplungseffekt.

Die grundsätzlichen Ansätze des Ersatzbalkenverfahrens, die aus den beiden Grundaufgaben der Statik

a) die Berechnung von ideellen ursächlichen Schnittlasten und
b) die Formulierung der Bedingungsgleichungen (Integralgleichungen)

bestehen, behalten unbeschränkt ihre Gültigkeit. In bestimmten Fällen, die noch dargelegt werden, sind bei der Ermittlung der ideellen ursächlichen Momente allerdings zusätzliche Überlegungen anzustellen, um die Anwendung des Ersatzbalkenverfahrens zu sichern (Abschnitte C.II.2, 3.).

Die Aufgabe der weiteren Untersuchungen wird es daher im wesentlichen sein, aufzuzeigen, wie bei beliebigem Aufbau des simultanen Systems die ideellen ursächlichen Momente gewonnen werden können.

Bei der Ermittlung der ideellen ursächlichen Momente können grundsätzlich 3 Fälle unterschieden werden.

1. Normalfall:

In jeder der dem System angehörenden Differentialgleichung zeichnet sich jeweils eine abhängige Variable dadurch aus, daß die höchste auftretende Ableitung dieser Variablen mindestens um eine Ordnung höher ist als die Ableitungen der anderen in dieser Differentialgleichung auftretenden abhängigen Variablen.

Dieser Normalfall liegt z. B. bei der Kippstabilität querbelasteter, prismatischer, offener Druckstäbe mit einfach symmetrischem konstantem Querschnitt vor [11]:

$$E\,I_y\,\xi_M'''' + P\,\xi_M'' - P\,y_S^*\,\varphi'' + (M\,\varphi)'' = 0 \qquad \text{(C.I.1)}$$

$$E\,C_M\,\varphi'''' + (P\,i_M{}^2 - G\,I_d)\,\varphi'' - P\,y_S^*\,\xi_M'' + M\,\xi_M'' - \frac{k_x^*}{I_x}(M\,\varphi')' - p\,v_M\varphi = 0.$$

$$\text{(C.I.2)}$$

Die abhängigen Variablen lauten

$$y_1 \equiv \xi_M \qquad \text{und} \qquad y_2 \equiv \varphi.$$

2. Sonderfall I:

In den einzelnen dem simultanen System angehörenden Differentialgleichungen sind die höchsten Ableitungen von allen oder von einigen abhängigen Variablen von der gleichen Ordnung.

Dieser Sonderfall ergibt sich z. B., wenn das durch die Gln. (C.I.1, 2) aufgezeigte Problem auf ein anderes Koordinatensystem bezogen wird und nicht durch die Verschiebung ξ_M des Schubmittelpunktes M sondern durch die Verschiebung ξ_S des Schwerpunktes S beschrieben wird [11]:

$$E\,I_y\,\xi_S'''' - E\,I_y\,y_M\varphi'''' + P\,\xi_S'' - (M\,\varphi)'' = 0 \qquad \text{(C.I.3)}$$

$$E\,C_M\,\varphi'''' + E\,C_y\,y_M{}^2\varphi'''' - E\,I_y\,y_M\,\xi_S'''' - G\,I_d\varphi'' + p\,i_p{}^2\varphi'' +$$
$$+ r_x(M\,\varphi')' - M\,\xi_S'' - p\,v_S\varphi = 0. \qquad \text{(C.I.4)}$$

Die abhängigen Variablen sind

$$y_1 \equiv \xi_S \qquad \text{und} \qquad y_2 \equiv \varphi.$$

3. Sonderfall II:

In allen dem simultanen System angehörenden Differentialgleichungen soll die Ordnung der höchsten Ableitungen von einer oder mehreren abhängigen Variablen stets niedriger sein als diejenigen der anderen auftretenden abhängigen Variablen.

Dieser Sonderfall liegt z. B. vor, wenn das Torsionsproblem des dünnwandigen offenen Stabes mit unsymmetrischem, veränderlichem Querschnitt behandelt werden soll [12]:

$$+ [E\,F\,\zeta']' - [E\,S_y\,\xi'']' - [E\,S_x\,\eta'']' - [E\,S_\omega\,\Phi'']' = 0 \qquad \text{(C.I.5)}$$

$$- [E\,S_y\,\zeta']'' + [E\,I_y\,\xi'']'' + [E\,I_{x,y}\,\eta'']'' + [E\,I_{\omega x}\,\Phi'']'' = 0 \qquad \text{(C.I.6)}$$

$$- [E\,S_x\,\zeta']'' + [E\,I_{xy}\,\xi'']'' + [E\,I_x\,\eta'']'' + [E\,I_{\omega y}\,\Phi'']'' = 0 \qquad (\text{C.I.7})$$

$$- [E\,S_\omega\,\zeta']'' + [E\,I_{\omega x}\,\xi'']'' + [E\,I_{\omega y}\,\eta'']'' + [E\,I_\omega\,\Phi'']'' - [G\,I_d\,\Phi']' = m(z).$$

$$(\text{C.I.8})$$

Die abhängigen Variablen lauten

$$y_1 \equiv \zeta, \qquad y_2 \equiv \xi, \qquad y_3 \equiv \eta \qquad \text{und} \qquad y_4 \equiv \Phi.$$

Da in der vorliegenden Arbeit nur dargelegt wird, wie die formale Integration der simultanen Systeme erfolgt, muß hinsichtlich der bei den Differentialgleichungen verwendeten Symbolik und Terminologie auf die angegebenen Arbeiten verwiesen werden.

C.II. Die Entwicklung der ideellen ursächlichen Momente bei simultanen Systemen

C.II.1. Der Normalfall

Die charakteristische Form der ν-ten Differentialgleichung $(1 \leqq \nu \leqq r)$ von der m-ten Ordnung, die einem simultanen System von r Differentialgleichungen angehört, lautet im Normalfall

$$\frac{d^{m-2}}{dx^{m-2}}\left[X_{\nu;m}(x)\,\frac{d^2 y_\nu(x)}{dx^2}\right] + \sum_{k=1}^{r}\left[\sum_{i=1}^{m} X_{\nu;m-i,k}(x)\,\frac{d^{m-i}y_k(x)}{dx^{m-i}}\right] + X_{\nu;p}(x) = 0.$$

$$(\text{C.II.1})$$

Dieser Aufbau kann durch entsprechende Transformation — analog zu Abschnitt B.I. — erreicht werden. Im allgemeinen wird bei Aufgaben des Bauingenieurwesens die angegebene Form der Differentialgleichungen vorliegen.

Der zusätzliche Index ν dient zur Kennzeichnung der Differentialgleichung und der ausgezeichneten abhängigen Variablen y_ν. Aus diesem simultanen System der r Differentialgleichungen vom Typ der Gleichung (C.II.1) können die r abhängigen Variablen y_ν $(1 \leqq \nu \leqq r)$ berechnet werden.

Der angeschriebenen ν-ten Differentialgleichung (C.II.1) wird der ν-te Ersatzbalken zugewiesen, der gleichzeitig der abhängigen Variablen y_ν zugeordnet ist. Die ideelle Biegesteifigkeit des ν-ten Ersatzbalkens ist durch die Funktion $X_{\nu;m}(x)$, die verschieden von Null sein muß, gegeben. Durch die bereits im Abschnitt B bei der Untersuchung von einzelnen linearen gewöhnlichen Differentialgleichungen verwendeten Interpretationen der Variablen y_ν und ihrer Ableitungen sind auch alle notwendigen ideellen Formänderungen und ideellen ursächlichen Schnittlasten definiert.

Die Ermittlung der ideellen ursächlichen Momente kann daher im Normalfall direkt vom Abschnitt B übernommen werden. Es ist aber verständlich, daß dieses Moment nun im allgemeinen von allen abhängigen Variablen und von ihren ersten Ableitungen abhängig ist.

Ohne die Allgemeingültigkeit der folgenden Untersuchungen einzuschränken, sollen die Zusammenhänge an einem System von 2 linearen gewöhnlichen Differentialgleichungen 4. Ordnung erläutert werden. Weiterhin wird die allgemeine Darstellung (Gl. (C.II.1)) verlassen und auf die anschaulichere Schreibweise entsprechend den Gln. (B.I.4a, b, c, d) zurückgegriffen. Das System lautet unter diesen Voraussetzungen:

$$[S_1(x)\,y_1''(x)]'' + A_1(x)\,y_1'''(x) + B_1(x)\,y_1''(x) + C_1(x)\,y_1'(x) +$$
$$+ D_1(x)\,y_1(x) + G_2(x)\,y_2'''(x) + H_2(x)\,y_2''(x) + I_2(x)\,y_2'(x) + \qquad \text{(C.II.2a)}$$
$$+ L_2(x)\,y_2(x) + F_1(x) = 0$$

$$[S_2(x)\,y_2''(x)]'' + A_2(x)\,y_2'''(x) + B_2(x)\,y_2''(x) + C_2(x)\,y_2'(x) +$$
$$+ D_2(x)\,y_2(x) + G_1(x)\,y_1'''(x) + H_1(x)\,y_1''(x) + I_1(x)\,y_1'(x) + \qquad \text{(C.II.2b)}$$
$$+ L_1(x)\,y_1(x) + F_2(x) = 0.$$

Es bedeuten

x $\triangleq$ unabhängige Variable (sie wird als Abszisse der beiden Ersatzbalken gedeutet)

$y_1(x)$, $y_2(x)$ $\triangleq$ abhängige Variable (sie werden als ideelle Durchbiegungen gedeutet)

$S_1(x)$ $\triangleq$ ideelle Biegesteifigkeit des y_1-Ersatzbalkens

$S_2(x)$ $\triangleq$ ideelle Biegesteifigkeit des y_2-Ersatzbalkens

$$A_1(x), B_1(x), C_1(x), D_1(x), G_1(x), H_1(x), I_1(x), L_1(x), F_1(x)$$
$$A_2(x), B_2(x), C_2(x), D_2(x), G_2(x), H_2(x), I_2(x), L_2(x), F_2(x)$$

sind beliebige von x abhängige Funktionen.

Wenn entsprechend Abschnitt B.III.1.3. die beiden Differentialgleichungen aufbereitet werden und wahlweise die 2. Darstellung für die Schnittlasten zugrunde gelegt wird, dann ergeben sich folgende ideelle ursächliche Schnittlasten.

1. Ersatzbalken $\triangleq$ y_1-Bereich:

Ideelle Ausgangsbelastung:

$$[S_1(x)\,y_1''(x)]'' = {}_1 p_{id}{}^{(a)}(x, y_1, y_1', y_1'', y_1''', y_2, y_2', y_2'', y_2'''). \qquad \text{(C.II.3)}$$

Ideelle ursächliche Querkraft ${}_1\bar{Q}_{id}{}^u$ in aufbereiteter Form:

$${}_1\bar{Q}_{id}{}^u(x, y_1, y_1', y_2, y_2', M_R{}^u) = -[S_1(x)\,y''(x)]' =$$
$$= A_1(x)\,y_1''(x) + G_2(x)\,y_2''(x) + \{B_1(x) - A_1'(x)\}\,y_1'(x) +$$
$$+ \{H_2(x) - G_2'(x)\}\,y_2'(x) + \{A_1''(x) - B_1'(x) + C_1(x)\}\,y_1(x) +$$
$$+ \{G_2''(x) - H_2'(x) + I_2(x)\}\,y_2(x) - \int [\{A_1'''(x) - B_1''(x) +$$
$$+ C_1'(x) - D_1(x)\}\,y_1(x) - F_1(x)]\,dx -$$
$$- \int [\{G_2'''(x) - H_2''(x) + I_2'(x) - L_2(x)\}\,y_2(x)\,dx + {}_1\bar{K}_1. \qquad \text{(C.II.4)}$$

Ideelles ursächliches Moment ${}_1\bar{M}_{id}{}^u$ in aufbereiteter Form:

$${}_1\bar{M}_{id}{}^u(x, y_1, y_1', y_2, y_2', M_R{}^u) = -[S_1(x)\,y_1''(x)] =$$
$$= A_1(x)\,y_1'(x) + G_2(x)\,y_2'(x) + \{B_1(x) - 2\,A_1'(x)\}\,y_1(x) +$$
$$+ \{H_2(x) - 2\,G_2'(x)\}\,y_2(x) + \int \{3\,A_1''(x) - 2\,B_1'(x) + C_1(x)\}\,y_1(x)\,dx +$$
$$+ \int \{3\,G_2''(x) - H_2'(x) + I_2(x)\}\,y_2(x)\,dx -$$

$$-\int\int \left[\{A_1{}''''(x) - B_1{}''(x) + C_1{}'(x) - D_1(x)\} y_1(x) - F_1(x)\right] dx\, dx -$$

$$-\int\int \{G_2{}''''(x) - H_2{}''(x) + I_2{}'(x) - L_2(x)\} y_2(x)\, dx\, dx + {}_1\bar{K}_1\, x + {}_1\bar{K}_2.$$

(C.II.5)

Die Konstanten ${}_1\bar{K}_1$ und ${}_1\bar{K}_2$ dienen wieder zur Erfüllung von zwei Randbedingungen des y_1-Balkens.

Auch bei simultanen Systemen kann selbstverständlich wieder die im Abschnitt B.IV.2. dargelegte Transformation der Konstanten auf unbekannte Randmomente erfolgen. Weiterhin kann in völliger Übereinstimmung mit den Ausführungen des Abschnittes B.III.1.3. das ideelle ursächliche Moment aus 3 Belastungsfällen aufgebaut werden (Gl. (B.III.37a, b, c)). Wenn die numerische Integration durchgeführt wird, dann kann das ideelle ursächliche Moment auch durch die den 3 Belastungsfällen zugeordneten 3 Ausgangsmomente dargestellt werden (Gl. (B.III.41)), wobei die 3 Ausgangsmomente im allgemeinen wiederum nicht — im Gegensatz zu dem ideellen ursächlichen Moment — den geforderten Randbedingungen entsprechen.

2. Ersatzbalken $\hat{=}$ y_2-Balken:

Die ideellen ursächlichen Schnittlasten für den y_2-Balken ergeben sich aus der Differentialgleichung (C.II.2b) in entsprechender Weise. Die Entwicklung bietet keine neuen Gesichtspunkte und auf ihre Darstellung wird daher verzichtet.

Es muß aber in diesem Zusammenhang darauf hingewiesen werden, daß die für die weiteren Untersuchungen gewählten Intervalle bei beiden Ersatzbalken übereinstimmen müssen.

An 2 einfachen Beispielen soll der Lösungsansatz im einzelnen skizziert werden.

1. Beispiel:

Der zentrisch gedrückte Stab mit einfach-symmetrischem Querschnitt nach Abb. 34 soll auf Biegedrillknicken untersucht werden. Das Problem wird durch die beiden gekoppelten Differentialgleichungen

$$E\, I_y\, \xi_M{}''''(z) + P\, \xi_M{}''(z) - P\, y_S{}^*\, \varphi''(z) = 0 \qquad \text{(C.II.6a)}$$

$$E\, C_M\, \varphi''''(z) + (P\, i_M{}^2 - G\, I_d)\, \varphi''(z) - P\, y_S{}^*\, \xi_M{}''(z) = 0 \qquad \text{(C.II.6b)}$$

beschrieben [11]. An den Stabenden soll Gabellagerung vorgesehen sein, so daß die folgenden 8 Randbedingungen zu beachten sind:

$$z_0 = 0: \qquad \xi_0 = \varphi_0 = \xi_0{}'' = \varphi_0{}'' = 0 \qquad \text{(C.II.7a)}$$

$$z_n = l: \qquad \xi_n = \varphi_n = \xi_n{}'' = \varphi_n{}'' = 0. \qquad \text{(C.II.7b)}$$

Es bedeuten:

$z \hat{=}$ unabhängige Variable (Längenordinate des Balkens).

1. Ersatzbalken: $y_1(z) \hat{=} \xi_M(z) \hat{=}$ ideelle $\hat{=}$ wirkliche Durchbiegung des 1. Ersatzbalkens.

$S_1(z) = E\, I_y \hat{=}$ ideelle $\hat{=}$ wirkliche Biegesteifigkeit des 1. Ersatzbalkens.

2. Ersatzbalken: $y_2(z) \stackrel{\wedge}{=} \varphi(z) \stackrel{\wedge}{=}$ ideelle Durchbiegung des 2. Ersatzbalkens!

$S_2(z) = E\,C_M \stackrel{\wedge}{=}$ ideelle Biegesteifigkeit des 2. Ersatzbalkens!

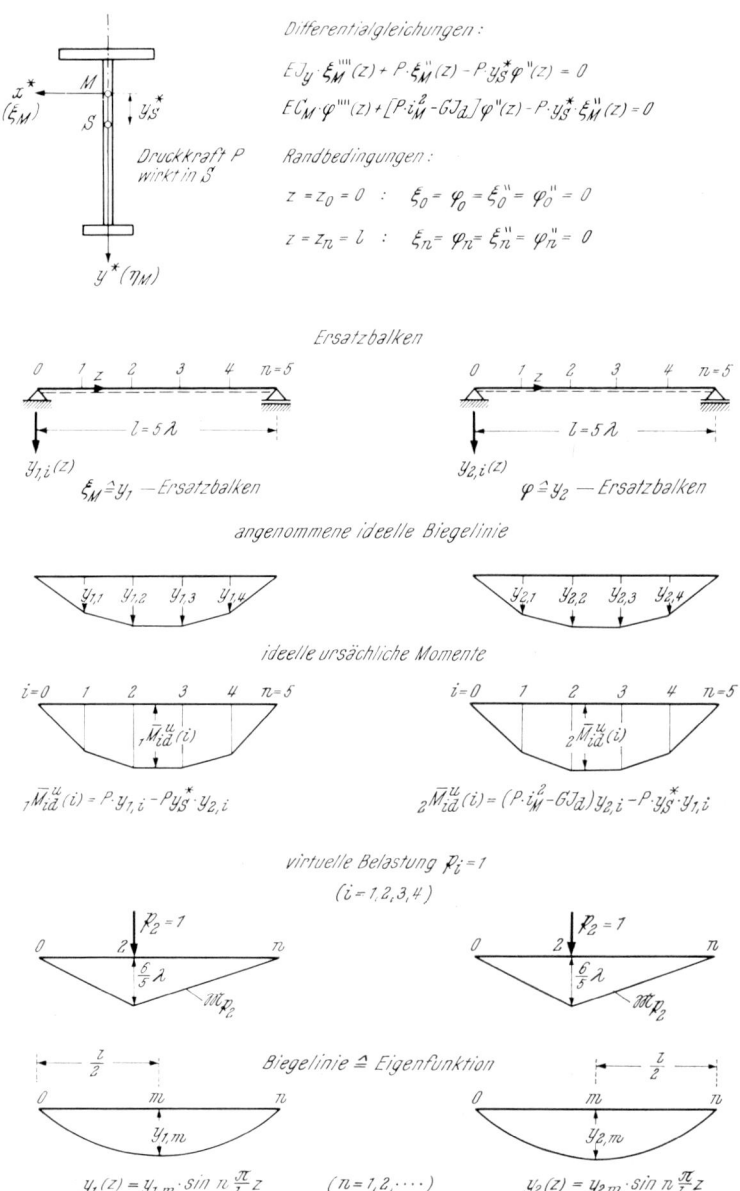

Abb. 34. Biegedrillknicken — simultanes System von 2 Differentialgleichungen 4. Ordnung — Normalfall

Das ideelle ursächliche Moment ergibt sich für den 1. Ersatzbalken aus Gl. (C.II.5) zu:

$$_1\bar{M}_{id}{}^u(i) = P\,y_{1,i} - P\,y_S{}^*\,y_{2,i} + {}_1\bar{K}_1\,z_i + {}_1\bar{K}_2. \tag{C.II.8a}$$

In ähnlicher Weise folgt für den 2. Ersatzbalken

$$_2\bar{M}_{id}{}^u(i) = (P\,i_M{}^2 - G\,I_d)\,y_{2,i} - P\,y_S{}^*\,y_{1,i} + {}_2\bar{K}_1\,z_i + {}_2\bar{K}_2. \tag{C.II.8b}$$

Auf Grund der Randbedingungen (Gln. (C.II.7a, b)) ergeben sich die Konstanten

$$_1\bar{K}_1 = {}_1\bar{K}_2 = {}_2\bar{K}_1 = {}_2\bar{K}_2 = 0.$$

Die ideellen ursächlichen Momente lauten daher

$$_1\bar{M}_{id}{}^u(i) = P\,y_{1,i} - P\,y_s{}^*\,y_{2,i} \tag{C.II.9a}$$

$$_2\bar{M}_{id}{}^u(i) = (P\,i_M{}^2 - G\,I_d)\,y_{2,i} - P\,y_s{}^*\,y_{1,i}. \tag{C.II.9b}$$

Für die Darstellung der polygonalen Momente (Abschnitt B.VI.) werden die Ersatzbalken in n Intervalle unterteilt. Die Anzahl und die Art der Unbekannten und der zur Verfügung stehenden Grundgleichungen ergeben sich aus den in Abschnitt B.V.1. mitgeteilten Kriterien. Werden die Momente infolge der virtuellen Belastung berechnet und die Bedingungsgleichungen (Abschnitt B.III.2., B.V.1.2.2.) formuliert, dann ergibt sich ein homogenes Gleichungssystem, da es sich um ein Eigenwertproblem handelt. Die sich ergebende Nennerdeterminante stellt die Stabilitätsbedingung dar.

Da bei diesem einfachen Problem die Eigenfunktion bekannt ist, wurde der skizzierte Lösungsweg unter Verwendung des polygonalen Momentes nur zur Erläuterung gewählt.

Werden entsprechend Abschnitt B.VI. die Eigenfunktionen verwendet, dann ergibt sich die strenge Lösung. Die Eigenlösungen lauten für den $y_1 \triangleq \xi_M$-Balken

$$y_1(z) = y_{1,m} \cdot \sin n\frac{\pi}{l}z \tag{C.II.10}$$

und für den $y_2 \triangleq \varphi$-Balken

$$y_2(z) = y_{2,m} \cdot \sin n\frac{\pi}{l}z \tag{C.II.11}$$

und liefern die fundamentalen ursächlichen Momente. Werden diese Momente für die Formulierung der Grundgleichungen herangezogen, dann ergibt sich die hinlänglich bekannte Stabilitätsbedingung.

2. Beispiel:

Um die Vielfältigkeit der Anwendungsmöglichkeiten darzulegen, sei als 2. Beispiel die Lösung eines Systems von zwei gekoppelten Differentialgleichungen 2. Ordnung angegeben. Es sollen die Frequenzen der Drillungs- und Dehnungsschwingungen umlaufender Scheiben ermittelt werden [13].

Die Grundgleichungen für stationäre Schwingung lauten (Abb. 35)

$$\psi''(r) + \left\{\frac{b'(r)}{b(r)} + \frac{3}{r}\right\}\psi'(r) + \lambda^2\,\psi(r) + 2\,\frac{\omega}{\alpha_r}\,\lambda^2\,R(r) = 0 \tag{C.II.12a}$$

$$R''(r) + \left\{\frac{b'(r)}{b(r)} + \frac{1}{r}\right\}R'(r) + \left\{\mu^2 + \nu\,\frac{b'(r)}{r\,b(r)} - \frac{1}{r^2}\right\}R(r) + 2\,\frac{\omega}{\alpha}\,r\,\mu^2\,\psi(r) = 0. \tag{C.II.12b}$$

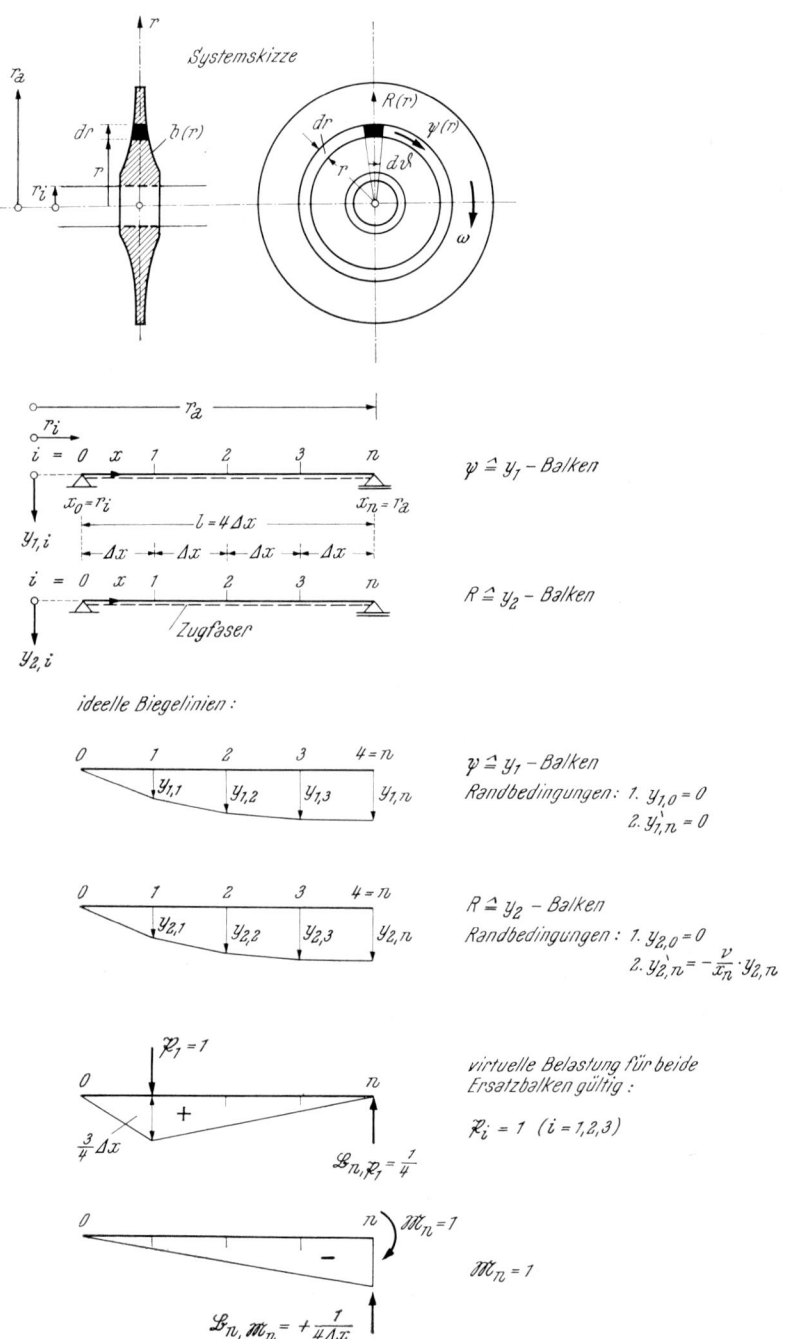

Abb. 35. Dehnungs- und Drillungsschwingungen einer umlaufenden Scheibe — simultanes System von 2 Differentialgleichungen 2. Ordnung — Normalfall

In den Gleichungen (C.II.12a, b) bedeuten:

r = unabhängige Variable

$\psi(r)$ = Amplitude der Drillungsschwingung

$R(r)$ = Amplitude der Dehnungsschwingung

α = gesuchte Frequenz

ω = Drehgeschwindigkeit

$b(r)$ = Profil der Scheibe

$$\left.\begin{array}{l} \lambda^2 = \alpha^2 \dfrac{\gamma}{g\,G} \\[3ex] \mu^2 = \alpha^2 \dfrac{(1-\nu^2)}{E}\dfrac{\gamma}{g} \end{array}\right\} \text{Frequenzzahlen}$$

ν = Querdehnungszahl

γ = spezifisches Gewicht

g = Erdbeschleunigung

E = Elastizitätsmodul

G = Schubmodul.

Da es vor allem um die Anwendung des Verfahrens geht, werden die einfachsten Randbedingungen zugrunde gelegt.

Scheibe *innen* starr eingespannt:

$r = r_i$: (Drehung muß Null sein) $\qquad\qquad \psi_i = 0 \qquad$ (C.II.13a)

(Radialverschiebung muß Null sein) $\qquad R_i = 0 \qquad$ (C.II.13b)

Scheibenrand *frei*:

$r = r_a$: (Schubspannung muß Null sein) $\qquad\qquad \psi_a' = 0 \qquad$ (C.II.14a)

(Normalspannung muß Null sein) $\qquad \dfrac{\nu}{r_a}R_a + R_a' = 0 \qquad$ (C.II.14b)

Selbstverständlich können auch allgemeinere Randbedingungen — wie elastische Bettung auf der Welle und Beschaufelung am Außenrand [13] — Berücksichtigung finden.

Eine allgemeine Lösung der gekoppelten Differentialgleichungen (C.II.12a, b) ist nicht bekannt, so daß bei beliebigem Profilverlauf der Scheibe auf numerische Lösungsmethoden zurückgegriffen werden muß. Die Untersuchung beim Ersatzbalkenverfahren erfolgt durch die Berechnung von 2 statisch bestimmt gelagerten Balken (Abb. 35).

Hierzu werden die Amplituden ψ und R als ideelle Durchbiegungen gedeutet

$$\psi(r) = y_1(x)$$
$$R(r) = y_2(x)$$

und ihnen jeweils ein Ersatzbalken zugeordnet.

Die ideelle Biegesteifigkeit beträgt für die Ersatzsysteme:

$$y_1 - \psi\text{-System}: \qquad S_1(x) = 1$$
$$y_2 - R\text{-System}: \qquad S_2(x) = 1.$$

Entsprechend der Gl. (B.III.2) — bei Beachtung der zusätzlichen Anteile infolge der zweiten abhängigen Variablen — können die ideellen ursächlichen Momente angegeben werden:

$y_1 - \psi$-System:

$$_1\bar{M}_{id}{}^u(i) = \left\{\frac{b'(x_i)}{b(x_i)} + \frac{3}{x_i}\right\} y_1{}'(x_i) + \lambda^2 y_1(x_i) + 2\frac{\omega}{\alpha\, x_i}\lambda^2 y_2(x_i) \qquad \text{(C.II.15a)}$$

$y_2 - R$-System:

$$_2\bar{M}_{id}{}^u(i) = \left\{\frac{b'(x_i)}{b(x_i)} + \frac{1}{x_i}\right\} y_2{}'(x_i) + \left\{\mu^2 + \nu\frac{b'(x_i)}{x_i\, b(x_i)} - \frac{1}{x_i{}^2}\right\} y_2(x_i) + 2\frac{\omega}{\alpha}x_i\mu^2 y_1(x_i).$$

$$\text{(C.II.15b)}$$

Für die weiteren Untersuchungen werden die beiden Ersatzbalken in n Intervalle eingeteilt.

Dabei können die Intervallängen beliebig sein, müssen aber bei beiden Balken übereinstimmen.

Auf Grund der Randbedingungen
im Punkte 0:

$$r_i = x_0: \qquad \psi_i = y_{1,0} = 0$$
$$R_i = y_{2,0} = 0$$

und im Punkte n:

$$r_a = x_n: \qquad \psi_a{}' = y_{1,n}{}' = 0 \qquad\qquad (y_{1,n} \neq 0)$$

$$R_a{}' = -\frac{\nu}{r_a}R_a = -\frac{\nu}{x_n}y_{2,n} = y_{2,n}{}' \qquad (y_{2,n} \neq 0)$$

werden die in Abb. 35 skizzierten Biegelinien für die weitere Berechnung verwendet.

Für die Randpunkte ergeben sich somit die folgenden ursächlichen Momente, wenn von der im Abschnitt B.V.3. dargelegten Einführung von Differenzenquotienten zur Erniedrigung der Ordnung der Gleichungssysteme Gebrauch gemacht wird.

Punkt 0: (Verwendung der vorderen Differenzenquotienten nach Gleichung (B.V.66)).

y_1-Balken:

$$_1\bar{M}_{id}{}^u(0) = \left\{\frac{b'(x_0)}{b(x_0)} + \frac{3}{x_0}\right\}\frac{y_{1,1} - y_{1,0}}{\Delta x} = \left\{\frac{b'(x_0)}{b(x_0)} + \frac{3}{x_0}\right\}\frac{y_{1,1}}{\Delta x} \qquad \text{(C.II.16a)}$$

y_2-Balken:

$$_2\bar{M}_{id}{}^u(0) = \left\{\frac{b'(x_0)}{b(x_0)} + \frac{1}{x_0}\right\}\frac{y_{2,1}}{\Delta x} \qquad\qquad\qquad \text{(C.II.16b)}$$

Punkt n:

y_1-Balken:

$$_1\bar{M}_{id}{}^u(n) = \lambda^2 y_{1,n} + 2\,\frac{\omega}{\alpha\,x_n}\,\lambda^2 y_{2,n} \qquad\qquad\text{(C.II.17a)}$$

y_2-Balken:

$$_2\bar{M}_{id}{}^u(n) = \left\{\frac{b'(x_n)}{b(x_n)} + \frac{1}{x_n}\right\}\left\{-\frac{\nu}{x_n}y_{2,n}\right\} +$$

$$+ \left\{\mu^2 + \nu\,\frac{b'(x_n)}{x_n\,b(x_n)} - \frac{1}{x_n{}^2}\right\}y_{2,n} + 2\,\frac{\omega}{\alpha}\,x_n\mu^2 y_{1,n}. \qquad\text{(C.II.17b)}$$

Für die inneren Teilpunkte erhält man bei Berücksichtigung der zentralen Differenzenquotienten (Gl. (B.V.65)) folgende ideelle ursächliche Momente:

y_1-Balken:

$$_1\bar{M}_{id}{}^u(i) = \left\{\frac{b'(x_i)}{b(x_i)} + \frac{3}{x_i}\right\}\frac{y_{1,i+1} - y_{1,i-1}}{2\,\Delta x} + \lambda^2 y_{1,i} + 2\,\frac{\omega}{\alpha\,x_i}\,\lambda^2 y_{2,i} \qquad\text{(C.II.18a)}$$

y_2-Balken:

$$_2\bar{M}_{id}{}^u(i) = \left\{\frac{b'(x_i)}{b(x_i)} + \frac{1}{x_i}\right\}\frac{y_{2,i+1} - y_{2,i-1}}{2\,\Delta x} +$$

$$+ \left\{\mu^2 + \nu\,\frac{b'(x_i)}{x_i\,b(x_i)} - \frac{1}{x_i{}^2}\right\}y_{2,i} + 2\,\frac{\omega}{\alpha}\,x_i\mu^2 y_{1,i}. \qquad\text{(C.II.18b)}$$

Die $2\,n$ Bedingungsgleichungen ergeben sich sodann durch die Überlagerung der ideellen ursächlichen Momente, die durch die Gln. (C.II.16, 17, 18) gegeben sind, mit den Momenten aus der virtuellen Belastung. Die Hilfszustände sind aus Abb. 35 zu entnehmen. $2(n-1)$ Gleichungen haben die Form (Gl. (B.III.51)), während durch die 2 restlichen Gleichungen die Bedingungen $y_{1,n}' = 0$ und $y_{2,n}' = -(\nu/x_n)\,y_{2,n}$ befriedigt werden müssen (Gl. (B.III.52)).

Es ist in allen Fällen darauf zu achten, daß die Arbeit der Auflagerkräfte infolge der virtuellen Belastung an den ideellen Durchbiegungen $y_{1,n}$ und $y_{2,n}$ berücksichtigt werden.

Da es sich um ein Eigenwertproblem handelt, wird die Matrix homogen und aus der Nennerdeterminante kann die Frequenz α berechnet werden.

C.II.2. Der Sonderfall I

Für den Sonderfall I kann die ν-te Differentialgleichung ($1 \leqq \nu \leqq r$) der m-ten Ordnung in der folgenden Form dargestellt werden:

$$\sum_{k=1}^{r}\left\{\frac{d^{m-2}}{dx^{m-2}}\left[X_{\nu;m,k}(x)\,\frac{d^2 y_k(x)}{dx^2}\right] + \sum_{i=1}^{m} X_{\nu;m-i,k}(x)\,\frac{d^{m-i}y_k(x)}{dx^{m-i}}\right\} + X_{\nu;p}(x) = 0.$$

$$\text{(C.II.19)}$$

Dem simultanen System gehören r Differentialgleichungen vom Typ der Gl. (C.II.19) an. Es muß weiterhin vorausgesetzt werden, daß die Funktion $X_{\nu;m,\nu}(x)$ verschieden von Null ist. Um nicht den Normalfall zu erhalten, muß ferner mindestens in einer Gl. (C.II.19) die Funktion $X_{\nu;m,k\neq\nu}(x) \neq 0$ sein.

Da in allen oder einzelnen der r Differentialgleichungen die höchsten Ableitungen der verschiedenen abhängigen Variablen von der gleichen Ordnung sind, können bei der Darstellung des ideellen ursächlichen Momentes der ν-ten Differentialgleichung

$$_\nu M_{id}{}^u = - X_{\nu;\,m,\,\nu}(x)\,\frac{d^2 y_\nu(x)}{dx^2} \qquad\text{(C.II.20)}$$

die 2. Ableitung der anderen in der ν-ten Gleichung auftretenden abhängigen Variablen y_k $(k \neq \nu)$ nicht mehr analog zu Abschnitt B.III.1. durch partielle Integration beseitigt werden. Um das Ersatzbalkenverfahren aber auch für diese Sonderfälle nutzbar zu machen, werden die Gleichungen umgeformt. Da für die ideellen ursächlichen Momente allgemein gilt:

$$_k M_{id}{}^u = - X_{k;\,m,\,k}(x)\,\frac{d^2 y_k(x)}{dx^2} \qquad\text{(C.II.21)}$$

wird die eckige Klammer der ν-ten Gleichung mit dem Ausdruck $X_{k;\,m,\,k}(x)/X_{k;\,m,\,k}(x)$ erweitert. Damit gilt für die Gl. (C.II.19)

$$\sum_{k=1}^{r} \left\{ \frac{d^{m-2}}{dx^{m-2}} \left[- \frac{X_{\nu;\,m,\,k}(x)}{X_{k;\,m,\,k}(x)} \left(- X_{k;\,m,\,k}(x)\,\frac{d^2 y_k(x)}{dx^2} \right) \right] + \right.$$
$$\left. + \sum_{i=1}^{m} X_{\nu;\,m-i,\,k}(x)\,\frac{d^{m-i} y_k(x)}{dx^{m-i}} \right\} + X_{\nu;\,p}(x) = 0. \qquad\text{(C.II.22)}$$

Wird die Gl. (C.II.21) beachtet, dann ergibt sich für die ν-te Differentialgleichung

$$\sum_{k=1}^{r} \left\{ \frac{d^{m-2}}{dx^{m-2}} \left[- \frac{X_{\nu;\,m,\,k}(x)}{X_{k;\,m,\,k}(x)}\,_k M_{id}{}^u \right] + \sum_{i=1}^{m} X_{\nu;\,m-i,\,k}(x)\,\frac{d^{m-i} y_k(x)}{dx^{m-i}} \right\} + X_{\nu;\,p}(x) = 0$$
$$\text{(C.II.23)}$$

Wird die Gl. (C.II.23) derart umgeformt, so daß die Ausdrücke, die die ideellen ursächlichen Momente enthalten, allein auf der linken Seite stehen, dann lautet die Gl. (C.II.23)

$$\sum_{k=1}^{r} \frac{d^{m-2}}{dx^{m-2}} \left[\frac{X_{\nu;\,m,\,k}(x)}{X_{k;\,m,\,k}(x)}\,_k M_{id}{}^u \right] = \sum_{k=1}^{r} \sum_{i=1}^{m} X_{\nu;\,m-i,\,k}(x)\,\frac{d^{m-i} y_k(x)}{dx^{m-i}} + X_{\nu;\,p}(x). $$
$$\text{(C.II.24)}$$

Wird nun entsprechend Abschnitt B.III.1. die zweimalige partielle Integration angewendet, so ergibt sich für die ν-te Gleichung

$$\sum_{k=1}^{r} \frac{X_{\nu;\,m,\,k}(x)}{X_{k;\,m,\,k}(x)}\,_k M_{id}{}^u = \int\limits_x \int\limits_x \left[\sum_{k=1}^{r} \sum_{i=1}^{m} X_{\nu;\,m-i,\,k}(x)\,\frac{d^{m-i} y_k(x)}{dx^{m-i}} + \right.$$
$$\left. + X_{\nu;\,p}(x) \right] dx\,dx + {}_\nu K_1\,x + {}_\nu K_2. \qquad\text{(C.II.25)}$$

Die rechte Seite der Gl. (C.II.25) enthält nur noch die abhängigen Variablen $y_k(x)$, ihre ersten Ableitungen $y_k{}'(x)$ und fallweise auch unbekannte Randmomente $_\nu M_R{}^u$, die durch die Transformation der Konstanten $_\nu K_1$ und

$_vK_2$ entsprechend Abschnitt B.IV.2. auftreten, wenn die Randbedingungen nicht die sofortige Berechnung der Konstanten gestatten.

Wird für alle Ersatzbalken die gleiche Intervallteilung gewählt und vorausgesetzt, daß in $s \leq r$ der r Differentialgleichungen die Funktionen $X_{v;m,k}(x) \neq 0$ sind, dann können aus der entstehenden Matrix von der Ordnung s die s ideellen ursächlichen Momente berechnet werden, wodurch es gelungen ist, in dem Ausdruck für das v-te ideelle ursächliche Moment die 2. Ableitung der anderen abhängigen Variablen zu eliminieren. Die restlichen ideellen ursächlichen Momente (Anzahl: $r - s$) können in der üblichen Weise ermittelt werden, da voraussetzungsgemäß in den zugeordneten Gleichungen nur die Funktion $X_{v;m,v}(x) \neq 0$ ist.

Nachdem für jeden Ersatzbalken die ideellen ursächlichen Momente bekannt sind, können die weiteren Untersuchungen, insbesondere die Aufstellung der Bedingungsgleichungen, in der üblichen Weise geführt werden.

Die aufgezeigten Zusammenhänge werden am Beispiel des bereits im Abschnitt C.II.1. behandelten zentrisch gedrückten Stabes mit einfach-symmetrischem Querschnitt erläutert. Wenn anstelle der Verschiebung ξ_M des Schubmittelpunktes M als abhängige Variable die Verschiebung ξ_S des Schwerpunktes S verwendet und ein Koordinatensystem gewählt wird, dessen Ursprung im Schwerpunkt S liegt (Abb. 36), dann kann dieses Problem auch durch die beiden gekoppelten Differentialgleichungen

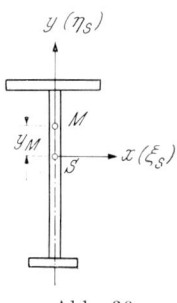

Abb. 36

$$E\,I_y\,\xi_S{}''''(z) - E\,I_y\,y_M\,\varphi''''(z) + P\,\xi_S{}''(z) = 0 \quad \text{(C.II.26a)}$$

$$[E\,C_M + E\,I_y\,y_M{}^2]\,\varphi''''(z) - E\,I_y\,y_M\,\xi_S{}''''(z) + [P\,i_p{}^2 - G\,I_d]\,\varphi''(z) = 0 \quad \text{(C.II.26b)}$$

beschrieben werden. Die Randbedingungen lauten

$$z_0 = 0: \qquad \xi_{S,0} = \varphi_0 = 0; \qquad E\,I_y\,\xi_{S,0}{}'' - E\,I_y\,y_M\,\varphi_0{}'' = 0$$
$$[E\,C_M + E\,I_y\,y_M{}^2]\,\varphi_0{}'' - E\,I_y\,y_M\,\xi_{S,0}{}'' = 0. \qquad \text{(C.II.27a)}$$

$$z_n = l: \qquad \xi_{S,n} = \varphi_n = 0; \qquad E\,I_y\,\xi_{S,n}{}'' - E\,I_y\,y_M\,\varphi_n{}'' = 0$$
$$[E\,C_M + E\,I_y\,y_M{}^2]\,\varphi_n{}'' - E\,I_y\,y_M\,\xi_{S,n}{}'' = 0. \qquad \text{(C.II.27b)}$$

Entsprechend Gl. (C.II.21) werden als ideelle ursächliche Momente der beiden Ersatzbalken definiert:

$$_\xi M_{id}{}^u(i) = {}_1M_{id}{}^u(i) = -E\,I_y\,\xi_{S,i}{}'' \qquad \text{(C.II.28a)}$$

$$_\varphi M_{id}{}^u(i) = {}_2M_{id}{}^u(i) = -E\,C_M\,\varphi_i{}''. \qquad \text{(C.II.28b)}$$

Wenn die Gln. (C.II.26a, b) unter Verwendung der Gln. (C.II.27a, b) in die Form der Gl. (C.II.24) gekleidet werden, dann gilt

$$+ \left[{}_1M_{id}{}^u(i)\right]'' - \frac{I_y\,y_M}{C_M}\left[{}_2M_{id}{}^u(i)\right]'' = P\,\xi_{S,i}{}''; \qquad \text{(C.II.29a)}$$

$$- y_M\left[{}_1M_{id}{}^u(i)\right]'' + \left[1 + \frac{I_y\,y_M{}^2}{C_M}\right]\left[{}_2M_{id}{}^u(i)\right]'' = [P\,i_p{}^2 - G\,I_d]\,\varphi_i{}''. \qquad \text{(C.II.29b)}$$

Aus den Gln. (C.II.29a, b) ergibt sich nach zweimaliger Integration

$$+ {}_1 M_{id}{}^u(i) - \frac{I_y\, y_M}{C_M}\, {}_2 M_{id}{}^u(i) = P\, \xi_{S,i} + {}_1 K_1\, z + {}_1 K_2 \qquad \text{(C.II.30a)}$$

$$- y_M\, {}_1 M_{id}{}^u(i) + \left[1 + \frac{I_y\, y_M{}^2}{C_M} \right] {}_2 M_{id}{}^u(i) = [P\, i_p{}^2 - G\, I_d]\, \varphi_i + {}_2 K_1\, z + {}_2 K_2.$$

$$\text{(C.II.30b)}$$

Auf Grund der Randbedingungen (C.II.27a, b) sind alle Konstanten identisch Null:

$${}_1 K_1 = {}_1 K_2 = {}_2 K_1 = {}_2 K_2 = 0. \qquad \text{(C.II.31)}$$

Damit können aus den Gln. (C.II.30a, b) die ideellen ursächlichen Momente unabhängig voneinander dargestellt werden

$${}_1 M_{id}{}^u(i) = P \left\{ 1 + \frac{I_y\, y_M{}^2}{C_M} \right\} \xi_{S,i} + \frac{I_y\, y_M}{C_M} \{ P\, i_p{}^2 - G\, I_d \}\, \varphi_i \qquad \text{(C.II.32a)}$$

$${}_2 M_{id}{}^u(i) = P\, y_M\, \xi_{S,i} + \{ P\, i_p{}^2 - G\, I_d \}\, \varphi_i. \qquad \text{(C.II.32b)}$$

Dem Moment ${}_1 M_{id}{}^u(i)$ ist der ξ_S-Balken mit der Biegesteifigkeit $E\, I_y$ und dem ideellen ursächlichen Moment ${}_2 M_{id}{}^u(i)$ ist der φ-Balken mit der ideellen Biegesteifigkeit $E\, C_M$ zugeordnet. Auf die beiden in n Intervalle eingeteilten Balken wird die virtuelle Belastung (hier nur $\mathfrak{P}_i = 1$; $i = 1, 2, 3, \ldots, (n-1)$) aufgebracht und unter Verwendung der resultierenden Momente aus der virtuellen Belastung können für jeden Balken $(n-1)$ Grundgleichungen (B.III.51) entwickelt werden. Aus diesen $2(n-1)$ Grundgleichungen ergibt sich eine homogene Matrix, aus der die Eigenwerte berechnet werden können.

Es sei darauf hingewiesen, daß die Verwendung der für diese Aufgabe bekannten Eigenfunktionen

$$\xi_S(z) = \xi_{S,m} \sin n\, \frac{\pi}{l}\, z \qquad \text{(C.II.33a)}$$

$$\varphi(z) = \varphi_m \sin n\, \frac{\pi}{l}\, z \qquad \text{(C.II.33b)}$$

bei der Darstellung der ideellen ursächlichen Momente ${}_k M_{id}{}^u$ zur strengen Lösung führt.

C.II.3. Der Sonderfall II

Die ν-te Differentialgleichung ($1 \leqq \nu \leqq r_2$) der m-ten Ordnung dieses Sonderfalles kann durch die folgende Gleichung dargestellt werden

$$\sum_{k=1}^{r_1} \left[\frac{d^{m-2}}{dx^{m-2}} \left\{ X_{\nu;\, m,\, k}(x)\, \frac{d^2 y_k(x)}{dx^2} \right\} + \sum_{i=1}^{m} X_{\nu;\, m-i,\, k}(x)\, \frac{d^{m-i} y_k(x)}{dx^{m-i}} \right] +$$

$$+ \sum_{t=r_1+1}^{r_2} \left[\frac{d^{m-2}}{dx^{m-2}} \left\{ X_{\nu;\, m,\, t}(x)\, \frac{d y_t(x)}{dx} \right\} + \qquad \text{(C.II.34)} \right.$$

$$+ \sum_{i=2}^{m} X_{\nu;\, m-i,\, t}(x)\, \frac{d^{m-i} y_t(x)}{dx^{m-i}} \right] + X_{\nu;\, p}(x) = 0.$$

In allen oder wenigstens in einer Gleichung müssen gleichzeitig $X_{v;m,k}(x) \neq 0$ und $X_{v;m,t}(x) \neq 0$ sein, da sonst entweder der Normalfall oder der Sonderfall I vorliegt.

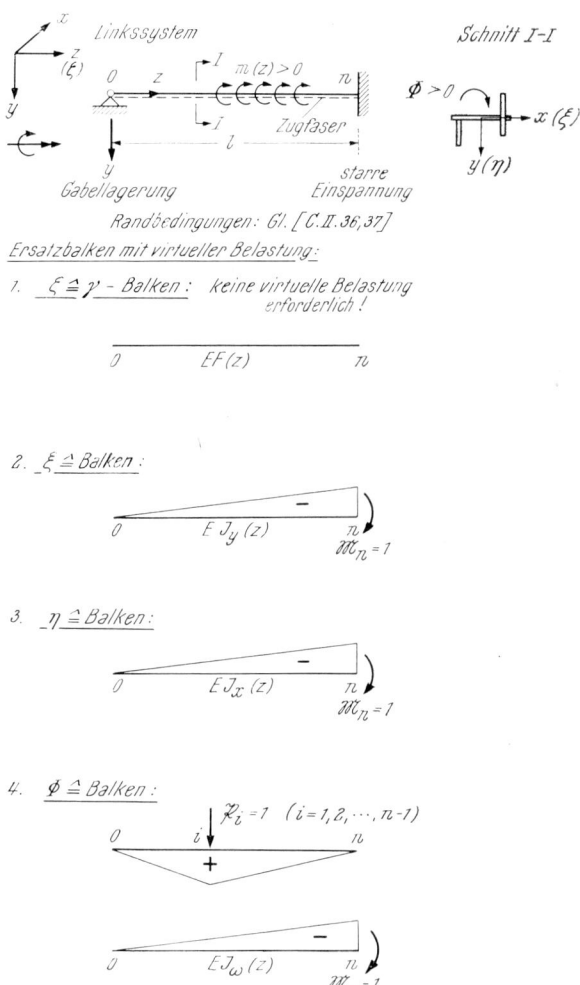

Abb. 37. Verdrehungsbeanspruchter, dünnwandiger, offener Stab mit unsymmetrischem, veränderlichem Querschnitt — simultanes System von 3 Differentialgleichungen 4. Ordnung und einer Differentialgleichung 3. Ordnung — Sonderfall II

Der Sonderfall II führt zunächst bei der Ermittlung der ideellen ursächlichen Momente zu einer formalen Schwierigkeit, da der Ausdruck $X_{v;m,t}(x)\,(dy_t(x)/dx)$ nicht als Moment interpretiert werden kann.

Dieser Engpaß kann aber durch die Einführung einer neuen Veränderlichen $\tilde{y}_t(x)$ beseitigt werden. Wird — wie bei der Differentialgleichung 1. Ordnung (Abschnitt B.I.1.) — substituiert

$$y_t(x) = \frac{d\tilde{y}_t(x)}{dx} \tag{C.II.35a}$$

$$\frac{dy_t(x)}{dx} = \frac{d^2\tilde{y}_t(x)}{dx^2}, \tag{C.II.35b}$$

dann ergibt sich entweder der Normalfall oder der Sonderfall I, womit auch der Sonderfall II grundsätzlich gelöst werden kann.

Die Anwendung soll an dem im Abschnitt C.I. mitgeteilten simultanen System (Gln. (C.I.5—8)) dargelegt werden, durch das die Beanspruchung des dünnwandigen offenen Stabes mit unsymmetrischem, veränderlichem Querschnitt infolge Torsion ermittelt werden kann (Abb. 37).

Bei der Untersuchung soll den folgenden Randbedingungen Rechnung getragen werden:

Am Stabanfang, $z = z_0 = 0$, ist die sogenannte Gabellagerung vorgesehen. Der Endquerschnitt kann sich somit frei drehen und frei verwölben.

Formal ergeben sich daher nachstehende Randbedingungen:

$$\xi_0 = \eta_0 = \Phi_0 = 0 \tag{C.II.36a}$$

$$N(z_0) = E\,F(0)\,\zeta_0{}' - E\,S_y(0)\,\xi_0{}'' - E\,S_x(0)\,\eta_0{}'' - E\,S_\omega(0)\,\Phi_0{}'' = 0 \tag{C.II.36b}$$

$$M_x(z_0) = -E\,S_y(0)\,\varphi_0{}' + E\,I_y(0)\,\xi_0{}'' + E\,I_{xy}(0)\,\eta_0{}'' + E\,I_{\omega x}(0)\,\Phi_0{}'' = 0 \tag{C.II.36c}$$

$$M_y(z_0) = +E\,S_x(0)\,\zeta_0{}' - E\,I_{xy}(0)\,\xi_0{}'' - E\,I_x(0)\,\eta_0{}'' - E\,I_{\omega y}(0)\,\Phi_0{}'' = 0 \tag{C.II.36d}$$

$$M_\omega(z_0) = +E\,S_\omega(0)\,\zeta_0{}' - E\,I_{\omega x}(0)\,\xi_0{}'' - E\,I_{\omega y}(0)\,\eta_0{}'' - E\,I_\omega(0)\,\Phi_0{}'' = 0. \tag{C.II.36e}$$

Das andere Ende des Stabes $(z = z_n = l)$ soll starr eingespannt und vollkommen wölbbehindert sein. Für diese Lagerungsbedingungen gilt:

$$\zeta_n = \xi_n = \eta_n = \Phi_n = 0 \tag{C.II.37a}$$

$$\xi_n{}' = \eta_n{}' = \Phi_n{}' = 0. \tag{C.II.37b}$$

Um die Anwendung des Ersatzbalkenverfahrens zu sichern, wird entsprechend Gl. (C.II.35) substituiert:

$$\zeta(z) = \gamma'(z); \qquad \zeta'(z) = \gamma''(z). \tag{C.II.38}$$

Werden weiterhin folgende Ausdrücke als ideelle ursächliche Momente definiert

$$_\varphi M_{id}{}^u(z) = -E\,F(z)\,\gamma''(z) \tag{C.II.39a}$$

$$_\xi M_{id}{}^u(z) = -E\,I_y(z)\,\xi''(z) \tag{C.II.39b}$$

$$_\eta M_{id}{}^u(z) = -E\,I_x(z)\,\eta''(z) \tag{C.II.39c}$$

$$_\Phi M_{id}{}^u(z) = -E\,I_\omega(z)\,\Phi''(z) \tag{C.II.39d}$$

und diese Momente in die Gln. (C.I.5—8) eingesetzt, dann ergibt sich nach einmaliger Integration der Gl. (C.I.5) und nach zweimaliger Integration der Gln. (C.I.6—8) das nachstehende Gleichungssystem:

$$- {}_\gamma M_{id}{}^u(z) + \frac{S_y(z)}{I_y(z)} {}_\xi M_{id}{}^u(z) + \frac{S_x(z)}{I_x(z)} {}_\eta M_{id}{}^u(z) + \frac{S_\omega(z)}{I_\omega(z)} {}_\Phi M_{id}{}^u(z) = - {}_\gamma K_1$$

$$+ \frac{S_y(z)}{F(z)} {}_\gamma M_{id}{}^u(z) - {}_\xi M_{id}{}^u(z) - \frac{I_{xy}(z)}{I_x(z)} {}_\eta M_{id}{}^u(z) - \frac{I_{\omega z}(z)}{I_\omega(z)} {}_\Phi M_{id}{}^u(z) = - {}_\xi K_1 z - {}_\xi K_2$$

$$+ \frac{S_x(z)}{F(z)} {}_\gamma M_{id}{}^u(z) - \frac{I_{xy}(z)}{I_y(z)} {}_\xi M_{id}{}^u(z) - {}_\eta M_{id}{}^u(z) -$$

$$\qquad\qquad (\text{C.II.40a–d})$$

$$- \frac{I_{\omega y}(z)}{I_\omega(z)} {}_\Phi M_{id}{}^u(z) = - {}_\eta K_1 z - {}_\eta K_2$$

$$+ \frac{S_\omega(z)}{F(z)} {}_\gamma M_{id}{}^u(z) - \frac{I_{\omega x}(z)}{I_y(z)} {}_\xi M_{id}{}^u(z) - \frac{I_{\omega y}(z)}{I_x(z)} {}_\eta M_{id}{}^u(z) - {}_\Phi M_{id}{}^u(z) =$$

$$= - {}_\Phi K_1 z - {}_\Phi K_2 + G I_d(z) \Phi(z) - \int\limits_z G I_d{}'(z) \Phi(z)\, dz + \int\limits_z \int\limits_z m(z)\, dz\, dz.$$

Damit ist das Gleichungssystem für die ideellen ursächlichen Momente gefunden. Bevor an die Lösung herangegangen wird, werden die Konstanten, soweit dies möglich ist, bestimmt. Auf Grund der Randbedingungen (C.II.36b, c, d, e) gilt

$$ {}_\gamma K_1 = {}_\xi K_2 = {}_\eta K_2 = {}_\Phi K_2 = 0, \qquad\qquad (\text{C.II.41})$$

während die 3 Konstanten ${}_\alpha K_1$ ($\alpha = \xi, \eta, \Phi$) als Unbekannte im Ansatz verbleiben.

Wird die Systemdeterminante mit $N(z)$ bezeichnet, die nur von den Querschnittswerten des jeweils betrachteten Teilpunktes i abhängig ist, und wird für die den einzelnen Momenten ${}_\alpha M_{id}{}^u$ zugeordnete Zählerdeterminante der Ausdruck ${}_\alpha Z(z, \Phi, {}_\alpha K_1)$ vereinbart, dann können die ideellen ursächlichen Momente in der folgenden Art dargestellt werden

$$ {}_\gamma M_{id}{}^u(z, \Phi, \sum K_1) = \frac{{}_\gamma Z(z, \Phi, {}_\alpha K_1)}{N(z)} \qquad\qquad (\text{C.II.42a})$$

$$ {}_\xi M_{id}{}^u(z, \Phi, \sum K_1) = \frac{{}_\xi Z(z, \Phi, {}_\alpha K_1)}{N(z)} \qquad\qquad (\text{C.II.42b})$$

$$ {}_\eta M_{id}{}^u(z, \Phi, \sum K_1) = \frac{{}_\eta Z(z, \Phi, {}_\alpha K_1)}{N(z)} \qquad\qquad (\text{C.II.42c})$$

$$ {}_\Phi M_{id}{}^u(z, \Phi, \sum K_1) = \frac{{}_\Phi Z(z, \Phi, {}_\alpha K_1)}{N(z)}. \qquad\qquad (\text{C.II.42d})$$

Die ideellen ursächlichen Momente sind bei n Intervallen von $(n-1)$ unbekannten ideellen Durchbiegungen $\Phi_i = (i = 1, 2, 3, \ldots, n-1)$, die der Verdrehung des Stabes entsprechen, und von den 3 Konstanten ${}_\alpha K_1({}_\xi K_1, {}_\eta K_1, {}_\Phi K_1)$ abhängig. Um diese $[(n-1) + 3]$ unbekannten Größen berechnen zu können, wird den einzelnen Momenten ${}_\alpha M_{id}{}^u$ jeweils der Ersatzbalken α mit der ideellen Biegesteifigkeit ${}_\alpha S(z)$ zugewiesen. Im einzelnen gilt

$$\gamma\text{-Balken:}\quad _\gamma M_{id}{}^u(z) - {}_\gamma S(z) = E\,F(z) \qquad\qquad \text{(C.II.43a)}$$

$$\xi\text{-Balken:}\quad _\xi M_{id}{}^u(z) - {}_\xi S(z) = E\,I_y(z) \qquad\qquad \text{(C.II.43b)}$$

$$\eta\text{-Balken:}\quad _\eta M_{id}{}^u(z) - {}_\eta S(z) = E\,I_x(z) \qquad\qquad \text{(C.II.43c)}$$

$$\Phi\text{-Balken:}\quad _\Phi M_{id}{}^u(z) - {}_\Phi S(z) = E\,I_\omega(z). \qquad\qquad \text{(C.II.43d)}$$

Für die eindeutige Berechnung der Unbekannten sind folgende virtuelle Belastungen für die einzelnen Ersatzbalken zu wählen:

Φ-Balken: Für die $(n-1)$ inneren Teilpunkte ist die virtuelle Belastung $\mathfrak{P}_i = 1$ anzusetzen. Für den Randpunkt n gilt der Hilfsangriff $\mathfrak{M}_i = 1$.

η-Balken: Am Randpunkt n greift das Moment $\mathfrak{M}_n = 1$ an.

ξ-Balken: Die virtuelle Belastung besteht aus dem Hilfsmoment $\mathfrak{M}_n = 1$.

$\gamma - (\zeta)$-Balken: An diesem Ersatztragwerk ist keine virtuelle Belastung anzubringen, da die ideellen ursächlichen Momente der Φ, η, ξ-Ersatzbalken von keiner unbekannten Größe abhängen, die dem γ-Balken zugeordnet ist. (Diese Unabhängigkeit ergibt sich aus den vorgeschriebenen Randbedingungen und sie weist darauf hin, daß unter Verwendung der Beziehung

$$E\,F(z)\,\zeta'(z) = E\,S_y(z)\,\xi''(z) + E\,S_x(z)\,\eta''(z) + E\,S_\omega(z)\,\Phi''(z) \qquad \text{(C.II.44)}$$

die abhängige Variable $\zeta(z)$ aus den Gln. (C.I.6—8) eliminiert werden kann, ohne die Ordnung dieser Differentialgleichung zu erhöhen. Damit entsteht ein System von 3 Differentialgleichungen. Diese Reduktion des Systems wird hier bewußt nicht vorgenommen, da das neue simultane System dann von vornherein — ohne Substitution — den Sonderfall I beinhalten würde.)

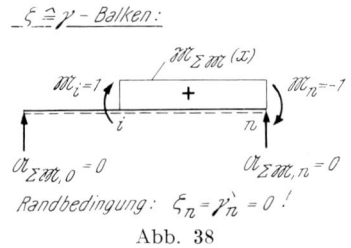

$\underline{\xi \hateq \gamma - Balken:}$

Randbedingung: $\zeta_n = \gamma'_n = 0$!

Abb. 38

Nachdem die Momente infolge der ursächlichen und der virtuellen Belastung bekannt sind, können die Grundgleichungen ($b_i = n - 1$; $b_i' = 3$) formuliert werden und aus dem entstehenden inhomogenen Gleichungssystem können die $(n-1) - \Phi_i$-Werte und die 3 Konstanten $_\alpha K_1$ berechnet werden. Werden die Werte in die ideellen ursächlichen Momente eingesetzt, so sind diese eindeutig bestimmt und alle weiteren Größen, denen bei dem vorgelegten Problem eine mechanische Bedeutung zukommt, können an den einzelnen Ersatzbalken ermittelt werden.

In diesem Zusammenhang sei noch darauf hingewiesen, daß durch die vorgenommene Substitution (Gl. (C.II.38)) der Verschiebung $\zeta(z)$ die Neigung $\gamma'(z)$ des γ-Balkens zugeordnet ist. Da über die ideellen Durchbiegungen γ keine Aussagen gemacht werden können, sind die virtuellen Belastungen $\sum \mathfrak{M}$ des γ-Balkens zur Berechnung der Verschiebungen $\zeta(z) = \gamma'(z)$ so zu wählen, daß die Auflagerkräfte $\mathfrak{A}_{\Sigma\mathfrak{M},0}$ und $\mathfrak{A}_{\Sigma\mathfrak{M},n}$ Null sind, damit in den Gleichungen die nicht definierten Randwerte γ_0 und γ_n vermieden werden (Abb. 38).

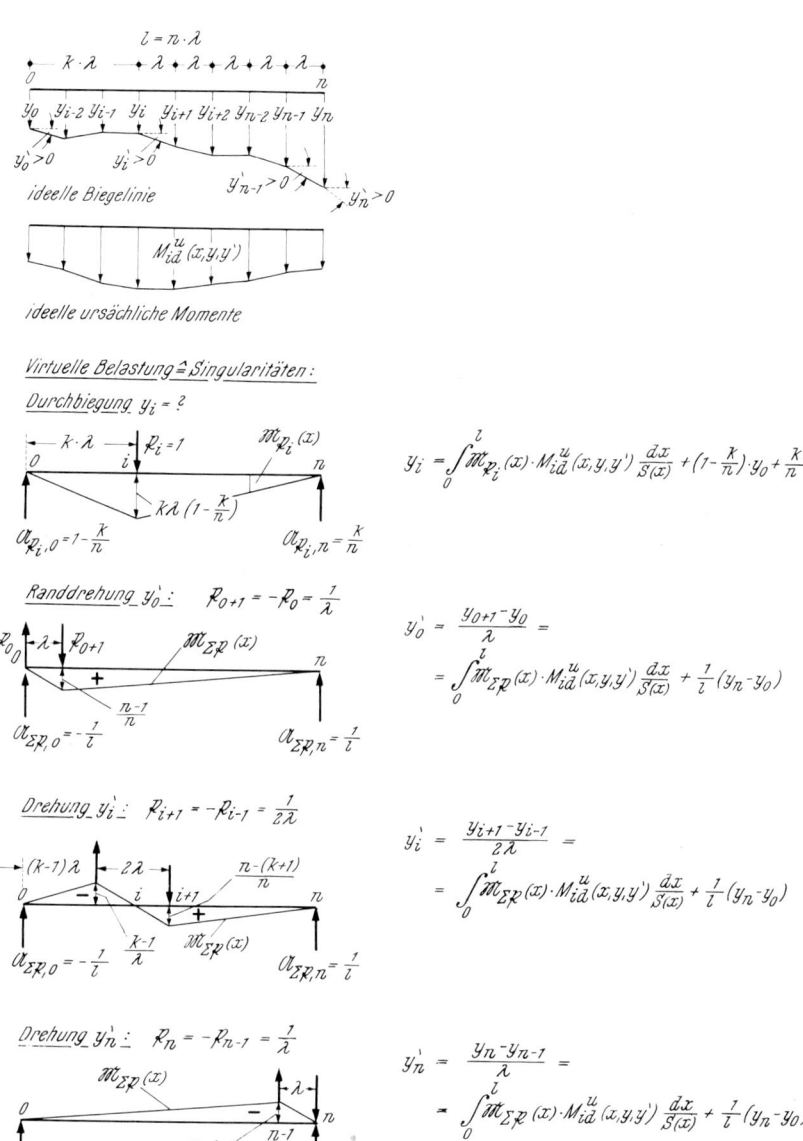

$$y_i = \int_0^l \mathcal{M}_{P_i}(x) \cdot M_{id}^{u}(x,y,y') \frac{dx}{S(x)} + \left(1 - \frac{k}{n}\right) \cdot y_0 + \frac{k}{n} \cdot y_n$$

$$y_0' = \frac{y_{0+1} - y_0}{\lambda} =$$
$$= \int_0^l \mathcal{M}_{\Sigma P}(x) \cdot M_{id}^{u}(x,y,y') \frac{dx}{S(x)} + \frac{1}{l}(y_n - y_0)$$

$$y_i' = \frac{y_{i+1} - y_{i-1}}{2\lambda} =$$
$$= \int_0^l \mathcal{M}_{\Sigma P}(x) \cdot M_{id}^{u}(x,y,y') \frac{dx}{S(x)} + \frac{1}{l}(y_n - y_0)$$

$$y_n' = \frac{y_n - y_{n-1}}{\lambda} =$$
$$= \int_0^l \mathcal{M}_{\Sigma P}(x) \cdot M_{id}^{u}(x,y,y') \frac{dx}{S(x)} + \frac{1}{l}(y_n - y_0)$$

$$y_i' = \int_0^l \mathcal{M}_{\mathcal{M}_i}(x) \cdot M_{id}^{u}(x,y,y') \frac{dx}{S(x)} + \frac{1}{l}(y_n - y_0)$$

Abb. 39a. Virtuelle Belastungen und zugeordnete Differenzenquotienten für die
α) Durchbiegung y,
β) Drehung y',

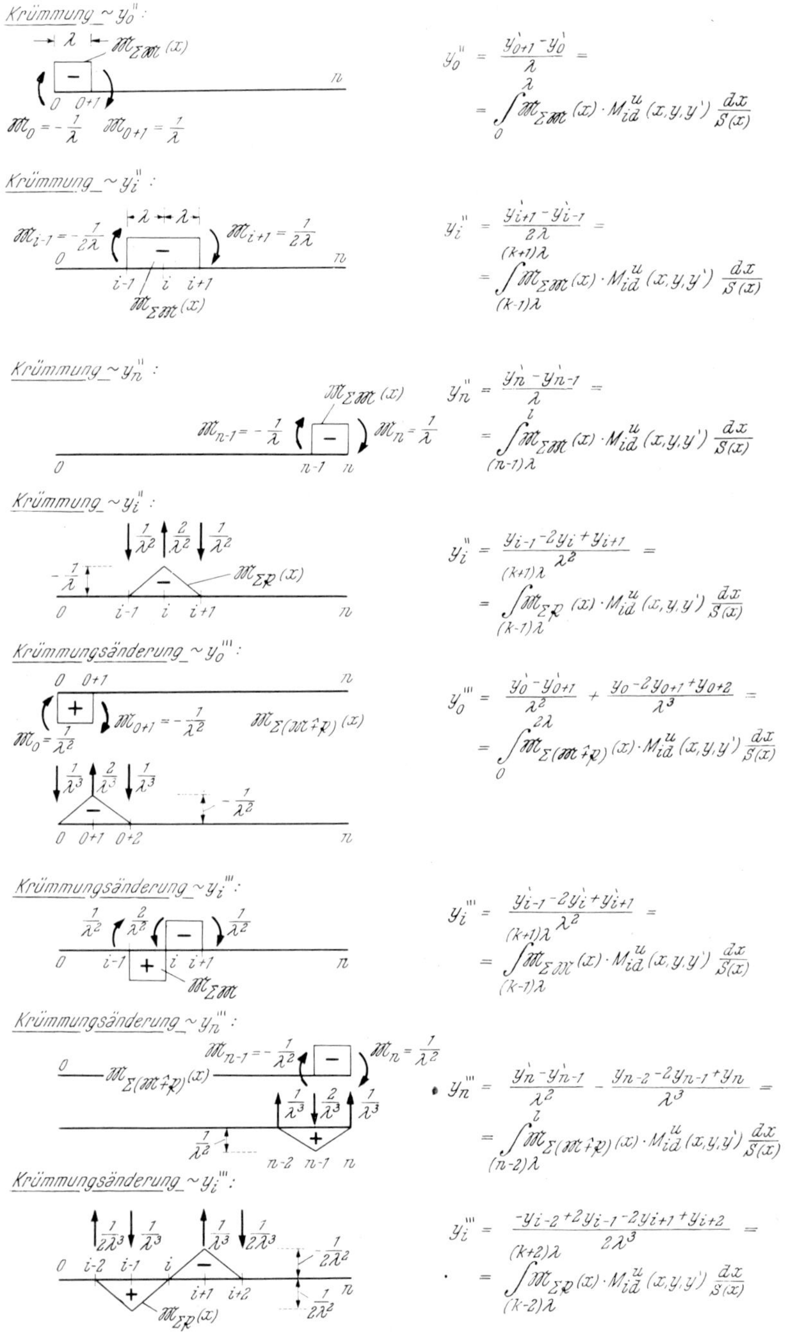

Krümmung $\sim y_0''$:

$$y_0'' = \frac{\dot{y}_{0+1} - \dot{y}_0}{\lambda} =$$
$$= \int_0^{\lambda} \mathfrak{M}_{\Sigma\mathfrak{M}}(x) \cdot M_{id}^{u}(x,y,y') \frac{dx}{S(x)}$$

$\mathfrak{M}_0 = -\frac{1}{\lambda}$ $\mathfrak{M}_{0+1} = \frac{1}{\lambda}$

Krümmung $\sim y_i''$:

$$y_i'' = \frac{\dot{y}_{i+1} - \dot{y}_{i-1}}{2\lambda} =$$
$$= \int_{(k-1)\lambda}^{(k+1)\lambda} \mathfrak{M}_{\Sigma\mathfrak{M}}(x) \cdot M_{id}^{u}(x,y,y') \frac{dx}{S(x)}$$

$\mathfrak{M}_{i-1} = -\frac{1}{2\lambda}$ $\mathfrak{M}_{i+1} = \frac{1}{2\lambda}$

Krümmung $\sim y_n''$:

$$y_n'' = \frac{\dot{y}_n - \dot{y}_{n-1}}{\lambda} =$$
$$= \int_{(n-1)\lambda}^{l} \mathfrak{M}_{\Sigma\mathfrak{M}}(x) \cdot M_{id}^{u}(x,y,y') \frac{dx}{S(x)}$$

$\mathfrak{M}_{n-1} = -\frac{1}{\lambda}$ $\mathfrak{M}_n = \frac{1}{\lambda}$

Krümmung $\sim y_i''$:

$$y_i'' = \frac{y_{i-1} - 2y_i + y_{i+1}}{\lambda^2} =$$
$$= \int_{(k-1)\lambda}^{(k+1)\lambda} \mathfrak{M}_{\Sigma P}(x) \cdot M_{id}^{u}(x,y,y') \frac{dx}{S(x)}$$

Krümmungsänderung $\sim y_0'''$:

$$y_0''' = \frac{\dot{y}_0 - \dot{y}_{0+1}}{\lambda^2} + \frac{y_0 - 2y_{0+1} + y_{0+2}}{\lambda^3} =$$
$$= \int_0^{2\lambda} \mathfrak{M}_{\Sigma(\mathfrak{M}+P)}(x) \cdot M_{id}^{u}(x,y,y') \frac{dx}{S(x)}$$

$\mathfrak{M}_0 = \frac{1}{\lambda^2}$ $\mathfrak{M}_{0+1} = -\frac{1}{\lambda^2}$

Krümmungsänderung $\sim y_i'''$:

$$y_i''' = \frac{y_{i-1} - 2y_i + y_{i+1}}{\lambda^2} =$$
$$= \int_{(k-1)\lambda}^{(k+1)\lambda} \mathfrak{M}_{\Sigma\mathfrak{M}}(x) \cdot M_{id}^{u}(x,y,y') \frac{dx}{S(x)}$$

Krümmungsänderung $\sim y_n'''$:

$$y_n''' = \frac{\dot{y}_n - \dot{y}_{n-1}}{\lambda^2} - \frac{y_{n-2} - 2y_{n-1} + y_n}{\lambda^3} =$$
$$= \int_{(n-2)\lambda}^{l} \mathfrak{M}_{\Sigma(\mathfrak{M}+P)}(x) \cdot M_{id}^{u}(x,y,y') \frac{dx}{S(x)}$$

$\mathfrak{M}_{n-1} = -\frac{1}{\lambda^2}$ $\mathfrak{M}_n = \frac{1}{\lambda^2}$

Krümmungsänderung $\sim y_i'''$:

$$y_i''' = \frac{-y_{i-2} + 2y_{i-1} - 2y_{i+1} + y_{i+2}}{2\lambda^3} =$$
$$= \int_{(k-2)\lambda}^{(k+2)\lambda} \mathfrak{M}_{\Sigma P}(x) \cdot M_{id}^{u}(x,y,y') \frac{dx}{S(x)}$$

Abb. 39b. Virtuelle Belastungen und zugeordnete Differenzenquotienten für die
γ) Krümmung $\sim y''$,
δ) Krümmungsänderung $\sim y'''$

C.III. Zusammenfassung

In dem Abschnitt C wurde dargelegt, wie mit Hilfe des Ersatzbalkenverfahrens simultane Systeme gelöst werden. Neben der theoretischen Entwicklung wurde die Anwendung an einigen Beispielen erläutert. In diesem Zusammenhang sei darauf hingewiesen, daß es in vielen Fällen möglich sein wird, die Anzahl der Gleichungen und damit die Anzahl der unbekannten Variablen des simultanen Systems durch die Elimination einer oder mehrerer Variablen zu verringern, ohne daß die Ordnung der einzelnen dem System angehörenden linearen gewöhnlichen Differentialgleichungen höher als 4 wird. Diese Elimination ist z. B. — wie gezeigt — bei dem im Abschnitt C.II.3. angeführten System für den torsionsbeanspruchten Stab möglich, da die Variable ζ auf Grund der Randbedingungen ($N(z) \equiv 0$) mit Hilfe der Gl. (C.I.5) aus den Gln. (C.I.6—8) entfernt werden kann.

Weiterhin sei vermerkt, daß es selbstverständlich auch bei simultanen Systemen zweckmäßig sein kann, Differenzenquotienten für die Drehung, die Krümmung und die Krümmungsänderung einzuführen, um die Ordnung der Gesamtmatrix zu erniedrigen. Mitunter sind auch die zugeordneten virtuellen Momente, die den Differenzenquotienten zugeordnet sind, von Interesse, wenn höhere Ableitungen berechnet werden müssen, denen eine mechanische Größe zugeordnet ist. Diese Momente lassen sich mit den von NEMÉNYI [6] entwickelten Singularitäten in einfachster Weise berechnen. Einige wichtige Zusammenhänge sind auszugsweise in Abb. 39 dargestellt, wobei zusätzlich Momentensingularitäten in Erweiterung der von NEMÉNYI eingeführten Singularitäten berücksichtigt wurden.

Es sei erwähnt, daß die in der numerischen Mathematik gebräuchlichen Formeln (Differenzenquotienten, finite Ausdrücke, usw.) durch die von NEMÉNYI vorgenommene Deutung auf anschauliche Weise statisch interpretiert werden können (Variation der Formänderungsarbeit nach den Spannungen — vergleiche Abschnitt B.II.2.). Die Verfahren, das Differenzenverfahren eingeschlossen, werden dadurch von allem Abstraktem befreit.

D. Beispiele

Als Beispiele werden Aufgaben ausgewählt, die für den Bauingenieur von Interesse sind. Daher wird es sich bei einigen behandelten Aufgaben ergeben, daß die ideellen Formänderungen und die ideellen ursächlichen Schnittlasten die wirklichen am Tragwerk auftretenden Formänderungen und Schnittlasten darstellen. In diesen Fällen wird dennoch die Symbolik und die Terminologie des Ersatzbalkenverfahrens verwendet werden, damit die ausgewählten Ansätze auch bei beliebiger Aufgabenstellung als Vorbilder für das Vorgehen nach dem Ersatzbalkenverfahren dienen können.

Weiterhin werden in erster Linie Aufgaben behandelt, deren strenge Lösung bekannt ist, um aus einem Vergleich den Grad der Genauigkeit der mit dem Ersatzbalkenverfahren numerisch ermittelten Ergebnisse aufzuzeigen.

Die anschließende Zusammenfassung soll einen Anhalt über das Vorgehen bei der praktischen Anwendung des Ersatzbalkenverfahrens vermitteln und als Leitfaden für die folgenden Beispiele dienen.

1. Die die Aufgabe beschreibende lineare gewöhnliche Differentialgleichung oder das betreffende simultane System, sowie die Anfangs-, Rand- oder Übergangsbedingungen sind als bekannt vorauszusetzen. Durch einen Vergleich mit den im Abschnitt B.I. aufgeführten Differentialgleichungen bzw. mit den im Abschnitt C.II. mitgeteilten simultanen Systemen erfolgt unter Beachtung der Anfangs-, Rand- und Übergangsbedingungen eine Auswahl der theoretischen Grundlagen der Abschnitte B und C.

2. Den gesuchten Funktionen und ihren Ableitungen werden auf Grund der Differentialbeziehungen des Biegebalkens ideelle Formänderungen und ideelle ursächliche Schnittlasten zugeordnet (Abschnitte B.II.1., B.III.1.).

3. An Hand der vorgegebenen Anfangs-, Rand- und Übergangsbedingungen erfolgt die Festlegung, ob es sich bei der gestellten Aufgabe um ein Anfangs- oder Randwertproblem handelt. Die geforderten Bedingungen führen auch zur Auswahl des zugeordneten Ersatztragwerkes (Abschnitte B.IV., B.VII.3.).

4. Nachdem eine ideelle Biegelinie oder eine ideelle Neigungslinie festgelegt worden ist, liefert die Auswertung der mitgeteilten Kriterien einen Anhalt über die Anzahl und die Art der auftretenden Unbekannten (ideelle Durchbiegungen y_i, ideelle Neigungen y_i', Randmomente $M_R{}^u$) und der zu formulierenden Grundgleichungen, die unter Umständen durch Ersatzbedingungen zu ergänzen sind (Abschnitte B.V.1., B.VII.2.).

5. Nach diesen Voruntersuchungen können die ideellen ursächlichen Schnittlasten ($Q_{id}{}^u(i)$, $M_{id}{}^u(i)$) für jeden Teilpunkt i in Abhängigkeit von den ausgewählten unbekannten ideellen Durchbiegungen y_i, den ideellen Drehungen y_i' und den Konstanten K oder — nach Transformation — von den Randmomenten $M_R{}^u$ dargestellt werden (Abschnitte B.II.1., B.III.1. und C.II.).

6. Um die auftretenden Unbekannten y_i, y_i', K bzw. $M_R{}^u$ berechnen zu können, sind die virtuellen Belastungszustände ($\mathfrak{P}_i$, $\mathfrak{M}_i$) an einem festzulegenden Ersatztragwerk (ideelles statisch bestimmtes Hauptsystem: Kragträger, Balken auf 2 Stützen) zu wählen und die Momente $\mathfrak{M}_{\mathfrak{P}_i}(x)$, $\mathfrak{M}_{\mathfrak{M}_i}(x)$ und die Lagerreaktionen $\mathfrak{A}_{0,\mathfrak{P}_i}$, $\mathfrak{M}_{0,\mathfrak{M}_i}$ usw. infolge der virtuellen Belastung zu ermitteln.

7. Unter Verwendung der definierten ideellen Biegesteifigkeit werden durch die Überlagerung der ursächlichen Momente mit den Momenten aus der virtuellen Belastung die Grundgleichungen aufgestellt und unter Umständen die notwendigen Ersatzbedingungen formuliert (Abschnitte B.II.2., B.III.2., B.V.2., B.VII.3.). Bei der Überlagerung wird grundsätzlich die einfachste Form der Integration — die Trapezregel — verwendet.

8. Die entstehenden homogenen oder inhomogenen Matrizen, denen entweder Eigenwert- oder erweiterte Spannungsprobleme zugeordnet sind, werden ausgewertet.

9. Bei erweiterten Spannungsproblemen können mit Hilfe der berechneten unbekannten Formänderungen und Randmomente die numerischen Werte aller Differentialbeziehungen, einschließlich der mitunter erforderlichen Linearkombinationen, die für die Lösung der gestellten Aufgabe von Bedeutung sind, berechnet werden.

D.I. Beispiel zur Differentialgleichung 1. Ordnung — Anfangswertproblem

Für den in Abb. 40 dargestellten Verbundquerschnitt soll die Umlagerungsnormalkraft $N_{\varphi_t; b,t}$ im Beton aus Kriechen berechnet werden, wenn das äußere Moment

$$M_{\varphi_t} = \frac{\varphi_t}{\varphi_n} \cdot M_{B_t} \qquad \text{(D.I.1)}$$

linear mit der Kriechzahl φ_t anwächst [14].

Wird zur Abkürzung

$$N_{B_t; b,0} = -\frac{S_i}{I_i} \cdot M_{B_t} \qquad \text{(D.I.2)}$$

gesetzt, so lautet die maßgebende Differentialgleichung 1. Ordnung [14, Gl. (H.46)]

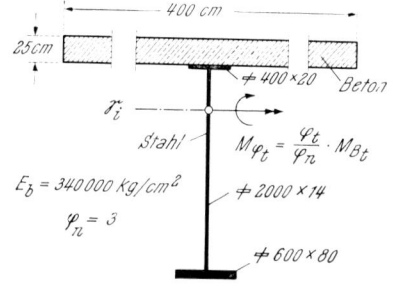

Abb. 40. Verbundquerschnitt

$$\frac{dN_{\varphi_t; b,t}}{d\varphi_t} + \alpha_{St} \cdot N_{\varphi_t; b,t} + \alpha_{St} \frac{\varphi_t}{\varphi_n} \cdot N_{B_t; b,0} = 0. \qquad \text{(D.I.3)}$$

Als Anfangswert ist vorgeschrieben:

$$\varphi_t = 0: \qquad N_{\varphi_t; b,t} = 0. \qquad \text{(D.I.4)}$$

Die in den Gln. (D.I.1—4) verwendeten Bezeichnungen haben die nachstehende Bedeutung und für die numerische Berechnung werden die angeführten Zahlenwerte berücksichtigt [14, II. Band, Seite 40].

M_{B_t} = 1200 tm → Endwert des äußeren Momentes zum Zeitpunkt $t = t_n$
bzw. $\varphi_t = \varphi_n$.

φ_n = 3,0 → Endkriechzahl.

$N_{B_t;b,0}$ = $-(S_i/I_i)\,M_{B_t}$ = $-548,6\ t$ → Endwert der Normalkraft im Beton infolge M_{B_t}.

α_{St} = $(F_{St}\cdot I_{St})/(F_i\cdot I_i)$ = 0,0835 → Umlagerungskennwert.

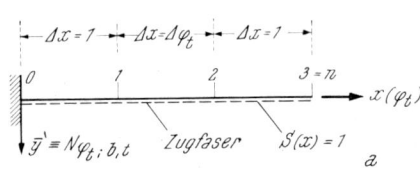

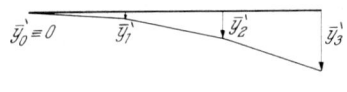

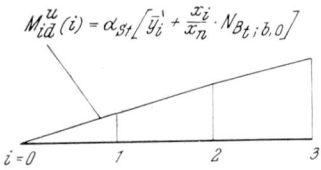

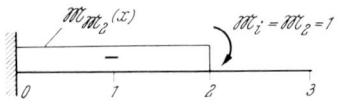

Abb. 41. a) Ersatztragwerk für die Berechnung der Umlagerungskraft $N_{\varphi_t;b,t}$,
b) angenommene Neigungslinie,
c) ideelles ursächliches Moment,
d) Moment infolge der virtuellen Belastung

Um den Anschluß an das Ersatzbalkenverfahren zu gewinnen, wird die Kriechzahl φ_t als Abszisse x des Ersatzträgers gedeutet und entsprechend Gl. (B.I.3) die folgende Substitution durchgeführt:

$$N_{\varphi_t;b,t} = \bar{y}'(x)$$
$$\frac{dN_{\varphi_t;b,t}}{d\varphi_t} = \bar{y}''(x). \qquad \text{(D.I.5)}$$

Aus der Differentialgleichung (D.I.3) folgt mit den Gln. (D.I.5) die modifizierte Differentialgleichung 2. Ordnung

$$\bar{y}''(x) + \alpha_{St}\cdot\bar{y}'(x) +$$
$$+ \alpha_{St}\cdot N_{B_t;b,0}\cdot\frac{x}{x_n} = 0. \qquad \text{(D.I.6)}$$

Die Lösung der Differentialgleichung (D.I.3) ist damit auf die Berechnung der ideellen Neigungen $\bar{y}_i' = N_{\varphi_t;b,t}$ eines Kragträgers (Bereich $0 \leq x \leq x_n = \varphi_n$), der die ideelle Biegesteifigkeit $S(x) = 1$ besitzt, zurückgeführt.

Für die numerische Auswertung wird der Bereich in 3 gleich große Intervalle $\Delta x = \Delta\varphi_t = 1$ eingeteilt und die ideellen ursächlichen Momente für jeden Teilpunkt i in Abhängigkeit von den noch unbekannten ideellen Neigungen $\bar{y}_i'$ dargestellt (Abb. 41a, b). Entsprechend der Gl. (B.II.7) ergibt sich aus der Gl. (D.I.6) das folgende Moment

$$M_{id}^u(i) = \alpha_{St}\cdot\bar{y}_i' + \alpha_{St}\cdot N_{B_t;b,0}\cdot\frac{x_i}{x_n}, \qquad \text{(D.I.7)}$$

das an der Einspannstelle des Kragträgers $(x_0 = \varphi_0 = 0)$ auf Grund des vorgegebenen Anfangswertes

$$\bar{y}_0' = N_{\varphi_t;b,t_0} = 0 \qquad \text{(D.I.8)}$$

verschwindet (Abb. 41c).

Da als unbekannte Formänderungen nur ideelle Neigungen $\bar{y}_i{}'$ auftreten, braucht als virtuelle Belastung nur jeweils das Moment $\mathfrak{M}_i = 1$ im i-ten Teilpunkt aufgebracht zu werden (Abb. 41d). Damit sind alle Voraussetzungen gegeben, um die Grundgleichungen (B.III.52), die sich beim vorliegenden Beispiel allerdings erheblich vereinfachen, formulieren zu können. Es ergibt sich ein eingliedriges, gestaffeltes Gleichungssystem für die ideellen Neigungen $\bar{y}_i{}'$, aus dem diese sukzessiv — mit $i = 1$ beginnend — berechnet werden können.

Für $i = 1$ (virtuelle Belastung $\mathfrak{M}_1 = 1$) ergibt sich folgende Gleichung

$$\mathfrak{M}_1 \cdot y_1{}' = \frac{\varDelta x}{6} \cdot \frac{1}{S(x)} \left[\mathfrak{M}_{\mathfrak{M}_1}(0) \cdot M_{id}{}^u(1) + \mathfrak{M}_{\mathfrak{M}_1}(1) \cdot 2\, M_{id}{}^u(1) \right]. \qquad \text{(D.I.9)}$$

Mit $\mathfrak{M}_1 = 1$, $\varDelta x = 1$, $S(x) = 1$, $\mathfrak{M}_{\mathfrak{M}_1}(0) = \mathfrak{M}_{\mathfrak{M}_1}(1) = -1$ und dem Moment $M_{id}{}^u$ $(i = 1)$ nach Gl. (D.I.7) folgt aus Gl. (D.I.9)

$$\bar{y}_1{}' = -\frac{1}{2} \alpha_{St} \left\{ \bar{y}_1{}' + \frac{x_1}{x_n} \cdot N_{B_t;\,b,\,0} \right\}, \qquad \text{(D.I.10)}$$

woraus sich die gesuchte ideelle Neigung $\bar{y}_1{}'$ ergibt

$$\bar{y}_1{}' = \frac{\alpha_{St}}{1 + \dfrac{\alpha_{St}}{2}} \left\{ -\frac{x_1}{x_n} \cdot \frac{1}{2} \cdot N_{B_t;\,b,\,0} \right\} = 7{,}33\, t.$$

Nachdem $\bar{y}_1{}'$ bekannt ist, kann die Gleichung für $\bar{y}_2{}'$ entwickelt werden (virtuelle Belastung $\mathfrak{M}_2 = 1$), aus der sich nachstehender Wert für $\bar{y}_2{}'$ ergibt:

$$\bar{y}_2{}' = \frac{\alpha_{St}}{1 + \dfrac{\alpha_{St}}{2}} \left\{ -\bar{y}_1{}' - \left(\frac{x_1}{x_n} + \frac{x_2}{2\, x_n} \right) \cdot N_{B_t;\,b,\,0} \right\} = 28{,}73\, t.$$

Schließlich folgt für $\bar{y}_3{}'$ (virtuelle Belastung $\mathfrak{M}_3 = 1$)

$$\bar{y}_3{}' = \frac{\alpha_{St}}{1 + \dfrac{\alpha_{St}}{2}} \left\{ -\bar{y}_1{}' - \bar{y}_2{}' - \left(\frac{x_1}{x_n} + \frac{x_2}{x_n} + \frac{x_n}{2\, x_n} \right) \cdot N_{B_t;\,b,\,0} \right\} = 63{,}07\, t.$$

Damit ist die Umlagerungsnormalkraft $N_{\varphi_t;\,b,\,t} = \bar{y}_3{}'$ gefunden, die mit dem genauen Wert nach SATTLER [14]

$$N_{\varphi_t;\,b,\,t} = 63{,}23\, t \qquad (\varDelta = 0{,}25\%)$$

mit baustatischer Genauigkeit übereinstimmt.

D.II. Beispiele zur Differentialgleichung 2. Ordnung

D.II.1. Anfangswertproblem — Berechnung einer gedämpften Schwingung

Die Differentialgleichung für das vorgelegte Problem lautet

$$y''(t) + a\, y'(t) + b\, y(t) = 0. \qquad \text{(D.II.1)}$$

Es seien zur Zeit $t = 0$ die beiden folgenden Anfangswerte vorgeschrieben:

$$t = 0: \quad \begin{aligned} y(t = 0) &= y_0 \qquad &\text{(Schwingungsordinate)} \\ y'(t = 0) &= y_0{}' \qquad &\text{(Geschwindigkeit)}. \end{aligned} \qquad \text{(D.II.2)}$$

Ein Vergleich mit der Gl. (B.I.4b)

$$S(x)\, y''(x) + A(x)\, y'(x) + B(x)\, y(x) + F(x) = 0$$

liefert folgende Beziehungen:

$S(x) = 1$ $\triangleq$ ideelle Biegesteifigkeit des Kragträgers, der als Ersatztragwerk gewählt wird.

$A(x) = a = \dfrac{K}{m}$ (Dämpfungsfaktor/Masse)

$B(x) = b = \dfrac{c}{m}$ (Federkonstante/Masse)

$F(x) = 0$ (bei der erzwungenen Schwingung gilt: $F(x) = P(t)/m$)

$t \triangleq$ Zeit $\triangleq x$ $\triangleq$ Abszisse des Kragträgers

$y(t) \triangleq y(x)$ $\triangleq$ ideelle Durchbiegung des Kragträgers

$y'(t)$ $\triangleq$ Geschwindigkeit $\triangleq y'(x) \triangleq$ Drehung des Kragträgers

$y''(t)$ $\triangleq$ Beschleunigung $= S(x)\, y''(x) = -\, M_{id}{}^{u}(x, y, y') \triangleq$ negatives ideelles ursächliches Moment des Kragträgers.

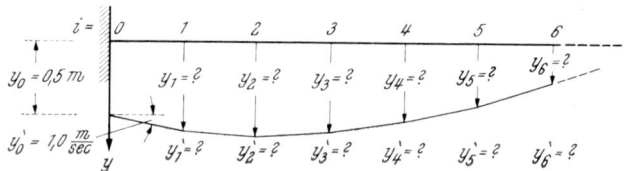

Abb. 42. Anfangswertproblem — gedämpfte Schwingung — Ersatztragwerk: Kragträger — Randbedingungen: y_0 und y_0'

Auf Grund dieses Vergleiches kann das ideelle ursächliche Moment für den i-ten Teilpunkt mit Hilfe der Gl. (B.III.2) angegeben werden (Abb. 8a, 42)

$$M_{id}{}^{u}(i) = a \cdot y_i' + b \cdot y_i. \qquad \text{(D.II.3a)}$$

Wegen der beiden vorgegebenen Anfangswerte (D.II.2) ist das ideelle ursächliche Moment im Punkt 0 (Einspannmoment des Kragträgers) bekannt

$$M_{id}{}^{u}(0) = a \cdot y_0' + b \cdot y_0. \qquad \text{(D.II.3b)}$$

Die Momente der anderen Teilpunkte $(i > 0)$ sind von den unbekannten Durchbiegungen y_i und Neigungen y_i' abhängig.

Unter Verwendung der Momente $\mathfrak{M}_{\mathfrak{p}_i}(x)$ und $\mathfrak{M}_{\mathfrak{M}_i}(x)$ infolge der virtuellen Belastung $\mathfrak{P}_i$ und $\mathfrak{M}_i$ (Abb. 5a) können die unbekannten ideellen Formänderungen aus einem zweigliedrigen, gestaffelten Gleichungssystem (Abb. 16), das jeweils aus den beiden Grundgleichungen für den i-ten Teilpunkt

$$y_i - y_0 - i \cdot \lambda \cdot y_0' = \int_{x=0}^{i\lambda} \mathfrak{M}_{\mathfrak{p}_i}(x)\, M_{id}{}^{u}(x, y, y')\, \frac{dx}{1{,}0} \qquad \text{(D.II.4a)}$$

$$y_i' - y_0' = \int_{x=0}^{i\lambda} \mathfrak{M}_{\mathfrak{M}_i}(x)\, M_{id}{}^{u}(x, y, y')\, \frac{dx}{1{,}0} \qquad \text{(D.II.4b)}$$

gebildet wird, berechnet werden.

Für die ersten 8 Teilpunkte ($i = 1-8$) ist das Ergebnis in Abb. **43** dargestellt. Die Werte des Ersatzbalkenverfahrens stimmen mit denen der genauen Lösung vollkommen überein.

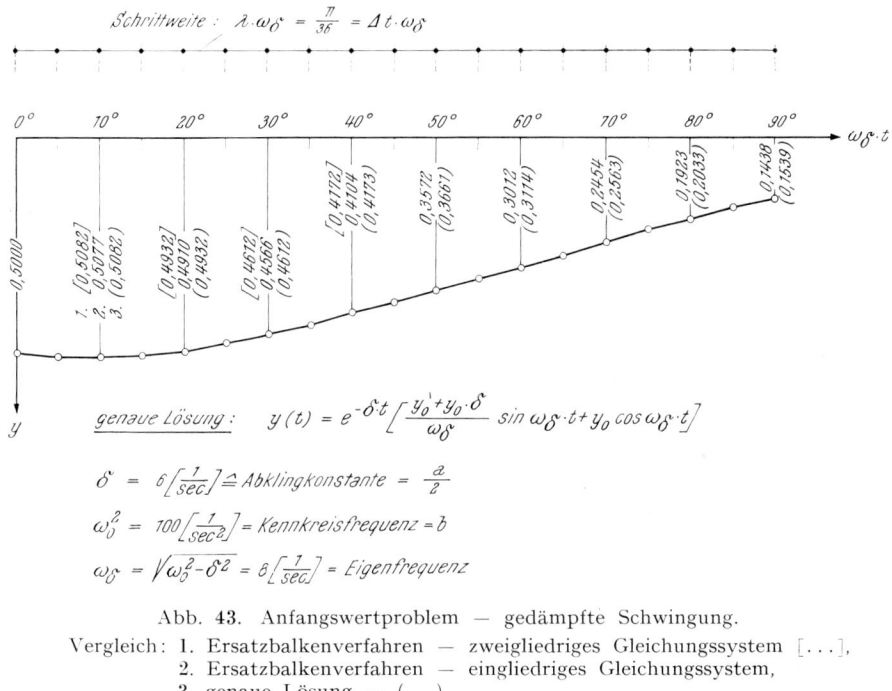

Abb. **43**. Anfangswertproblem — gedämpfte Schwingung.
Vergleich: 1. Ersatzbalkenverfahren — zweigliedriges Gleichungssystem [...],
2. Ersatzbalkenverfahren — eingliedriges Gleichungssystem,
3. genaue Lösung — (...)

Es wurde im Abschnitt B.V.2.1. darauf hingewiesen, daß der Ansatz durch die Einführung der Differenzenquotienten (Abschnitt B.V.3. und Abb. 24) vereinfacht werden kann. In diesem Fall können die gesuchten Durchbiegungen y_i der jeweiligen Teilpunkte i aus einem eingliedrigen gestaffelten Gleichungssystem (Abb. **17**) berechnet werden. Die Gleichung für den i-ten Teilpunkt lautet:

$$y_i - y_0 - i \cdot \lambda \cdot y_0' = \int_{x=0}^{i\lambda} \mathfrak{M}_{\mathfrak{p}_i}(x) \cdot M_{i\,d}{}^u(x, y) \frac{dx}{1{,}0}. \qquad \text{(D.II.5)}$$

Die Berechnung wurde zum Vergleich für die ersten **18** Teilpunkte durchgeführt und das Ergebnis ist in Abb. **43** wiedergegeben. Die Übereinstimmung mit der genauen Lösung ist erwartungsgemäß nicht mehr so gut wie im ersten Fall, da beim Anfangswertproblem die Ungenauigkeiten der bereits berechneten Durchbiegungen y_k ($k < i$) in die Berechnung der Durchbiegung y_i eingehen und die Verwendung der Differenzenquotienten zwangsläufig zu einer Vergröberung des Ergebnisses führt. Der Fehler kann durch eine engere Teilung abgemindert werden.

D.II.2. Randwertproblem — Dickwandiges Rohr unter Innendruck (Abb. 44)

Die Differentialgleichung lautet [15]

$$\frac{d^2u(x)}{dx^2} + \frac{1}{x} \cdot \frac{du(x)}{dx} - \frac{1}{x^2} \cdot u(x) = 0.$$ (D.II.6)

Es sind folgende Randbedingungen zu erfüllen:

$$x_0 = r: \qquad \sigma_r = \frac{E}{1 - v^2}\left\{u'(r) + v\,\frac{u(r)}{r}\right\} = -p$$ (D.II.7a)

$$x_n = R: \qquad \sigma_R = \frac{E}{1 - v^2}\left\{u'(R) + v\,\frac{u(R)}{R}\right\} = 0.$$ (D.II.7b)

In den Gln. (D.II.6) und (D.II.7) bedeuten:

$u(x)$ $\hat{=}$ Radialdehnung $\hat{=}$ abhängige Variable

$r \leqq x \leqq R \,\hat{=}$ unabhängige Variable

σ $\hat{=}$ Spannung

E $\hat{=}$ Elastizitätsmodul

v $\hat{=}$ Querdehnungszahl

p $\hat{=}$ Innendruck

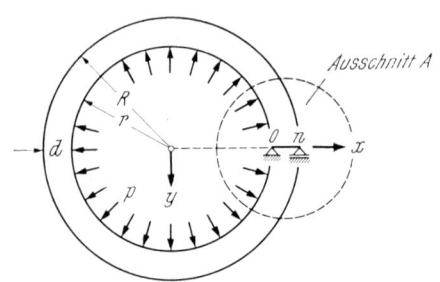

Abb. 44. System und Ersatztragwerk für das dickwandige Rohr unter Innendruck

Dieser Eulerschen Differentialgleichung (D.II.6) ist die Gl. (B.I.4b) zugeordnet

$$S(x)\,y''(x) + A(x)\,y'(x) + B(x)\,y(x) + F(x) = 0.$$

Damit ergeben sich folgende Beziehungen für das Ersatztragwerk, für das beim Randwertproblem ein statisch bestimmter Balken gewählt wird:

$u(x)$ $\hat{=}$ Radialdehnung $\hat{=}$ $y(x) \,\hat{=}$ ideelle Durchbiegung

$u'(x)$ $\hat{=}$ Änderung der Radialdehnung $\hat{=}$ $y'(x) \,\hat{=}$ Drehung des Ersatz-balkens

$S(x) = 1$ $\hat{=}$ ideelle Biegesteifigkeit

$A(x) = + (1/x)$

$B(x) = - (1/x^2)$

$F(x) = 0.$

Beim Ersatzbalkenverfahren ist also der Balken auf 2 Stützen mit eingeprägten Enddrehungen, die sich aus den Gln. (D.II.7a, b) ergeben, zu untersuchen. Die umgeformten Randbedingungen lauten in der Schreibweise des Ersatzbalkenverfahrens:

$$x_0 = r: \qquad y_0' = - \left\{ \frac{1 - \nu^2}{E} p + \nu \frac{y_0}{x_0} \right\} \qquad \text{(D.II.7c)}$$

$$x_n = R: \qquad y_n' = - \nu \frac{y_n}{x_n}. \qquad \text{(D.II.7d)}$$

Das ideelle ursächliche Moment lautet (Gl. (B.III.2)):

$$M_{id}{}^u(i) = \frac{1}{x_i} y_i' - \frac{1}{x_i^2} y_i. \qquad \text{(D.II.8)}$$

Auf Grund der Randbedingungen (Gln. (D.II.7c, d)) können in den Randmomenten die ersten Ableitungen eliminiert werden:

$$M_{id}{}^u(0) = \frac{1}{x_0} y_0' - \frac{1}{x_0^2} y_0 = - \frac{1}{x_0} \cdot \frac{1 - \nu^2}{E} p - (1 + \nu) \frac{y_0}{x_0^2} \qquad \text{(D.II.9a)}$$

$$M_{id}{}^u(n) = \frac{1}{x_n} y_n' - \frac{1}{x_n^2} y_n = - (1 + \nu) \cdot \frac{y_n}{x_n^2}. \qquad \text{(D.II.9b)}$$

Um die verschiedenen Ansätze darzulegen und ihre Genauigkeit aufzuzeigen, wird die Berechnung zunächst mit dem Moment nach Gl. (D.II.8), in dem sowohl die ideellen Durchbiegungen y_i als auch die ideellen Neigungen y_i' als Unbekannte auftreten, durchgeführt und anschließend wird die Aufgabe unter Verwendung der Differenzenquotienten (Abschnitt B.V.3.) gelöst.

a) Der Ansatz mit y_i und y_i'

Wenn die Teilung ($n = 6$) nach Abb. 44 gewählt wird, dann ergibt sich aus den Kriterien des Abschnittes B.V.1.1.2. folgender Zusammenhang (Gl. (B.V.14) und (B.V.16a, 17a)):

$$m = 2; \qquad n = 6; \qquad a_r = 0; \qquad a_r' = 2; \qquad a = 2;$$

Unbekannte: Bedingungsgleichungen:

$u_i \ = (n + 1 - a_r) \ = \ 7$ \qquad\qquad $b_i \ = (n - 1) \ = \ 5$

$u_i' \ = (n + 1 - a_r') \ = \ 5$ \qquad\qquad $b_i' \ = (n + 1) \ = \ 7$

$u_i'' = (m - 2) \qquad\ \ = \ 0$ \qquad\qquad $b_t \ = (m - a) \ = \ 0$

$\qquad\qquad\ \ u = 12$ \qquad\qquad\qquad\qquad\qquad $b = 12$

Die Momente infolge der virtuellen Belastung ($\mathfrak{P}_i = 1$, $i = 1 - 5$; $\mathfrak{M}_i = 1$, $i = 0 - 6$) ergeben sich analog Abb. 8b. Werden die b_i-Gleichungen (B.V.19a) und die b_i'-Gleichungen (B.V.20a) formuliert, dann ergibt sich ein inhomogenes Gleichungssystem, aus dem die 7 Durchbiegungen y_i und die 5 Neigungen y_i' eindeutig berechnet werden können. Für ein Betonrohr, dessen Daten aus Abb. 45

ersichtlich sind, wurde die Berechnung durchgeführt und die Ergebnisse wurden mit den genauen Werten, die sich aus der exakten Lösung der Differentialgleichung ergeben, verglichen. Die Abweichung von 0,26% ist praktisch ohne Bedeutung.

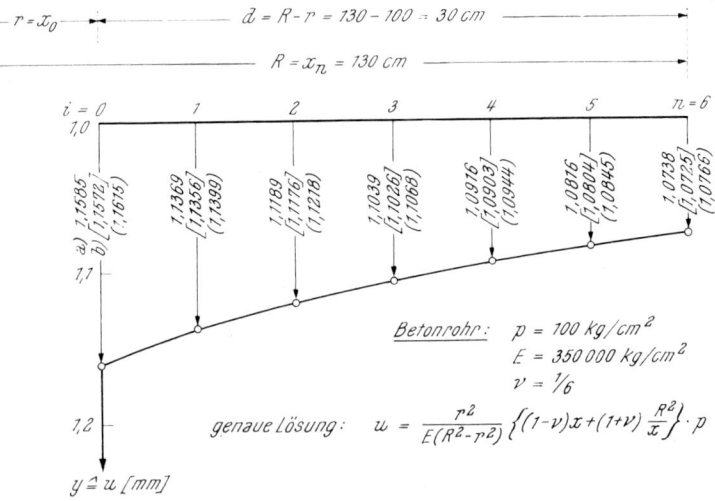

Abb. 45. Dickwandiges Rohr unter Innendruck
Vergleich: Ersatzbalkenverfahren: Ansatz a)
Ansatz b) [...]
genaue Lösung (...)

b) Der Ansatz unter Verwendung von Differenzenquotienten

Durch die Einführung des mittleren Differenzenquotienten (Gl. (B.V.65)) kann aus dem ideellen ursächlichen Moment (Gl. (D.II.8)) die erste Ableitung eliminiert werden (Abb. 25):

$$M_{id}{}^u(i) = \frac{1}{x_i} \cdot \frac{y_{i+1} - y_{i-1}}{2\lambda} - \frac{1}{x_i{}^2} y_i. \tag{D.II.10}$$

Dadurch vereinfacht sich der Ansatz, wie aus der Anwendung der Kriterien (Abschnitt B.V.1.2.2.) zu ersehen ist (Gln. (B.V.26) und (B.V.27a)):

$$m = 2; \qquad n = 6; \qquad a_r = 0; \qquad a_r{}' = 2; \qquad a = 2;$$

Unbekannte: Bedingungsgleichungen:

$u_i = (n + 1 - a_r) = 7$ $b_i = (n - 1) = 5$

$u_i{}' = \qquad\qquad = 0$ $b_i{}' = a_r{}' \qquad = 2$

$u_i{}'' = (m - 2) \qquad = 0$ $b_t = (m - a) = 0$

$\overline{u = 7}$ $\overline{\underline{b = 7}}$

Die Momente infolge der ursächlichen und der virtuellen Belastung sind in Abb. 46 dargestellt. Werden die Bedingungsgleichungen ($b_i = $ 5mal Gl. (B.V.19a) und $b_i{}' = $ 2mal Gl. (B.V.20a)) aufgestellt, dann können die 7 unbekannten Durchbiegungen y_i ($i = 0-7$) aus der entstehenden inhomogenen Matrix ermittelt werden. Die Werte sind ebenfalls in Abb. 45 den genauen Werten gegenübergestellt. Der relative Fehler ist ungefähr konstant und beträgt $\sim 0{,}38\%$, so daß im baustatischen Sinne beide Ergebnisse übereinstimmen.

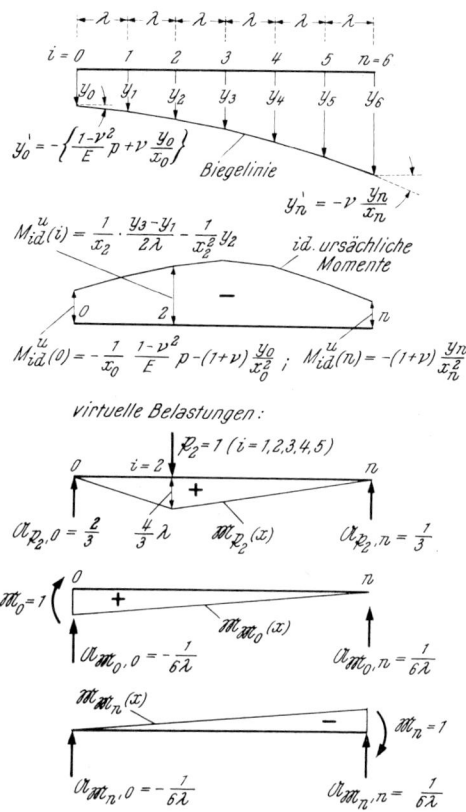

Abb. 46. Dickwandiges Rohr unter Innendruck — Ansatz b) unter Verwendung von Differenzenquotienten

D.III. Beispiel zur Differentialgleichung 3. Ordnung

Es soll die kritische Last für einen einseitig eingespannten Druckstab mit linear veränderlicher Normalkraft und mit konstanter Biegesteifigkeit berechnet werden (Abb. 9a, b).

Bei einer Differentialgleichung 3. Ordnung können nach Abschnitt B.III.1.2. zwei verschiedene Darstellungen für das ideelle ursächliche Moment Verwendung finden (Gln. (B.III.9) und (B.III.16)). Beide Ansätze werden für dieses Beispiel herangezogen.

Ansatz nach Gl. (B.III.9):

Das ideelle ursächliche Moment, das nur von den Neigungen y_i' $(i = 1, 2, \ldots, n)$ abhängig ist und die Momente infolge der virtuellen Belastung am Kragträger sind für $n = 2$ aus Abb. 9a ersichtlich. Unter Verwendung dieser Momente können die Grundgleichungen angeschrieben werden und der Eigenwert aus dem entstehenden homogenen Gleichungssystem berechnet werden. Die Untersuchung erfolgt für $n = 2, 3, 4, 5$ Intervalle (Abb. 47). Als Asymptote wurde der genaue Wert [16] eingetragen. Die Abweichung beträgt bei

$$n = 5: \qquad \Delta P = 2{,}5\%.$$

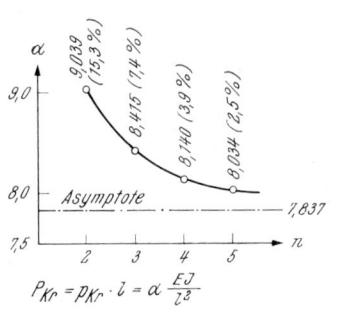

Abb. 47. Eigenwerte unter Verwendung von verschiedenen Intervallteilungen

Wie in Abschnitt B.V.1.3. erwähnt, besteht auch die Möglichkeit, die virtuelle Belastung am Balken auf 2 Stützen aufzubringen, wenn das ideelle ursächliche Moment nur von den Neigungen abhängt und am Rande eine Aussage über y_r und y_r' vorgeschrieben ist. Dadurch treten allerdings bei der Aufstellung der Grundgleichungen die beiden Randdurchbiegungen, soweit sie nicht identisch Null sind, als Unbekannte auf, wodurch die Anzahl der Gleichungen erhöht wird (Abb. 15). Grundsätzlich lassen sich aber die beiden unbekannten Randdurchbiegungen aus den übrigen Gleichungen eliminieren, so daß das Gleichungssystem entsteht, welches sich bei der Wirkung der virtuellen Belastung am Kragträger ergibt. Im übrigen können auch von vornherein Gleichgewichtsgruppen Verwendung finden, die keine Auflagerkräfte $\mathfrak{A}$ infolge der virtuellen Belastung hervorrufen (Abb. 20, 38).

Ansatz nach Gl. (B.III.16):

Bei Verwendung der 2. Darstellungsweise für das ideelle ursächliche Moment, das wegen $A(x) \equiv 0$ nur noch von den Durchbiegungen y_i abhängt, können alle Zusammenhänge aus der Abb. 9b entnommen werden. Wenn nur 2 Intervalle — entsprechend Abb. 9b — gewählt werden, ergibt sich unter Verwendung des Ersatzbalkenverfahrens praktisch der genaue erste Eigenwert:

$$P_{kr} = p_{kr} \cdot l = 7{,}810 \, \frac{E\,I}{l^2}.$$

Die Abweichung beträgt gegenüber dem genauen Wert nur 0,35%. Diese Übereinstimmung ist unerwartet und deutet darauf hin, daß sich die Fehler, die sich aus einer geradlinigen Annahme der Biegelinie und des ideellen ursächlichen Momentes und aus der Anwendung der Trapezregel ergeben, in diesem Fall gerade aufheben.

Es sei daher in diesem Zusammenhang vermerkt, daß mit einem derart geringen Aufwand selbstverständlich nicht immer eine so ausgezeichnete Genauigkeit erzielt werden kann. Diese Tatsache ergibt sich auch aus dem Ansatz nach Gl. (B.III.9). Bezüglich der Fehlerabschätzung wird auf Abschnitt B.III.1.4. verwiesen.

D.IV. Beispiele zur Differentialgleichung 4. Ordnung

D.IV.1. Der beidseits eingespannte und verschieblich gelagerte Stab (Abschnitt B.V.2.2.1. — Beispiel 3 — Abb. 20, 48)

Die wichtigsten Zusammenhänge für dieses Beispiel können der Abb. 20 entnommen werden. Danach beträgt das ideelle ursächliche Moment

$$M_{id}{}^u(i) = P\,y_i + \frac{1}{2}\{M_0{}^u + M_n{}^u\} - \frac{P}{2}\{y_0 + y_n\}. \qquad \text{(D.IV.1)}$$

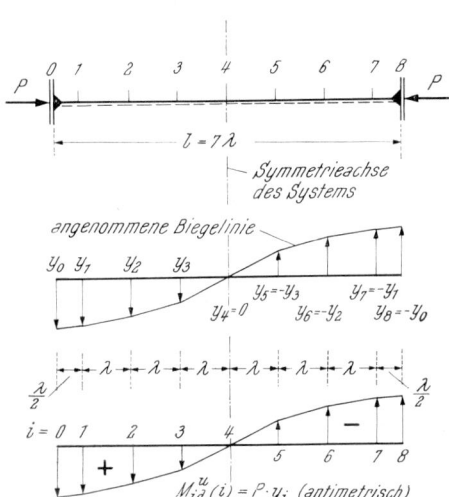

Abb. 48. Der beidseits eingespannte und verschieblich gelagerte Stab

Da es hier nur auf das Grundsätzliche ankommt, soll weiterhin ein konstantes Trägheitsmoment vorausgesetzt werden. Ferner gilt für antimetrisches Knicken

$$M_0{}^u = -\,M_n{}^u$$

und

$$y_0 = -\,y_n,$$

so daß sich das ursächliche Moment (Gl. (D.IV.1)) vereinfacht

$$M_{id}{}^u(i) = P\,y_i. \qquad \text{(D.IV.2)}$$

Teilt man den Ersatzbalken in 8 Intervalle, so ergibt sich unter Verwendung einer angenommenen Biegelinie ($y_i = -\,y_{n-i}$, $y_4 \equiv 0$) das aus der Abb. 48 ersichtliche ursächliche Moment. Da das Moment antimetrisch ist, wird die Ersatzbedingung (Gl. (B.V.50)) bei symmetrischer Biegesteifigkeit identisch erfüllt.

Für die Aufstellung der Bedingungsgleichungen werden unter Verwendung der Symmetrie des Systems solche antimetrischen virtuellen Belastungszustände gewählt, daß keine Auflagerkräfte entstehen ($i = 0, 1, 2, 3$; Abb. 20).

Unter Verwendung der Abkürzung

$$\varkappa = 24\,\frac{E\,I}{P\,\lambda^2} = 24\cdot 49\,\frac{E\,I}{P\,l^2} \qquad \text{(D.IV.3)}$$

ergeben sich die folgenden Grundgleichungen:

$$\varkappa\, y_0 = 20\, y_0 + 51\, y_1 + 48\, y_2 + 24\, y_3$$
$$\varkappa\, y_1 = 18\, y_0 + 50\, y_1 + 48\, y_2 + 24\, y_3$$
$$\varkappa\, y_2 = 12\, y_0 + 36\, y_1 + 44\, y_2 + 24\, y_3 \qquad\text{(D.IV.4)}$$
$$\varkappa\, y_3 = 6\, y_0 + 18\, y_1 + 24\, y_2 + 20\, y_3.$$

Die numerische Integration mittels der Trapezregel wurde wegen der Symmetrie des Systems und der Antimetrie der Momente selbstverständlich nur für das halbe System durchgeführt.

Das Gleichungssystem (D.IV.4) ist homogen und liefert die 4 ersten antimetrischen Eigenwerte

$$\varkappa_1 = 117{,}601_2$$
$$\varkappa_2 = 11{,}829_8$$
$$\varkappa_3 = 3{,}623_1$$
$$\varkappa_4 = 0{,}946_0.$$

Daraus ergeben sich die folgenden kritischen Knicklasten

$$P_1 = \frac{1176}{117{,}601_2} \cdot \frac{E\,I}{l^2} = 9{,}999_9\,\frac{E\,I}{l^2} \quad \{9{,}869_6;\quad 1{,}3\%\}$$

$$P_2 = \frac{1176}{11{,}829_8} \cdot \frac{E\,I}{l^2} = 99{,}409_6\,\frac{E\,I}{l^2} \quad \{88{,}826;\quad 11{,}9\%\}$$

$$P_3 = \frac{1176}{3{,}623_1} \cdot \frac{E\,I}{l^2} = 324{,}6\,\frac{E\,I}{l^2} \quad \{246{,}740;\quad 31{,}5\%\}$$

$$P_4 = \frac{1176}{0{,}946_0} \cdot \frac{E\,I}{l^2} = 1243{,}2\,\frac{E\,I}{l^2} \quad \{483{,}611;\quad 157\%\}.$$

Die genauen Werte und die relativen Fehler — auf die strengen Ergebnisse bezogen — sind in Klammern angegeben.

Aus der Gegenüberstellung wird ersichtlich, daß der interessierende Wert der kleinsten kritischen Last mit baustatischer Genauigkeit aus dem Gleichungssystem ermittelt werden kann.

Eine Verbesserung der Ergebnisse für die höheren Eigenwerte kann durch eine Erhöhung der Anzahl der Intervalle erreicht werden. Diese Maßnahme ist notwendig, wenn z. B. bei Schwingungsaufgaben die Frequenzen der Oberschwingungen von Interesse sind.

D.IV.2. Querbelasteter Zugstab (Abb. 22, 49)

Die Differentialgleichung dieser Grundaufgabe für die Berechnung von echten Hängebrücken lautet

$$[E\,I\,y''(x)]'' - Z\,y''(x) = p(x) = p_0. \qquad\text{(D.IV.5)}$$

Unter der Voraussetzung einer konstanten Biegesteifigkeit und konstanter Querbelastung ergibt sich nach Gl. (B.III.36) das folgende ursächliche Moment

$$\bar{M}_{i\,d}{}^{u}(i) = -Z\,y_i + \frac{p_0\,l^2}{2} \cdot \frac{i}{4}\left\{1 - \frac{i}{4}\right\} \qquad (i = 0, 1, 2, 3, 4 = n), \quad\text{(D.IV.6)}$$

wenn die Randbedingungen

$$x = x_0 = 0: \quad y_0 = y_0{}'' = 0$$
$$x = x_n = l: \quad y_n = y_n{}'' = 0 \qquad \text{(D.IV.7)}$$

unterstellt werden.

Wird die aus Abb. 49 ersichtliche Biegelinie zugrunde gelegt und die virtuelle Belastung so gewählt, daß die Symmetrie der Belastung ausgenutzt wird, dann ergeben sich entsprechend Abschnitt B.III.2. für die beiden unbekannten Ordinaten die folgenden Bedingungsgleichungen:

$$y_1 + \frac{Z\,l^2}{E\,I} \cdot \frac{1}{6 \cdot 16}\{5\,y_1 + 3\,y_2\} =$$
$$= \frac{9}{32 \cdot 32} \cdot \frac{p_0\,l^4}{E\,I} \qquad \text{(D.IV.8)}$$

$$y_2 + \frac{Z\,l^2}{E\,I} \cdot \frac{1}{6 \cdot 16}\{6\,y_1 + 5\,y_2\} =$$
$$= \frac{19 \cdot 2}{3 \cdot 32 \cdot 32} \cdot \frac{p_0\,l^4}{E\,I}.$$

Hierbei wurde für die numerische Integration die Trapezregel verwendet. Wird der Wert

$$\frac{Z\,l^2}{E\,I} = 16 \qquad \text{(D.IV.9)}$$

gewählt, so ergibt sich aus der Gl. (D.IV.8) die inhomogene Matrix

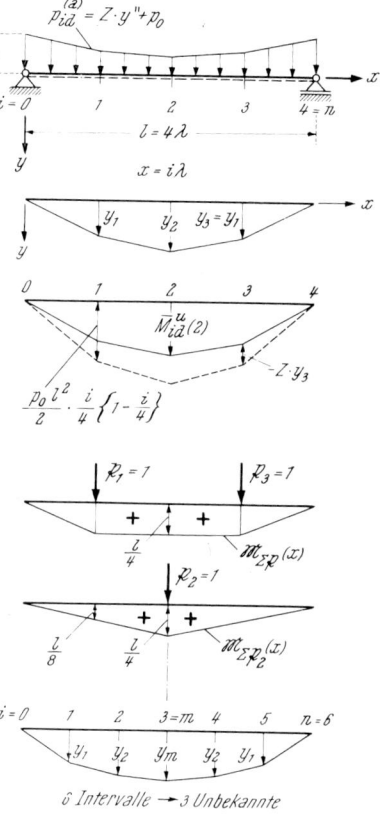

Abb. 49. Querbelasteter Zugstab

$$11\,y_1 + 3\,y_2 = \frac{27}{512} \cdot \frac{p_0\,l^4}{E\,I}$$
$$6\,y_1 + 11\,y_2 = \frac{38}{512} \cdot \frac{p_0\,l^4}{E\,I}, \qquad \text{(D.IV.10)}$$

aus der sich die unbekannten Ordinaten ergeben:

$$y_1 = 3{,}470 \cdot 10^{-3} \cdot \frac{p_0\,l^4}{E\,I}$$
$$y_2 = 4{,}834 \cdot 10^{-3} \cdot \frac{p_0\,l^4}{E\,I}. \qquad \text{(D.IV.11a)}$$

Werden die Produkte

$$Z\,y_1 = 3 \cdot 470 \cdot 10^{-3} \cdot p_0\,l^2 \cdot \frac{Z\,l^2}{E\,I} = 0{,}055\,522\,p_0\,l^2$$

$$Z \, y_2 = 4 \cdot 834 \cdot 10^{-3} \cdot p_0 \, l^2 \cdot \frac{Z \, l^2}{E \, I} = 0{,}077 \, 670 \, p_0 \, l^2$$

gebildet und in die Gl. (D.IV.6) eingesetzt, so ergeben sich die nachstehenden Momente

$$\bar{M}_1 = \{- \, 0{,}055 \, 522 + 0{,}093 \, 750\} \, p_0 \, l^2 = 0{,}038 \, 228 \, p_0 \, l^2$$

$$\bar{M}_2 = \{- \, 0{,}077 \, 670 + 0{,}125 \, 000\} \, p_0 \, l^2 = 0{,}047 \, 330 \, p_0 \, l^2 \qquad \text{(D.IV.12a)}$$

Die genauen Lösungen lauten [17]

$$\bar{M}_1 = 0{,}036 \, 865 \, p_0 \, l^2$$

$$\bar{M}_2 = 0{,}045 \, 887 \, p_0 \, l^2.$$

Der relative Fehler beträgt somit 3,7% bzw. 3,2% wenn er auf die genauen Ergebnisse bezogen wird.

Durch Erhöhung der Anzahl der Intervalle kann die Genauigkeit verbessert werden; dies dürfte im vorliegenden Fall notwendig sein.

Wird der Balken z. B. in 6 gleiche Intervalle geteilt (Abb. 49) — wodurch aus Symmetriegründen nur eine unbekannte Ordinate zusätzlich auftritt — so ergibt sich die mittlere Ordinate zu

$$y_m = 4{,}906 \cdot 10^{-3} \frac{p_0 \, l^4}{E \, I} \qquad \text{(genauer Wert: } 4{,}945 \cdot 10^{-3}) \qquad \text{(D.IV.11b)}$$

und das Mittenmoment lautet

$$\bar{M}_M = 0{,}046 \, 501 \, p_0 \, l^2. \qquad \text{(D.IV.12b)}$$

Der relative Fehler beträgt dann 1,34%. Dieses Ergebnis genügt den baustatischen Erfordernissen vollauf.

Es sei zur numerischen Integration bemerkt, daß die Anwendung der Simpsonschen Regel gegenüber der Trapezregel keine Verbesserung der Ergebnisse bringt, da die dabei zu verwendenden Ordinaten — sie entstehen durch Multiplikation des ursächlichen Momentes mit dem Moment aus der virtuellen Belastung — keiner glatten Kurve angehören (Knickpunkte!).

D.IV.3. Knickstab — an einem Ende eingespannt, am anderen Ende gelenkig gelagert und elastisch gestützt (Abb. 50)

Die Differentialgleichung für dieses Eigenwertproblem lautet

$$E \, I \, y''''(x) + P \, y''(x) = 0. \qquad \text{(D.IV.13a)}$$

Die folgenden 4 Randbedingungen sind vorgeschrieben:

$$x = x_0 = 0: \qquad y_0 = y_0{}' = 0 \qquad \text{(D.IV.13b)}$$

$$x = x_n = l: \qquad y_n{}'' = 0; \qquad E \, I \, y_n{}''' + P \, y_n{}' = c_n \, y_n. \qquad \text{(D.IV.13c)}$$

Für die Untersuchung werden konstante Biegesteifigkeit und konstante Normalkraft vorausgesetzt. Die Berücksichtigung einer veränderlichen Biegesteifigkeit kann mit Hilfe der Trapezformel bei der Aufstellung der Grundgleichungen erfolgen. Der Fall mit veränderlicher Normalkraft wird bei Vorgabe der Druckkraft als stetige Funktion nach Abschnitt B.III.1.3. und bei Vorgabe als stückweise glatte Funktion nach Abschnitt B.VII. als zusammengesetztes System behandelt.

An diesem Beispiel sollen vielmehr verschiedene Ansätze dargelegt werden, die bei der Anwendung des Ersatzbalkenverfahrens Verwendung finden können.

a) *Untersuchung nach den Abschnitten B.III.—B.V.*

Wenn die aus Abb. 50 ersichtliche Teilung zugrunde gelegt wird, dann ergibt sich aus dem Kriterium des Abschnittes B.V.1.2.2. (virtuelle Belastung am Balken auf 2 Stützen):

$$m = 4; \qquad n = 4; \qquad a_r = 1; \qquad a_r{}' = 1; \qquad a_r{}'' = 1; \qquad a_r{}''' = 1; \qquad a = 4;$$

Unbekannte:
$$u_i \ = n + 1 - a_r \qquad\qquad = 4$$
$$u_i{}' = \qquad\qquad\qquad\qquad = 0$$
$$u_i{}'' = m - (2 + a_r{}'' + a_r{}''') = 0$$
$$\overline{\phantom{u_i{}''}u = 4}$$

Bedingungsgleichungen:
$$b_i \ = n - 1 \quad = 3$$
$$b_i{}' = a_r{}' \quad\quad = 1$$
$$b_t \ = (m - a) = 0$$
$$\overline{b = 4}$$

Als Unbekannte treten die 4 Durchbiegungen y_i $(i = 1, 2, 3, 4)$ auf. Weiterhin stehen drei Grundgleichungen vom Typ (Gl. (B.III.51)) und eine vom Typ (Gl. (B.III.52)) zur Verfügung. Die Momente infolge der virtuellen Belastung $(\mathfrak{P}_i = 1$ $(i = 1, 2, 3)$ und $\mathfrak{M}_0 = 1)$ sind aus Abb. 50 zu entnehmen.

Das ursächliche Moment ergibt sich aus der Gl. (B.III.36)

$$- E I \, y_i{}'' = \bar{M}_{id}{}^u(i) =$$
$$= P \, y_i + \bar{K}_1 \, x + \bar{K}_2. \qquad \text{(D.IV.14)}$$

Die Querkraft lautet nach Gl. (B.III.34)

$$- E I \, y_i{}''' = \bar{Q}_{id}{}^u(i) = P \, y_i{}' + \bar{K}_1.$$
$$\text{(D.IV.15)}$$

Aus den Randbedingungen (D.IV.13 b, c)) können die Konstanten berechnet werden.

$$- E I \, y_n{}''' - P \, y_n{}' = \bar{K}_1 = - c_n \, y_n$$
$$\text{(D.IV.16a)}$$

$$\bar{M}_{id}{}^u(n) = 0 = P \, y_n - c_n y_n \, l + \bar{K}_2.$$
$$\text{(D.IV.16b)}$$

Werden die Konstanten in die Gl. (D.IV.14) eingesetzt, so ist das ursächliche Moment in Abhängigkeit von den unbekannten Durchbiegungen y gegeben:

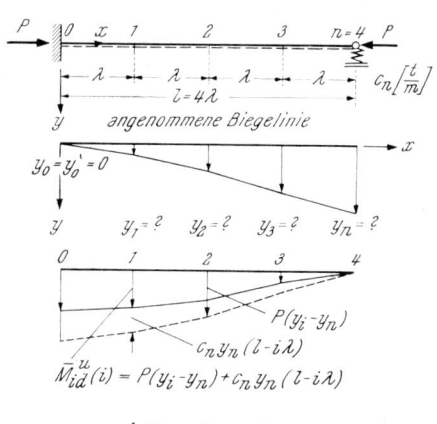

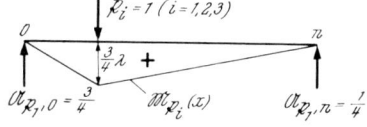

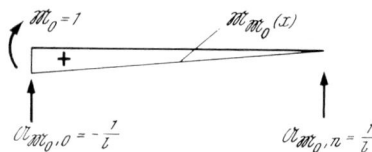

Abb. 50. Knickstab, an einem Ende eingespannt und starr gelagert, am anderen Ende gelenkig gelagert und elastisch gestützt

$$\bar{M}_{id}{}^u(i) = P(y_i - y_n) + c_n y_n(l - x). \tag{D.IV.17}$$

Damit sind alle Unterlagen für die Aufstellung der 4 Bedingungsgleichungen vorhanden. Wenn die Abkürzungen

$$\varkappa = 96 \cdot \frac{E\,I}{P\,l^2} \tag{D.IV.18a}$$

$$\beta = \frac{1}{384} \cdot \frac{c_n\,l^3}{E\,I} \tag{D.IV.18b}$$

eingeführt werden, ergibt sich die folgende homogene Matrix:

y_1	y_2	y_3	$y_4 = y_n$	
$1 + \varkappa$	0	0	$11\,\beta\,\varkappa - 3$	$= 0$
6	$1 + \varkappa$	0	$40\,\beta\,\varkappa - 12$	$= 0$
12	6	$1 + \varkappa$	$81\,\beta\,\varkappa - 27$	$= 0$
18	12	6	$(1 + 128\,\beta)\,\varkappa - 47$	$= 0$

$$\tag{D.IV.19}$$

Die Wurzeln der Systemdeterminante sind die gesuchten Eigenwerte $\varkappa_i$ ($i = 1, 2, 3, 4$). Um die Genauigkeit der Lösung zu überprüfen, wird für den Wert

$$\beta = \frac{1}{384} \cdot \frac{c_n\,l^3}{E\,I} = \frac{1}{384} \cdot 2\,\pi^2 \tag{D.IV.18c}$$

der 1. Eigenwert berechnet und mit der strengen Lösung

$$P_{kr} = 1{,}528\,\pi^2\,\frac{E\,I}{l^2}, \tag{D.IV.20}$$

der sich aus einer transzendenten Gleichung [9] ergibt, verglichen. Die Matrix (D.IV.19) liefert für den maßgebenden Eigenwert

$$\varkappa = \frac{96}{\pi^2} \cdot \frac{1}{1{,}584} = 96\,\frac{E\,I}{P\,l^2}, \tag{D.IV.21a}$$

aus dem sich die kritische Last zu

$$P_{kr} = 1{,}584\,\pi^2\,\frac{E\,I}{l^2} \tag{D.IV.21b}$$

ergibt. Die Abweichung beträgt rund 3,7%.

b) Ansatz einer speziellen Funktion nach Abschnitt B.VI.

Für den unter Punkt a behandelten Knickstab soll nun unter Verwendung einer zulässigen Funktion die kritische Kraft bestimmt werden. Ausgangspunkt ist das bereits bekannte ursächliche Moment (Gl. (D.IV.17)), das in veränderter Schreibweise lautet

$$\bar{M}_{id}{}^u(x, y) = P\,y(x) - P\,y_n + c_n y_n(l - x). \tag{D.IV.22a}$$

In diese Gleichung ist für $y(x)$ eine zulässige Funktion, die sich geschlossen integrieren läßt, einzusetzen. Es wird die Funktion

$$y(x) = a\,x^2 + b\,x^3 \tag{D.IV.23a}$$

gewählt, die bereits den wesentlichen Randbedingungen

$$x = x_0 = 0: \qquad y_0 = y_0' = 0 \qquad \text{(D.IV.24)}$$

genügt und Entier $(m + 1)/2 = 2$mal stetig differenzierbar ist. Die Konstanten a und b dienen zur Berücksichtigung der noch unbekannten Ordinaten $y_m = y(x = l/2)$ und $y_n = y(x = l)$ (Abb. 51).

Aus den beiden Bedingungsgleichungen

$$y\left(\frac{l}{2}\right) = y_m = a\,\frac{l^2}{4} + b\,\frac{l^3}{8}$$

$$y(l) = y_n = a\,l^2 + b\,l^3$$

ergeben sich die Konstanten

$$a = +\left\{8\,y_m - y_n\right\}\frac{1}{l^2}$$

und

$$b = -\left\{8\,y_m - 2\,y_n\right\}\frac{1}{l^3}\,.$$

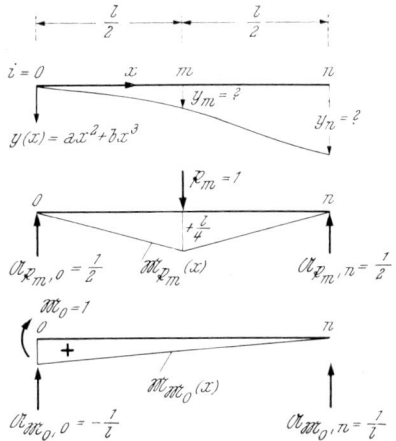

Abb. 51. Lösungsansatz für den Knickstab nach Abb. 50 unter Verwendung einer speziellen Funktion

Werden die Konstanten in die Gl. (D.IV.23a) eingesetzt und wird als dimensionslose Abszisse $\xi = x/l$ $(0 \leq \xi \leq 1)$ berücksichtigt, so gilt für die zulässige Funktion

$$y(\xi) = 8\,y_m\,\{\xi^2 - \xi^3\} - y_n\,\{\xi^2 - 2\,\xi^3\} \qquad \text{(D.IV.23b)}$$

und das ursächliche Moment gewinnt folgende Gestalt

$$\bar{M}_{id}{}^u(x, y) = P\,[8\,y_m\,\{\xi^2 - \xi^3\} - y_n\,\{1 + \xi^2 - 2\,\xi^3\}] + c_n\,l\,y_n\,\{1 - \xi\}. \quad \text{(D.IV.22b)}$$

Mit Hilfe des ursächlichen Momentes und unter Verwendung der Momente $\mathfrak{M}_{\mathfrak{p}_m}(x)$ und $\mathfrak{M}_{\mathfrak{M}_0}(x)$ infolge der virtuellen Belastung $\mathfrak{P}_m = 1$ und $\mathfrak{M}_0 = 1$ (Abb. 51) kann je eine Grundgleichung vom Typ (B.III.51) und (B.III.52) aufgestellt werden und es ergibt sich das folgende homogene Gleichungssystem:

y_m	y_n	
$16\,\varkappa$	$60 - 20\,\eta - 29\,\varkappa$	$= 0$
$50\,\varkappa - 480$	$240 + 30\,\eta - 55\,\varkappa$	$= 0$

(D.IV.25a)

In den Gleichungen bedeuten

$$\varkappa = \frac{P\,l^2}{E\,I} \quad \text{(Eigenwert)} \qquad \text{(D.IV.25b)}$$

$$\eta = \frac{c_n\,l^3}{E\,I} = 2\,\pi^2. \qquad \text{(D.IV.25c)}$$

9*

Der erste Eigenwert ergibt sich aus einer quadratischen Gleichung

$$\varkappa = 14{,}448$$

und liefert die kritische Knicklast von

$$P_{kr} = 1{,}464\,\pi^2\,\frac{E\,I}{l^2}\,.$$

Ein Vergleich mit dem genauen Wert (Gl. (D.IV.20)) zeigt einen relativen Fehler von 4,2%. Es sei vermerkt, daß die Fehlerabschätzung bei beliebigen Aufgaben, deren Lösung nicht mit den bekannten genauen Werten verglichen werden kann, mit Hilfe von mathematischen Methoden erfolgen muß, da die Möglichkeit, durch eine Erhöhung der Anzahl der Intervalle die Genauigkeit zu überprüfen, bei der Verwendung von speziellen Funktionen entfällt.

D.IV.4. Erzwungene Schwingung eines Balkens auf 2 Stützen (Abb. 52)

Für einen Balken auf 2 Stützen sollen die Amplituden der Durchbiegung und der Biegemomente bestimmt werden, wenn dieses System durch eine in Balkenmitte angreifende Einzellast $P = P_0 \sin \omega t$ erregt wird.

Der Berechnung werden folgende Annahmen zugrunde gelegt [18]:

$P_0 = 500\,\text{kg}$	$\triangleq$ Amplitude der schwingenden Einzellast
$n = 12$	$=$ Schwingungen pro Minute
$\omega = (2\pi/60)\,n = 125{,}6\,[1/\text{sec.}]$	$=$ Winkelgeschwindigkeit
$\mu = (q/g) = (26{,}3/9{,}81) = 2{,}68\,(\text{kg} \cdot \text{sec}^2/m^2)$	$=$ Masse pro Längeneinheit
$E = 2{,}15 \cdot 10^{10}\,\text{kg/m}^2$	$=$ Elastizitätsmodul
$I = 2{,}14 \cdot 10^{-5}\,\text{m}^4$	$=$ Trägheitsmoment
$l = 4{,}35\,\text{m}$	$=$ Stützweite des Balkens.

Die Differentialgleichung für dieses vorgelegte Problem lautet

$$E\,I\,y''''(x) - \mu\,\omega^2\,y(x) = 0 \qquad\qquad \text{(D.IV.26)}$$

und muß wegen der in Feldmitte angreifenden schwingenden Einzellast für die zwei Teilbereiche

$$1. \quad 0 \leqq x \leqq \frac{l}{2}$$

$$2. \quad \frac{l}{2} \leqq x \leqq l$$

angeschrieben werden.

Ein Vergleich der Gl. (D.IV.26) mit der Gl. (B.I.4d) zeigt folgende Beziehungen:

$$S(x) = E\,I = \text{konstant}$$

$$A(x) = B(x) = C(x) = F(x) = 0 \qquad\qquad \text{(D.IV.27)}$$

$$D(x) = -\mu\,\omega^2.$$

Nach Gl. (B.III.36) ergeben sich für die beiden Bereiche folgende ursächliche Momente:

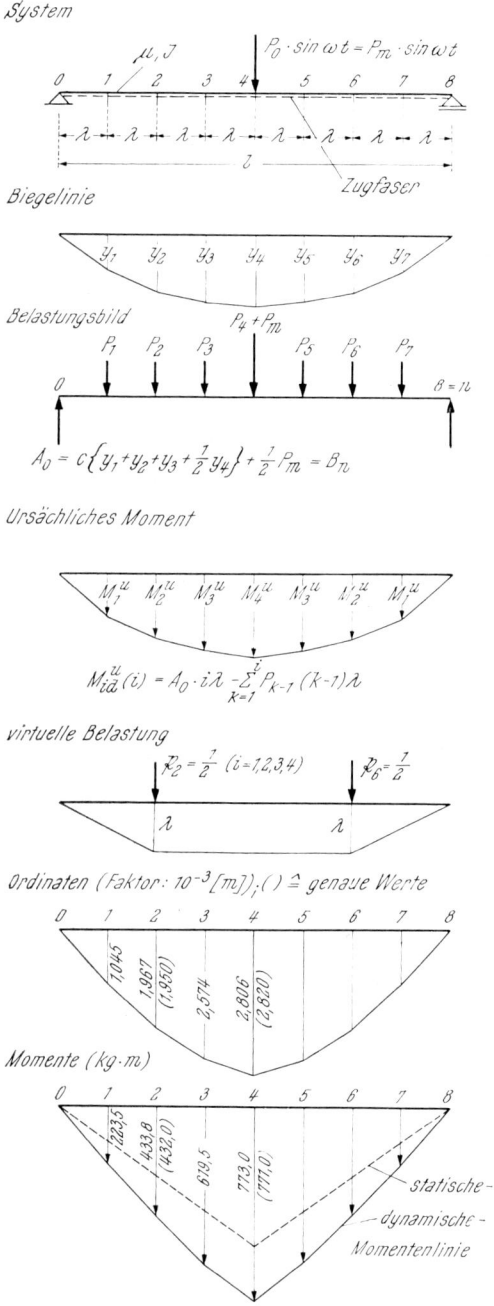

Abb. 52. Erzwungene Schwingung eines Balkens auf zwei Stützen

1. Bereich $0 \leq x \leq \dfrac{l}{2}$

$$^{(1)}\bar{M}_{id}{}^u(x, y) = - \int \int \mu\, \omega^2\, y(x)\, dx\, dx + {}^{(1)}\bar{K}_1\, x + {}^{(1)}\bar{K}_2. \quad \text{(D.IV.28a)}$$

2. Bereich $\dfrac{l}{2} \leq x \leq l$

$$^{(2)}\bar{M}_{id}{}^u(x, y) = - \int \int \mu\, \omega^2\, y(x)\, dx\, dx + {}^{(2)}\bar{K}_1\, x + {}^{(2)}\bar{K}_2. \quad \text{(D.IV.28b)}$$

Die ideelle Ausgangsbelastung $\bar{p}_{3,id}{}^{(a)}(x, y)$ beträgt also nach Gl. (B.III.37b)

$$^{(1)}\bar{p}_{3,id}{}^{(a)} = \mu\, \omega^2\, y(x) \qquad\qquad \text{(D.IV.29a)}$$

$$^{(2)}\bar{p}_{3,id}{}^{(a)} = \mu\, \omega^2\, y(x). \qquad\qquad \text{(D.IV.29b)}$$

Für die weitere Berechnung wird nun das System in 8 gleiche Intervalle geteilt und die aus Abb. 52 ersichtliche Biegelinie gewählt.

Unter Verwendung der durch die Gl. (D.IV.29) gegebenen Belastungswerte könnte man die Integrale mit der Trapezregel auswerten und unter Beachtung der Rand- und Übergangsbedingungen, bei denen zu beachten ist, daß in $x = l/2$ ein Querkraftsprung von der Größe der Lastamplitude P_0 auftreten muß, die Werte ${}^{(1)}\bar{K}_1, {}^{(1)}\bar{K}_2, {}^{(2)}\bar{K}_1, {}^{(2)}\bar{K}_2$ bestimmen.

Vereinfachend wird hier aber die Ausgangsbelastung in Einzellasten aufgeteilt. Man erhält für die inneren Intervallpunkte ($i = 1-7$) die folgenden Einzellasten:

$$P_i = \mu\, \omega^2\, \frac{l}{8}\, y_i = 1{,}457_7\, \omega^2\, y_i = c\, y_i.$$

Die Einzellasten für die Randpunkte sind wegen $y_0 = y_n = 0$ identisch Null. In Feldmitte ist zusätzlich die Lastamplitude

$$P_m = P_0 = 500 \,\text{kg}$$

zu beachten.

Damit ergibt sich das in Abb. 52 dargestellte Belastungsbild, aus dem in üblicher Weise das ursächliche Moment ermittelt wird, das infolge der Symmetrie des Systems und der Belastung symmetrisch ist. Es gilt ferner

$$y_1 = y_7, \qquad y_2 = y_6, \quad \text{usw.}$$

und als Unbekannte sind die 4 Ordinaten y_i ($i = 1, 2, 3, 4$) zu berechnen. Bei der Wahl der virtuellen Belastungszustände wird ebenfalls die Symmetrie ausgenutzt.

Nach Abschnitt B.III.2. können nun durch die Überlagerung des ursächlichen Moments mit den Momenten aus den virtuellen Belastungen 4 Gleichungen von der Form (B.III.51) angeschrieben werden. Die Gleichungen sind wegen der Lastamplitude inhomogen und lauten:

$$\begin{aligned}
-19{,}452\, y_1 + 0{,}966\, y_2 + 1{,}179\, y_3 + 0{,}630\, y_4 + 13{,}677 \cdot 10^{-3} &= 0 \\
+ 0{,}966\, y_1 - 18{,}217\, y_2 + 2{,}225\, y_3 + 1{,}193\, y_4 + 25{,}605 \cdot 10^{-3} &= 0 \\
+ 1{,}179\, y_1 + 2{,}225\, y_2 + 17{,}094\, y_3 + 1{,}567\, y_4 + 34{,}047 \cdot 10^{-3} &= 0 \\
+ 1{,}260\, y_1 + 2{,}386\, y_2 + 3{,}134\, y_3 - 18{,}273\, y_4 + 37{,}248 \cdot 10^{-3} &= 0
\end{aligned} \qquad \text{(D.IV.30)}$$

Daraus werden die Ordinaten y_i bestimmt. Die Durchbiegungen sind in Abb. 52 dargestellt und mit den Werten nach HOHENEMSER-PRAGER verglichen. Die Momente (unterteilt nach statischer und dynamischer Momentenlinie) können ebenfalls aus Abb. 52 entnommen werden. Der gegenüber den genauen Werten auftretende Unterschied ist unbedeutend.

D.IV.5. Verdrehungsbeanspruchter Träger (Abb. 53)

Die Differentialgleichung für den verdrehungsbeanspruchten Träger mit dünnwandigem, offenem Profil mit konstantem Querschnitt lautet [3, 4]

$$E F_{ww} \Phi''''(z) - G I_d \Phi''(z) - m_D(z) = 0. \qquad \text{(D.IV.31)}$$

Das Drillmoment $m_D(z) = m_D$ sei konstant und es sollen die folgenden Randbedingungen eingehalten werden:

$$z = z_0 = 0: \qquad \Phi_0 = \Phi_0' = 0. \qquad \text{(D.IV.31a)}$$

$$z = z_n = l: \qquad \Phi_n = \Phi_n' = 0. \qquad \text{(D.IV.31b)}$$

Die Lösung der Aufgabe ist bekannt. Im Rahmen dieser Arbeit soll aber an diesem Beispiel die Anwendung der zweistufigen Berechnung nach Abschnitt B.V.2.2.2. dargelegt werden.

Es gelten folgende Beziehungen:

nach Gl. (B.I.4d):

$$x = z$$
$$y(x) = \Phi(z)$$
$$S(x) = E F_{ww}$$
$$A(x) = C(x) = D(x) = 0$$
$$B(x) = - G I_d$$
$$F(x) = - m_D$$

nach Gl. (B.V.54):

$$f_i({}^E y_k) = f_i({}^E \Phi_k) = - G I_d \, {}^E \Phi_i$$
$$g_i({}^E y_k') = g_i({}^E \Phi_k') = 0$$
$${}^{(a)}h_i = \frac{m_D l^2}{2} \left\{ \frac{z_i}{l} - \left(\frac{z_i}{l}\right)^2 \right\}$$
$$m_i = \left(1 - \frac{z_i}{l}\right)$$
$$\bar{m}_i = \frac{z_i}{l}.$$

Bei Zugrundelegung der aus Abb. 53 ersichtlichen Teilung lautet das zugeordnete Moment nach Gl. (B.V.52) mit $z_i = (i\,l)/n$ $(n = 8)$ daher

$$\bar{M}_{id}{}^u(i) = - G I_d \, {}^E \Phi_i + \frac{m_D l^2}{2} \cdot \frac{i}{8} \left\{ 1 - \frac{i}{8} \right\} + M_0{}^u \left\{ 1 - \frac{i}{8} \right\} + M_n{}^u \frac{i}{8}.$$

$$\text{(D.IV.32)}$$

Für die zweistufige Berechnung wird als „statisch bestimmtes Hauptsystem" der in den Punkten 0 und n gelenkig gelagerte Balken gewählt. Hierfür sind zunächst die Formänderungsmatrizen aufzustellen.

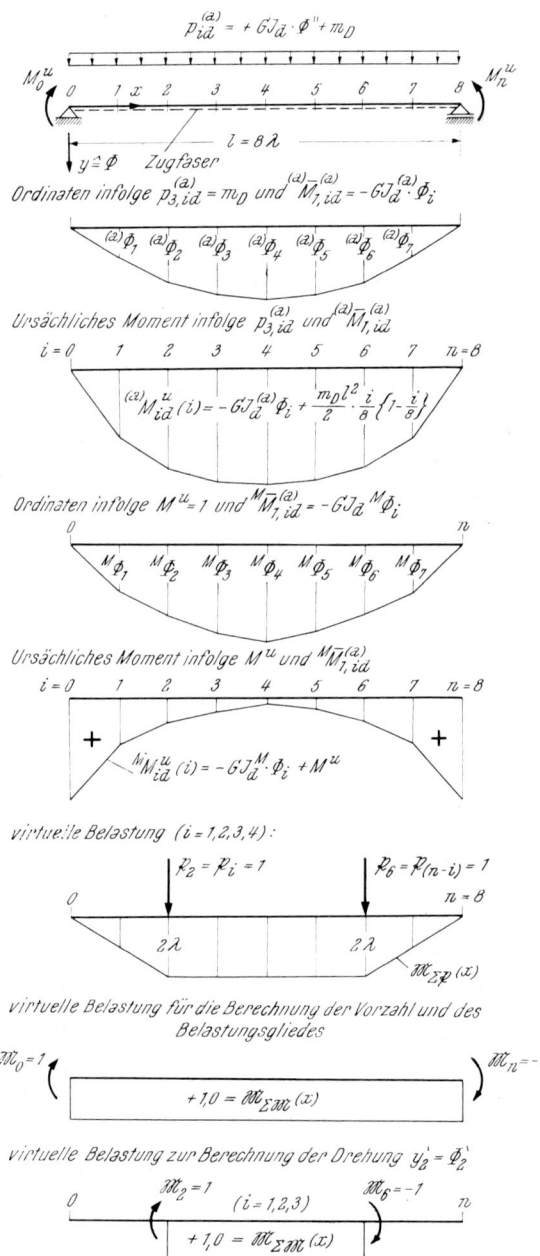

Abb. 53. Verdrehungsbeanspruchter Träger

1. *Formänderungsmatrix infolge der äußeren Belastung*

Randbedingungen:

$$z = z_0 = 0: \qquad {}^{(a)}\Phi_0 = {}^{(a)}\Phi_0{}'' = 0 \qquad\qquad (\text{D.IV.33})$$

$$z = z_n = l: \qquad {}^{(a)}\Phi_n = {}^{(a)}\Phi_n{}'' = 0.$$

Ursächliches Moment:

$$^{(a)}\bar{M}_{i\,d}{}^u(i) = -\,G\,I_d\,{}^{(a)}\Phi_i + \frac{m_D\,l^2}{2}\cdot\frac{i}{8}\left\{1 - \frac{i}{8}\right\}. \qquad (\text{D.IV.34})$$

Aus Symmetriegründen gilt ${}^{(a)}y_i = {}^{(a)}\Phi_i = {}^{(a)}\Phi_{(n-i)} = {}^{(a)}y_{(n-i)}$.

Wird die aus Abb. 53 zu entnehmende virtuelle Belastung ($\mathfrak{P}_i = \mathfrak{P}_{(n-i)} = 1$; $i = 1, 2, 3, 4$) gewählt, dann ergibt sich für die Berechnung der ${}^{(a)}\Phi_i$-Werte folgende Matrix:

${}^{(a)}\Phi_1$	${}^{(a)}\Phi_2$	${}^{(a)}\Phi_3$	${}^{(a)}\Phi_4$	
$48\,\alpha + 40$	48	48	24	$=\ 994\,\beta$
12	$12\,\alpha + 22$	24	12	$=\ 456\,\beta$
48	96	$48\,\alpha + 136$	72	$= 2370\,\beta$
12	24	36	$12\,\alpha + 22$	$=\ 640\,\beta$

(D.IV.35)

Zur Abkürzung wurde gesetzt:

$$\alpha = \frac{E\,F_{ww}}{G\,I_d\,\lambda^2} \qquad\qquad (\text{D.IV.36a})$$

$$\beta = \frac{m_D\,\lambda^2}{G\,I_d}. \qquad\qquad (\text{D.IV.36b})$$

2. *Formänderungsmatrix infolge der Einheitsbelastung*

Aus Symmetriegründen kann $M_0{}^u = M_n{}^u = M^u$ gesetzt werden, so daß folgende Randbedingungen gelten:

$$z = z_0 = 0: \qquad {}^M\Phi_0 = 0; \qquad M_0{}^u = -\,E\,F_{ww}\,{}^M\Phi_0{}'' = 1$$

$$z = z_n = l: \qquad {}^M\Phi_n = 0; \qquad M_n{}^u = -\,E\,F_{ww}\,{}^M\Phi_n{}'' = 1. \qquad (\text{D.IV.37})$$

Ursächliches Moment:

$$^M\bar{M}_{i\,d}{}^u(i) = -\,G\,I_d\,{}^M\Phi_i + M^u. \qquad\qquad (\text{D.IV.38})$$

Unter Verwendung der bereits bekannten virtuellen Belastungszustände ergibt sich für die Berechnung der unbekannten Ordinaten ${}^M\Phi_i$ das folgende inhomogene Gleichungssystem:

${}^M\Phi_1$	${}^M\Phi_2$	${}^M\Phi_3$	${}^M\Phi_4$	
$6\,\alpha + 5$	6	6	3	$= 21\,\gamma$
12	$12\,\alpha + 22$	24	12	$= 72\,\gamma$
12	24	$12\,\alpha + 34$	18	$= 90\,\gamma$
12	24	36	$12\,\alpha + 22$	$= 96\,\gamma$

(D.IV.39)

Als weitere Abkürzung wurde eingeführt

$$\gamma = \frac{M^u}{G\,I_d}.$$

(D.IV.36c)

Bevor die Momentenmatrix, die der Elastizitätsgleichung der Statik entspricht, aufgestellt wird, werden die Formänderungsmatrizen für die nachstehenden Werte numerisch ausgewertet und dem genauen Ergebnis gegenübergestellt.

$$l = 1000\ \text{cm}; \qquad \lambda = \frac{l}{8} = 125\ \text{cm}; \qquad E = 2100\ \text{t/cm}^2; \qquad G = 810\ \text{t/cm}^2$$

$$F_{ww} = 1{,}764 \cdot 10^6\ \text{cm}^6;$$

$$I_d = 174{,}976\ \text{cm}^4.$$

Unter Verwendung dieser Daten ergeben sich für die eingeführten Abkürzungen folgende Zahlenwerte

$$\alpha = \frac{E\,F_{ww}}{G\,I_d} \cdot \frac{1}{\lambda^2} = 1{,}672_8$$

$$\beta = \frac{m_D\,\lambda^2}{G\,I_d} = 0{,}110\,244 \quad \text{für} \quad m_D = 1{,}0\,\frac{\text{t cm}}{\text{cm}}$$

$$\gamma = \frac{M^u}{G\,I_d} = 70{,}556 \cdot 10^{-3} \quad \text{für} \quad M^u = 10 \cdot 10^3\,\text{t cm}^2.$$

Die sich unter Verwendung dieser Kennwerte aus den inhomogenen Gleichungssystemen (D.IV.35) und (D.IV.39) ergebenden Ordinaten sind in der Tab. 1, Spalte 2 ($^{(a)}\Phi_i$) und Spalte 6 ($^M\Phi_i$) zusammengestellt und mit den genauen Werten nach [3] verglichen (Spalte 3 und 7). Werden die ermittelten Ordinaten in die Gln. (D.IV.34) und (D.IV.38) eingesetzt, so ergeben sich die ideellen ursächlichen Momente (Tab. 1, Spalten 4 und 8; genaue Werte: Spalten 5 und 9).

Momentenmatrix:

Die Randbedingungen $\Phi_0' = \Phi_n' = 0$ sind durch die „Elastizitätsgleichung" zu erfüllen. Entsprechend Gl. (B.V.63) gilt

$$^{m_D}M^u\,{}^M\Phi_0' + {}^{(a)}\Phi_0' = 0.$$

(D.IV.40)

Die „Vorzahl" (virtuelle Belastung $\mathfrak{M}_0 = -\mathfrak{M}_n = 1$, Abb. 53) lautet:

$$E\,F_{ww}\,{}^M\Phi_0' = \int_0^l \mathfrak{M}_{\Sigma\mathfrak{M}}(z)\,{}^M M_{id}{}^u(z)\,dz = 1{,}572_4 \cdot 10^6$$

und das „Belastungsglied" beträgt

$$E\,F_{ww}\,{}^{(a)}\Phi_0' = \int_0^l \mathfrak{M}_{\Sigma\mathfrak{M}}(z)\,{}^{(a)}M_{id}{}^u(z)\,dz = 8{,}512_4 \cdot 10^6.$$

Damit folgt aus Gl. (D.IV.40) der gesuchte Wert

$$^{m_D}M^u = -\frac{{}^{(a)}\Phi_0'}{{}^M\Phi_0'} = -5{,}413_8.$$

Tabelle 1

1	2	3	4	5	6	7	8	9
Dim.	—	—	tcm²	tcm²	—	—	tcm²	tcm²
	$(a)\Phi_i \equiv (a)y_i$		$(a)\overline{M}_{id}^u(i) \equiv (a)M_w(i)$		$M\Phi_i \equiv My_i$ *		$M\overline{M}_{id}^u(i) \equiv M_wM_w(i)$ *	
i	Ersatzb.	genau**	Ersatzb.	genau	Ersatzb.	genau	Ersatzb.	genau
0	0,0	0,0	0,0	0,0	0,0	0,0	10000,0	10000,0
1	0,290$_4$	0,287$_2$	13530,6	13982,0	0,0384$_4$	0,0377$_4$	4551,7	4650,5
2	0,523$_5$	0,518$_0$	19555,6	20328,5	0,0555$_6$	0,0548$_8$	2125,7	2222,3
3	0,671$_1$	0,664$_4$	22075,4	23287,5	0,0627$_2$	0,0614$_5$	1111,1	1190,2
4	0,721$_4$	0,714$_3$	22763,2	24031,0	0,0646$_7$	0,0641$_7$	834,1	905,7

1	10	11	12	13	14	15	16	17
Dim.	—	—	tcm²	tcm²	tcm	tcm	tcm	tcm
	$E\Phi_i \equiv Ey_i$		$^mD\overline{M}_{id}^u(i) = M_w$		$M_{DP}(i)$		$M_{DS}(i)$	
i	Ersatzb.	genau	Ersatzb.	genau	Ersatzb.	genau	Ersatzb.	genau
3	0,0	0,0	− 54137,9	− 55031,2	0,0	0,0	500,0	500,0
4	0,082$_3$	0,079$_5$	− 1111,5	− 11609,9	142,99	145,99	232,01	229,01
5	0,222$_7$	0,216$_0$	+ 8047,5	+ 8099,1	144,33	148,11	105,67	101,89
6	0,331$_5$	0,322$_3$	+ 16060,4	+ 16476,6	83,78	86,23	41,22	38,77
7	0,371$_2$	0,361$_1$	+ 18247,3	+ 18785,6	0,0	0,0	0,0	0,0

* $M^u = 10000$ tcm².

** Genaue Werte nach [3].

Die endgültigen Ordinaten $^E\Phi_i$ ergeben sich durch Superposition

$$^E\Phi_i = {}^{(a)}\Phi_i + {}^M\Phi_i \cdot {}^{m_D}M^u, \qquad\qquad\text{(D.IV.41)}$$

und sind in Spalte 10 der Tab. 1 angegeben (genaue Werte: Spalte 11). Durch die Überlagerung

$$^{m_D}\bar{M}_{id}{}^u(i) = {}^{(a)}\bar{M}_{id}{}^u(i) + {}^M\bar{M}_{id}{}^u(i) \; {}^{m_D}M^u \qquad\qquad\text{(D.IV.42)}$$

ergeben sich die ideellen ursächlichen Momente, die als Wölbverdrehmomenten-integrale oder als Bimomente zu deuten sind (Tab. 1, Spalte 12; genaue Werte: Spalte 13). Damit ist die Aufgabe grundsätzlich gelöst. Da aber im praktischen Fall auch das primäre Verdrehmoment

$$M_{DP}(i) = + \, G \, I_d \, {}^E\Phi_i' \qquad\qquad\text{(D.IV.43a)}$$

und das sekundäre Wölbverdrehmoment

$$M_{DS}(i) = - \, E \, F_{ww} \, {}^E\Phi_i''' \qquad\qquad\text{(D.IV.44a)}$$

von Interesse sind, werden diese Werte zusätzlich berechnet. Hierfür wird zunächst die Drehung des Ersatzbalkens, die der Verdrehung des wirklichen Systems entspricht, für jeden Teilpunkt i unter Verwendung der endgültigen ursächlichen Momente (Gl. (D.IV.42), Spalte 12) berechnet

$$2 \, E \, F_{ww} \, {}^E\Phi_i' = \int\limits_0^l \mathfrak{M}_{\Sigma\mathfrak{M}}(z) \; {}^{m_D}M_{id}{}^u(z) \, dz = \eta_i.$$

Damit gilt für das primäre Verdrehmoment

$$M_{DP}(i) = \frac{1}{2} \frac{G \, I_d}{E \, F_{ww}} \eta_i = G \, I_d \, {}^E\Phi_i' \qquad\qquad\text{(D.IV.43b)}$$

(Tab. 1, Spalte 14 und 15).

Für das sekundäre Wölbverdrehmoment ergibt sich aus der Gl. (D.IV.44a) unter Beachtung der Gl. (B.III.34)

$$M_{DS}(i) = - \, E \, F_{ww} \, {}^E\Phi_i''' = - \, G \, I_d \, {}^E\Phi_i' + \frac{m_D \, l}{2}\left\{1 - \frac{i}{4}\right\} =$$

$$= - \, M_{DP}(i) + \frac{m_D \, l}{2}\left\{1 - \frac{i}{4}\right\} \qquad\qquad\text{(D.IV.44b)}$$

(Tab. 1, Spalte 16 und 17).

Die Gegenüberstellung der Ergebnisse des Ersatzbalkenverfahrens bei 8 gleich-großen Intervallen und der der genauen Lösung ergibt eine ausreichende Übereinstimmung. Durch eine kleinere Intervallteilung des Ersatzbalkens kann man bei Bedarf den Grad der Genauigkeit erhöhen.

D.V. Beispiele für einfach zusammengesetzte Systeme

D.V.1. Stabilitätsuntersuchung des einstöckigen symmetrischen Zweigelenkrahmens

Die Belastung, die Abmessungen und die gewählten Bezeichnungen sind aus Abb. 54a zu ersehen.

Die Untersuchungen werden auf die Instabilitätserscheinungen in der Tragwerksebene beschränkt. Ein Ausweichen senkrecht zur Rahmenebene sei z. B. durch die Anordnung eines Verbandes ausgeschlossen.

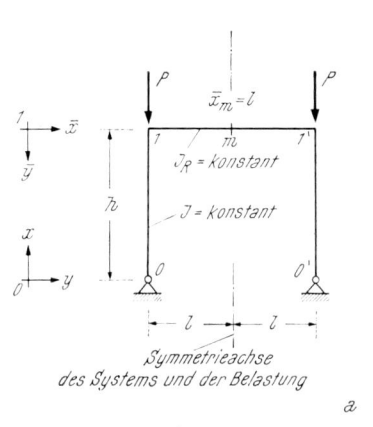

Symmetrieachse
des Systems und der Belastung

a

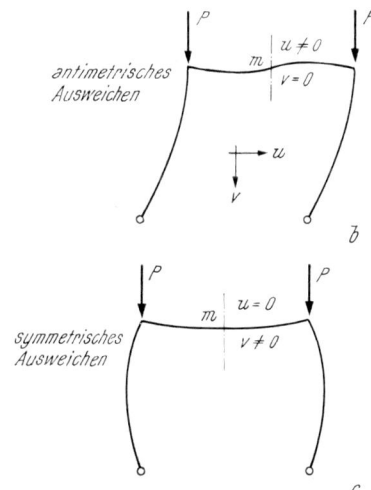

antimetrisches
Ausweichen

b

symmetrisches
Ausweichen

c

Abb. 54. Knicken eines Zweigelenk-
rahmens
a) System,
b) antimetrische Knickfigur,
c) symmetrische Knickfigur

Der Rahmen wird in seiner Ebene stets antimetrisch ausknicken, wenn er gegen seitliches Ausweichen nicht gesichert ist (Abb. 54b). Andererseits kann sich auch eine symmetrische Knickfigur (Abb. 54c) ausbilden, wenn der Punkt m des Riegels an einer horizontalen Verschiebung ($\bar{x} = l$: $u = 0$) gehindert wird. Für beide Fälle soll die kritische Last P_{kr} nach dem Ersatzbalkenverfahren berechnet werden.

Ohne daß die wesentlichen Merkmale der Ansätze des Ersatzbalkenverfahrens in den Hintergrund treten, können für die Ermittlung der Eigenwerte die Eigenfunktionen für die verschiedenen Integrationsbereiche (Stiele, Riegel) verwendet werden, wodurch eine Vereinfachung der Berechnung erzielt wird.

Die Eigenlösung der homogenen Differentialgleichung 4. Ordnung

$$E I_{on} y^{IV}(x) + N_{on} y''(x) = 0 \quad \text{(D.V.1)}$$

wird daher den folgenden Beispielen vorangestellt.

Die strenge Lösung für die Biegelinie $y(x)$ des Elementarstabes (Abb. 55) von der Stützweite l_{on}, der eine konstante

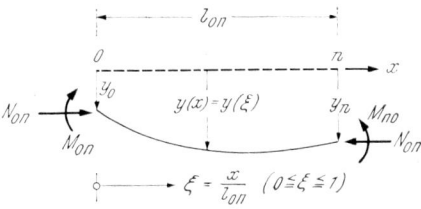

Abb. 55. Elementarstab

Biegesteifigkeit $E I_{on}$ aufweist, der durch eine konstante Druckkraft N_{on} und durch die unbekannten Randmomente M_{on} und M_{no} belastet ist und dem die ebenfalls noch unbekannten Randdurchbiegungen y_0 und y_n eingeprägt sind, lautet

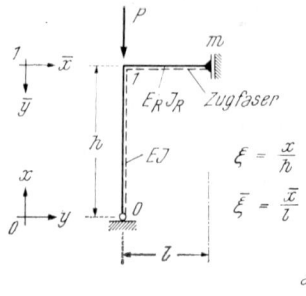

a

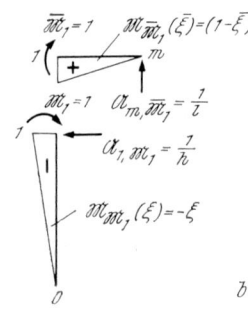

b

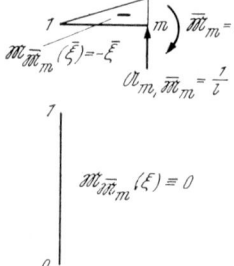

c

Abb. 56.
a) System für symmetrisches Knicken,
b) virtuelle Belastung: $\mathfrak{M}_1 = \overline{\mathfrak{M}}_1 = 1$,
c) virtuelle Belastung: $\overline{\mathfrak{M}}_m = 1$

$$y(\xi) = \frac{M_{on}}{N_{on}} \cos \varepsilon_{on} \, \xi -$$

$$- \left\{ \frac{M_{on} \cos \varepsilon_{on} - M_{no}}{N_{on}} \right\} \frac{\sin \varepsilon_{on} \, \xi}{\sin \varepsilon_{on}} -$$

$$- \frac{M_{on}}{N_{on}} + \frac{M_{on} - M_{no}}{N_{on}} \xi + y_0 +$$

$$+ \{y_n - y_0\} \, \xi, \qquad (D.V.2)$$

wobei die dimensionslose Abszisse

$$\xi = \frac{x}{l_{on}} \qquad (0 \leqq \xi \leqq 1) \qquad (D.V.3)$$

verwendet und für die Stabkennzahl

$$\varepsilon_{on} = l_{on} \sqrt{\frac{N_{on}}{E I_{on}}} \qquad (D.V.4)$$

gesetzt wurde.

D.V.1.1. Symmetrisches Knicken

Die Stabilitätsuntersuchung des in Abb. 54 dargestellten Rahmens kann bei symmetrischer Knickfigur auf die Berechnung des in Abb. 56a skizzierten einhüftigen Rahmens zurückgeführt werden. Die Lagerbedingungen im Punkt m lauten:

$$\bar{x} = l: \qquad M_m \neq 0; \qquad \bar{y}_m{}' = 0$$
$$N_m \neq 0; \qquad u_m = 0$$
$$Q_m = 0; \qquad v_m = \bar{y}_m \neq 0.$$
$$(D.V.5)$$

Die Aufgabe wird durch die nachstehenden Differentialgleichungen beschrieben:

Bereich $\overline{01} \triangleq$ Stiel $(P = N_{01})$:

$$E I \, y^{IV}(x) + N_{01} \, y''(x) = 0 \qquad (m = 4). \qquad (D.V.6a)$$

Bereich $\overline{1\,m} =$ Riegel:

$$E_R I_R \, \bar{y}^{IV}(x) = 0 \qquad (\bar{m} = 4). \qquad (D.V.6b)$$

Die Randbedingungen lauten:
Punkt 0:

$$x = 0: \qquad y_0 = 0 \qquad (a_r) \qquad (D.V.7a)$$
$$M_{id}{}^u(0) = - E I \, y_0'' = 0 \qquad (a_r'') . \qquad (D.V.7b)$$

Punkt m:

$$\bar{x} = l: \qquad \bar{y}_m{}' = 0 \qquad (a_r') \qquad (D.V.7c)$$
$$\bar{Q}_{id}{}^u(l) = - E_R I_R \, \bar{y}_m{}''' = 0 \qquad (a_r''') . \qquad (D.V.7d)$$

Im Punkt l sind folgende Übergangsbedingungen zu erfüllen:

$$x = h: \qquad y_1 = 0 \qquad\qquad\qquad\qquad (a_r) \qquad\qquad \text{(D.V.8a)}$$

$$\bar{x} = 0: \qquad \bar{y}_0 = 0 \qquad\qquad\qquad\qquad (a_r) \qquad\qquad \text{(D.V.8b)}$$

$$y_1' = \bar{y}_1' \qquad\qquad\qquad\qquad (a_r') \qquad\qquad \text{(D.V.8c)}$$

$$M_{id}{}^u(h) = - E\,I\,y_1'' = \bar{M}_{id}{}^u(0) = - E_R\,I_R\,\bar{y}_1'' \qquad (a_r''). \qquad \text{(D.V.8d)}$$

Die Kriterien für zusammengesetzte Systeme nach Abschnitt B.VII.2. ergeben:

$$N = 2; \quad n = 1; \quad \bar{n} = 1; \quad \Sigma a_B = 3; \quad \Sigma a_B' = 2; \quad \Sigma a_B'' = 2; \quad \Sigma a_B''' = 1.$$

Da die geforderten Nebenbedingungen (Gl. (B.VII.9, 11)) erfüllt werden, beträgt die Anzahl a der zugelassenen Rand- und Übergangsbedingungen

$$a = \Sigma(a_B + a_B' + a_B'' + a_B''') = 8 \qquad\qquad \text{(D.V.9)}$$

und aus den Gln. (B.VII.17—21) ergibt sich:
Anzahl der Unbekannten

$$\Sigma u \quad = [2 + 8 - 3 - 2 - 1] - 2 = 2$$

Art der Unbekannten

$$\Sigma u_i \quad = [2 - 3] + 2 = 1 \qquad\qquad \text{(Verschiebung } \bar{y}_m\text{)}$$

$$\Sigma u_i' = 0$$

$$\Sigma u_i'' = [8 - (2 + 1)] - 2.2 = 1 \qquad \text{(Moment } M_{10} = \bar{M}_{1m}\text{)}$$

Anzahl der Bedingungsgleichungen

$$\Sigma b \quad = 2$$

$\left.\vphantom{\begin{matrix}1\\2\\3\\4\\5\\6\\7\end{matrix}}\right\}$ (D.V.10)

Art der Bedingungsgleichungen

$$\Sigma b_i \quad = 2 - 2 = 0$$

$$\Sigma b_i' = 2 \qquad (1.\ \mathfrak{M}_1 = \bar{\mathfrak{M}}_1 = 1; \quad 2.\ \bar{\mathfrak{M}}_m = 1)$$

$$b_t \quad = 0.$$

Die ideellen ursächlichen Schnittlasten ergeben sich aus den Differentialgleichungen (D.V.6a, b) durch ein- oder zweimalige Integration oder formal aus den Gln. (B.III.34, 36) zu:

Stiel $(0 \leqq x \leqq h)$:

Querkraft $\qquad Q_{id}{}^u(i) \quad = - E\,I\,y_i''' = N_{01}\,y_i' + K_1 \qquad\qquad$ (D.V.11a)

Moment $\qquad M_{id}{}^u(i) = - E\,I\,y_i'' = N_{01}\,y_i + K_1\,x_i + K_2.$ (D.V.11b)

Riegel $(0 \leqq \bar{x} \leqq l)$:

Querkraft $\qquad \bar{Q}_{id}{}^u(i) \quad = - E_R\,I_R\,\bar{y}_i''' = \bar{K}_1 \qquad\qquad\qquad$ (D.V.12a)

Moment $\qquad \bar{M}_{id}{}^u(i) = - E_R\,I_R\,\bar{y}_i'' = \bar{K}_1\,x_i + \bar{K}_2.$ (D.V.12b)

Die Konstanten ergeben sich aus den Rand- und Übergangsbedingungen (D.V.7, 8) zu

$$K_2 = 0; \qquad K_1 = \frac{M_{10}}{h}; \qquad \bar{K}_1 = 0; \qquad \bar{K}_2 = \bar{M}_{1m} = M_{10}, \quad \text{(D.V.13)}$$

so daß die ideellen ursächlichen Momente lauten

Stiel: $M_{id}{}^u(i) = N_{01}\, y_i + M_{10}\,\dfrac{x_i}{h}$ (D.V.14a)

Riegel: $\bar M_{id}{}^u(i) = M_{10} = $ konstant.   (D.V.14b)

Für die Funktion y_i ist in der Gl. (D.V.14a) die Eigenlösung einzuführen, die sich aus der Gl. (D.V.2) mit $M_{on} = 0$, $M_{no} = M_{10}$, $y_0 = 0$ und $y_n = 0$ ergibt

$$y(\xi) = +\,\frac{M_{10}}{N_{01}} \cdot \frac{\sin \varepsilon_{01}\,\xi}{\sin \varepsilon_{01}} - \frac{M_{10}}{N_{01}}\,\xi \qquad (0 \leq \xi \leq 1). \qquad \text{(D.V.15)}$$

Das Moment im Stiel lautet daher ($\xi = x/h$)

$$M_{id}{}^u(i) = M_{10}\,\frac{\sin \varepsilon_{01}\,\xi_i}{\sin \varepsilon_{01}}. \qquad \text{(D.V.14c)}$$

Die Momente infolge der virtuellen Belastung sind aus den Abb. 56b und c zu entnehmen.

Aus der Überlagerung der ideellen ursächlichen Momente mit denen infolge der virtuellen Belastung ergeben sich die Grundgleichungen, die vom Typ der Gl. (B.III.52) sind.

1. Grundgleichung (virtuelle Belastung nach Abb. 56b):

$$\mathfrak{M}_1\, y_1{}' = \frac{h}{E\,I} \int_0^1 (-\xi)\, M_{10}\,\frac{\sin \varepsilon_{01}\,\xi}{\sin \varepsilon_{01}}\, d\xi \qquad \text{(D.V.16a)}$$

$$\bar{\mathfrak{M}}_1\, \bar y_1{}' - \frac{1}{l}\,\bar y_m = \frac{l}{E_R\,I_R} \int_0^1 (1-\bar\xi)\, M_{10}\, d\bar\xi. \qquad \text{(D.V.16b)}$$

Wegen der Übergangsbedingung (D.V.8c) $y_1{}' = \bar y_1{}'$ ergibt sich nach Auswertung der Integrale aus den Gln. (D.V.16a, b) die erste Grundgleichung

$$\bar y_m + \frac{l^2}{2\,E_R\,I_R}\,M_{10}\left\{1 + 2\,\frac{E_R\,I_R}{E\,I}\,\frac{h}{l}\left(\frac{1}{\varepsilon_{01}{}^2} - \frac{1}{\varepsilon_{01}\,\mathrm{tg}\,\varepsilon_{01}}\right)\right\} = 0. \qquad \text{(D.V.17a)}$$

2. Grundgleichung (virtuelle Belastung nach Abb. 56c):

$$\bar{\mathfrak{M}}_m\, \bar y_m{}' - \frac{1}{l}\,\bar y_m = \frac{l}{E_R\,I_R} \int_0^1 (-\bar\xi)\, M_{10}\, d\bar\xi. \qquad \text{(D.V.18)}$$

Mit $\bar y_m{}' = 0$ und nach Integration gilt

$$\bar y_m - \frac{l^2}{2\,E_R\,I_R}\,M_{10} = 0. \qquad \text{(D.V.17b)}$$

Die beiden Grundgleichungen (D.V.17) bilden das gesuchte homogene Gleichungssystem für die beiden Unbekannten $\bar y_m$ und

$$\tilde M_{10} = \frac{l^2}{2\,E_R\,I_R}\,M_{10}.$$

Das System hat dann und nur dann Lösungen, wenn die Systemdeterminante Null ist. Die Knickbedingung lautet daher

$$\frac{\varepsilon_{01}{}^2\,\mathrm{tg}\,\varepsilon_{01}}{\mathrm{tg}\,\varepsilon_{01} - \varepsilon_{01}} + \frac{E_R\,I_R}{E\,I}\,\frac{h}{l} = 0 \qquad \text{(D.V.19)}$$

und liefert die kritischen Stabkennzahlen (Eigenwerte)

$$\varepsilon_{01,kr} = h \sqrt{\frac{P_{kr}}{EI}}, \tag{D.V.20}$$

aus denen die kritischen Lasten berechnet werden können, wovon den Bauingenieur allerdings nur $P_{kr,\min}$ interessiert. Die Gl. (D.V.19) stimmt selbstverständlich mit der genauen Lösung nach KOLLBRUNNER [11] überein, wenn dort $b = 2\,l$ gesetzt wird.

Die Berücksichtigung des plastischen Bereiches kann in bekannter Weise erfolgen [2].

D.V.1.2. Antimetrisches Knicken

Die Stabilitätsuntersuchung des in Abb. 54 dargestellten Rahmens kann bei antimetrischer Knickfigur auf die Berechnung des in der Abb. 57 skizzierten einhüftigen Rahmens zurückgeführt werden. Die Lagerbedingungen im Punkt m lauten:

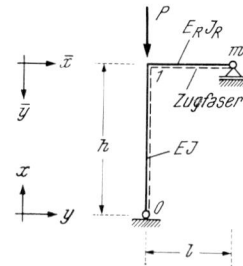

Abb. 57. System — antimetrisches Knicken

$$\bar{x} = l: \qquad M_m = 0; \qquad \bar{y}_m{}' \neq 0$$
$$N_m = 0; \qquad u_m \neq 0 \tag{D.V.21}$$
$$Q_m \neq 0; \qquad v_m = \bar{y}_m = 0.$$

Die Differentialgleichungen (D.V.6a, b) gelten für die beiden Bereiche auch beim antimetrischen Knicken. Die Randbedingungen (D.V.7a, b) im Punkt 0 bleiben ebenfalls gültig. Die Randbedingungen (D.V.7c, d) des Punktes m ändern sich allerdings:

$$\bar{x} = l: \qquad \bar{y}_m = 0 \qquad\qquad (a_r) \tag{D.V.22a}$$
$$\bar{M}_{id}{}^u(l) = -E_R I_R \bar{y}_m{}'' = 0 \qquad (a_r{}''). \tag{D.V.22b}$$

Auch die Übergangsbedingungen im Punkt 1 sind teilweise neu zu formulieren. Es gilt

$$x = h: \qquad \bar{y}_0 = 0 \qquad\qquad\qquad (a_r) \tag{D.V.23a}$$
$$\bar{x} = 0: \qquad y_1{}' = \bar{y}_1{}' \qquad\qquad\quad (a_r{}') \tag{D.V.23b}$$
$$M_{id}{}^u(h) = \bar{M}_{id}{}^u(0) \qquad\quad (a_r{}'') \tag{D.V.23c}$$
$$-A_h = -E I\, y_1{}''' - N_{01} y_1{}' = 0 \qquad (a_r{}'''). \tag{D.V.23d}$$

Die Auswertung der Kriterien nach Abschnitt B.VII.2. ergibt:

$$N = 2; \quad n = 1; \quad \bar{n} = 1; \quad \Sigma a_B = 3; \quad \Sigma a_B{}' = 1; \quad \Sigma a_B{}'' = 3; \quad \Sigma a_B{}''' = 1;$$
$$a = \Sigma(a_B + a_B{}' + a_B{}'' + a_B{}''') = 8.$$

Anzahl der Unbekannten

$$^z u = [2 + 8 - 3 - 3 - 1] - 2 = 1$$

Art der Unbekannten

$$^z u_i = [2 - 3] + 2 = 1 \qquad \text{(Verschiebung } y_1\text{)}$$
$$^z u_i{}' = 0$$
$$^z u_i{}'' = [8 - (3 + 1)] - 2 \cdot 2 = 0. \tag{D.V.24}$$

Anzahl der Bedingungsgleichungen   (D.V.24)

$$z_b = 1$$

Art der Bedingungsgleichungen

$$z_{b_i} = 2 - 2 = 0$$

$$z_{b_i}' = 1 \qquad (\mathfrak{M}_1 = \bar{\mathfrak{M}}_1 = 1)$$

$$z_{b_t} = 0.$$

Für die ideellen ursächlichen Schnittlasten gelten die Gln. (D.V.11, 12). Die Konstanten müssen allerdings wegen der teilweise veränderten Rand- und Übergangsbedingungen neu bestimmt werden. Sie lauten

$$K_1 = K_2 = 0; \qquad \bar{K}_1 = - P\, y_1\, \frac{1}{l}; \qquad \bar{K}_2 = P\, y_1. \qquad (D.V.25)$$

Aus den Gln. (D.V.11b) und (D.V.12b) ergeben sich folgende Momente

$$\text{Stiel:} \qquad M_{id}{}^u(i) = N_{01}\, y_i \qquad (D.V.26a)$$

$$\text{Riegel:} \qquad \bar{M}_{id}{}^u(i) = N_{01}\, y_1\, \{1 - \bar{\xi}_i\}. \qquad (D.V.26b)$$

Für die Funktion y_i wird in die Gl. (D.V.26a) die Eigenlösung eingesetzt, die sich aus der Gl. (D.V.2) mit $M_{on} = 0$, $M_{no} = M_{10}$, $y_0 = 0$ und $y_n = y_1$ ergibt

$$y(\xi) = \frac{M_{10}}{N_{01}}\, \frac{\sin \varepsilon_{01}\, \xi}{\sin \varepsilon_{01}} - \frac{M_{10}}{N_{01}}\, \xi + y_1\, \xi \qquad (0 \leq \xi \leq 1). \qquad (D.V.27)$$

Das Moment im Stiel lautet daher $(\xi = x/h)$

$$M_{id}{}^u(i) = M_{10}\, \frac{\sin \varepsilon_{01}\, \xi_i}{\sin \varepsilon_{01}} + \{N_{01}\, y_1 - M_{10}\}\, \xi_i. \qquad (D.V.26c)$$

Die Gl. (D.V.26c) kann vereinfacht werden, da nach Gl. (D.V.26a) für $x = h$ gilt

$$M_{id}{}^u(h) = M_{10} = N_{01}\, y_1$$

oder

$$N_{01}\, y_1 - M_{10} = 0.$$

Wird die Beziehung in die Gl. (D.V.26c) eingesetzt, so folgt

$$M_{id}{}^u(i) = N_{01}\, y_1\, \frac{\sin \varepsilon_{01}\, \xi_i}{\sin \varepsilon_{01}}. \qquad (D.V.26d)$$

In den Gln. (D.V.26b, d) für die ideellen ursächlichen Momente tritt nur noch die Unbekannte y_1 auf, so daß eine Grundgleichung aufzustellen ist. Für die virtuelle Belastung ist nach Gl. (D.V.24) $\mathfrak{M}_1 = \bar{\mathfrak{M}}_1 = 1$ zu wählen (Abb. 56b). Die Grundgleichung ergibt sich wegen der Übergangsbedingung $y_1' = \bar{y}_1'$ aus den beiden Anteilen des

$$\text{Stieles:} \quad \mathfrak{M}_1\, y_1' - \frac{1}{h}\, y_1 = \frac{h}{E\, I} \int_0^1 (-\xi)\, N_{01}\, y_1\, \frac{\sin \varepsilon_{01}\, \xi}{\sin \varepsilon_{01}}\, d\xi \qquad (D.V.27a)$$

und des

$$\text{Riegels:}\quad \bar{\mathfrak{M}}_1\,\bar{y}_1 = \frac{l}{E_R I_R}\int_0^1 (1-\bar{\xi})\,N_{01}\,y_1(1-\bar{\xi})\,d\bar{\xi} \qquad \text{(D.V.27b)}$$

nach Auswertung der Integrale und nach Umformung zu

$$\frac{\operatorname{ctg}\varepsilon_{01}}{\varepsilon_{01}} - \frac{1}{3}\frac{l}{h}\frac{E\,I}{E_R I_R} = 0 \qquad \text{(D.V.28)}$$

und stellt die Knickbedingung dar. Sie stimmt mit der Lösung von KOLLBRUNNER [11] überein, wenn $b = 2\,l$ gesetzt wird.

D.V.2. Stabilitätsuntersuchung des einstöckigen symmetrischen eingespannten Rahmens

Die Belastung, die Abmessungen und die gewählten Bezeichnungen sind der Abb. 58 zu entnehmen. Für diesen Rahmen soll das Knicken in der Ebene sowohl mit symmetrischer als auch mit antimetrischer Knickfigur untersucht werden.

D.V.2.1. Symmetrisches Knicken

Die Untersuchung kann auch in diesem Fall auf den einhüftigen Rahmen zurückgeführt werden (Abb. 59a). Für den Punkt m gelten die Bedingungen (D.V.5). Die Differentialgleichungen für den Stiel und den Riegel können ebenfalls vom vorigen Beispiel übernommen werden (Gl. (D.V.6a, b)). Die Randbedingungen für den Punkt m (Gl. (D.V.7c, d)) und die Übergangsbedingungen für den Punkt 1 (Gl. (D.V.8)) gelten auch für diesen Rahmen. Für den Punkt 0 sind allerdings die folgenden Randbedingungen zu beachten

$$x = 0:\qquad y_0 = 0 \qquad (a_r) \qquad\qquad \text{(D.V.29a)}$$
$$y_0' = 0 \qquad (a_r'). \qquad\qquad \text{(D.V.29b)}$$

Die Auswertung der Kriterien nach Abschnitt B.VII.2. ergibt

$$N = 2;\quad n = 1;\quad \bar{n} = 1;\quad \sum a_B = 3;\quad \sum a_{B'} = 3;$$
$$\sum a_B'' = 1;\quad \sum a_B''' = 1;\quad a = \sum(a_B + a_B' + a_B'' + a_B''') = 8. \qquad \text{(D.V.30)}$$

Anzahl der Unbekannten

$${}^\Sigma u = [2 + 8 - 3 - 1 - 1] - 2 = 3$$

Art der Unbekannten

$${}^\Sigma u_i = [2 - 3] + 2 = 1 \qquad (\text{Durchbiegung } \bar{y}_m)$$
$${}^\Sigma u_i' = 0 \qquad\qquad\qquad\qquad\qquad\qquad\qquad \text{(D.V.31)}$$
$${}^\Sigma u_i'' = [8 - (1+1)] - 2\cdot 2 = 2 \qquad (\text{Momente: } M_{01} \text{ und } M_{10} = \bar{M}_{1m})$$

Anzahl der Bedingungsgleichungen

$${}^\Sigma b = 3$$

Art der Bedingungsgleichungen

$${}^\Sigma b_i = 2 - 2 = 0$$
$${}^\Sigma b_i' = 3 \qquad (1.\ \mathfrak{M}_0 = 1;\quad 2.\ \mathfrak{M}_1 = \bar{\mathfrak{M}}_1 = 1;\quad 3.\ \bar{\mathfrak{M}}_m = 1)$$
$$b_t = 0.$$

Für die ideellen ursächlichen Momente gelten die Gln. (D.V.11b, 12b), wenn in diesen Gleichungen die nachstehenden Konstanten

$$K_1 = \frac{1}{h}\{M_{10} - M_{01}\}, \qquad K_2 = M_{01}, \qquad (D.V.32)$$

$$\bar{K}_1 = 0, \qquad \bar{K}_2 = M_{10} = \bar{M}_{1m},$$

die sich aus den Rand- und Übergangsbedingungen ergeben, eingesetzt werden.

Für die Momente ergeben sich die Gleichungen

Stiel: $M_{id}{}^u(i) = N_{01}\,y_i +$

$$+ \{M_{10} - M_{01}\}\,\xi_i + M_{01}$$
$$(D.V.33a)$$

Riegel: $\bar{M}_{id}{}^u(i) = M_{10} = $ konstant.

$$(D.V.33b)$$

In der Gl. (D.V.33a) wird die Funktion y_i wieder durch die Eigenlösung ersetzt. Aus der Gl. (D.V.2) ergibt sich mit

$$M_{on} = M_{01}, \qquad M_{no} = M_{10},$$

$$y_0 = 0 \qquad \text{und} \qquad \xi = \frac{x}{h}$$

$$y(\xi) = \frac{M_{10}}{N_{01}} \cos \varepsilon_{01}\,\xi - \qquad (D.V.34)$$

$$- \frac{\{M_{01} \cos \varepsilon_{01} - M_{10}\}}{N_{01}} \frac{\sin \varepsilon_{01}\,\xi}{\sin \varepsilon_{01}} -$$

$$- \frac{M_{01}}{N_{01}} + \frac{\{M_{01} - M_{10}\}}{N_{01}}\,\xi \qquad (0 \leqq \xi \leqq 1).$$

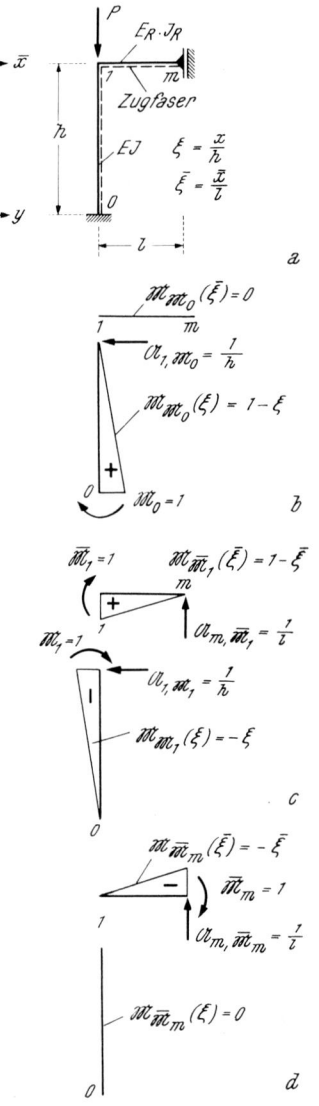

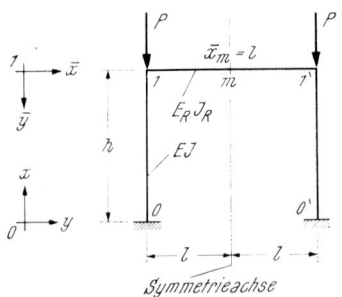

Abb. 58. System eines einstöckigen symmetrischen eingespannten Rahmens

Abb. 59.
a) System für symmetrisches Knicken,
b) virtuelle Belastung: $\mathfrak{M}_0 = 1$,
c) virtuelle Belastung: $\mathfrak{M}_1 = \bar{\mathfrak{M}}_1 = 1$,
d) virtuelle Belastung: $\mathfrak{M}_m = 1$

Somit lautet das Moment des Stieles

$$M_{id}{}^{u}(i) = M_{01} \cos \varepsilon_{01} \xi_i + (M_{10} - M_{01} \cos \varepsilon_{01}) \frac{\sin \varepsilon_{01} \xi_i}{\sin \varepsilon_{01}}. \qquad \text{(D.V.33c)}$$

Die für die Bildung der 3 Grundgleichungen erforderlichen virtuellen Belastungszustände und die daraus resultierenden Momente können aus Abb. 59b, c, d entnommen werden.

Aus der Überlagerung der ideellen ursächlichen Momente mit denen infolge der virtuellen Belastung ergeben sich die Grundgleichungen, die alle vom Typ der Gl. (B.III.52) sind.

1. Grundgleichung (virtuelle Belastung nach Abb. 59b):

$$\mathfrak{M}_0\, y_0' = 0 = \frac{h}{E\,I} \int\limits_0^1 \left[M_{01} \cos \varepsilon_{01} \xi + (M_{10} - M_{01} \cos \varepsilon_{01}) \frac{\sin \varepsilon_{01} \xi}{\sin \varepsilon_{01}} \right] (1 - \xi)\, d\xi.$$

$$\text{(D.V.35a)}$$

Wird das Integral berechnet, dann ergibt sich nach Umformung die erste Gleichung des homogenen Gleichungssystems (D.V.36).

2. Grundgleichung (virtuelle Belastung nach Abb. 59c):

$$\mathfrak{M}_1\, y_1' = \frac{h}{E\,I} \int\limits_0^1 (-\xi) \left[M_{01} \cos \varepsilon_{01} \xi + \right.$$

$$\left. + \{M_{10} - M_{01} \cos \varepsilon_{01}\} \frac{\sin \varepsilon_{01} \xi}{\sin \varepsilon_{01}} \right] d\xi = \qquad \text{(D.V.35b)}$$

$$= \frac{\bar{y}_m}{l} + \frac{l}{E_R I_R} \int\limits_0^1 M_{10}(1 - \bar{\xi})\, d\bar{\xi} = \bar{\mathfrak{M}}_1\, \bar{y}_1'.$$

Wenn die Integrale berechnet werden, dann folgt nach Umordnung die 2. Gleichung des homogenen Gleichungssystems (D.V.36).

3. Grundgleichung (virtuelle Belastung nach Abb. 59d):

$$\bar{\mathfrak{M}}_m\, \bar{y}_m' - \frac{1}{l}\, \bar{y}_m = \frac{l}{E_R I_R} \int\limits_0^1 M_{10}(-\xi)\, d\xi. \qquad \text{(D.V.35c)}$$

$$\text{(D.V.36)}$$

$\bar{y}_m$	M_{01}		M_{10}			
0	$+\dfrac{1 - \cos \varepsilon_{01}}{\varepsilon_{01} - \sin \varepsilon_{01}}$	$-\dfrac{\cos \varepsilon_{01}}{\sin \varepsilon_{01}}$	$+\dfrac{1}{\sin \varepsilon_{01}}$			$= 0$
$+\dfrac{E\,I}{l\,h}$	$+\dfrac{1}{\varepsilon_{01} \sin \varepsilon_{01}}$	$-\dfrac{1}{\varepsilon_{01}{}^2}$	$+\dfrac{1}{2} \cdot \dfrac{E\,I}{E_R I_R} \cdot \dfrac{l}{h}$	$-\dfrac{\cos \varepsilon_{01}}{\varepsilon_{01} \sin \varepsilon_{01}}$	$+\dfrac{1}{\varepsilon_{01}{}^2}$	$= 0$
$+\dfrac{E\,I}{l\,h}$	0		$-\dfrac{1}{2} \cdot \dfrac{E\,I}{E_R I_R} \cdot \dfrac{l}{h}$			$= 0$

Nach der Berechnung des Integrales ergibt sich mit $\bar{y}_m' = 0$ die 3. Gleichung des vorangegangenen homogenen Gleichungssystems (D.V.36).

Das homogene Gleichungssystem hat nur dann eine Lösung, wenn die Systemdeterminante Null wird. Die Systemdeterminante, die die gesuchte Knickbedingung darstellt, kann wesentlich vereinfacht werden, wenn mit Hilfe der 3. Gleichung die unbekannte Durchbiegung $\bar{y}_m$ aus der 2. Gleichung eliminiert wird, so daß ein homogenes Gleichungssystem für die Momente M_{01} und M_{10} entsteht. Wird die Nennerdeterminante dieses Systems gebildet, dann ergibt sich nach einiger Umformung die Knickbedingung

$$\frac{\varepsilon_{01}\{\sin\varepsilon_{01} - \varepsilon_{01}\cos\varepsilon_{01}\}}{2(1 - \cos\varepsilon_{01}) - \varepsilon_{01}\sin\varepsilon_{01}} + \frac{h}{l}\frac{E_R I_R}{E I} = 0, \qquad \text{(D.V.37)}$$

die die kritischen Stabkennzahlen

$$\varepsilon_{01,kr} = h\sqrt{\frac{P_{kr}}{E I}} \qquad \text{(D.V.38)}$$

liefert. Die Gl. (D.V.37) stimmt mit der von KOLLBRUNNER [11] angegebenen Knickbedingung überein, wenn dort $b = 2\,l$ gesetzt wird.

D.V.2.2. Antimetrisches Knicken

Die Stabilitätsuntersuchung des Rahmens nach Abb. 58 kann auf die Behandlung des in Abb. 60 dargestellten einhüftigen Rahmens zurückgeführt werden, wenn im Punkt m die Lagerbedingungen (D.V.21) vorgesehen werden. Die Differentialgleichungen (D.V.6a, b) behalten ihre Gültigkeit. Für den Punkt 0 gelten die Randbedingungen (D.V.29a, b). Die Randbedingungen für den Punkt m und die Übergangsbedingungen für den Punkt 1 können vom Abschnitt D.V.1.b. übernommen werden (Gl. (D.V.22a, b) und (D.V.23a—d)). Die Auswertung der Kriterien nach Abschnitt B.VII.2. ergibt:

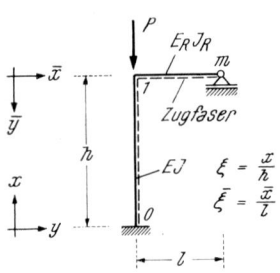

Abb. 60. System — antimetrisches Knicken

$$N = 2; \quad n = 1; \quad \bar{n} = 1; \quad \Sigma a_B = 3;$$
$$\Sigma a_B' = 2; \quad \Sigma a_B'' = 2; \quad \Sigma a_B''' = 1 \qquad \text{(D.V.39)}$$
$$a = \Sigma(a_B + a_B' + a_B'' + a_B''') = 8.$$

Anzahl der Unbekannten
$$\Sigma_u = [2 + 8 - 3 - 2 - 1] - 2 = 2$$

Art der Unbekannten
$$\Sigma_{u_i} = [2 - 3] + 2 = 1 \qquad \text{(Durchbiegung } y_1)$$
$$\Sigma_{u_i'} = 0$$
$$\Sigma_{u_i''} = [8 - (2 + 1)] - 2 \cdot 2 = 1 \qquad \text{(Moment } M_{01}).$$

Anzahl der Bedingungsgleichungen
$$\Sigma_b = 2$$

$$\left.\begin{array}{r}\\ \\ \\ \\ \\ \\ \\ \\ \\ \\ \end{array}\right\} \quad \text{(D.V.40)}$$

Art der Bedingungsgleichungen

$$\Sigma b_i = 2 - 2 = 0$$

$$\Sigma b_i' = 2 \qquad (1.\ \mathfrak{M}_0 = 1;\quad 2.\ \mathfrak{M}_1 = \bar{\mathfrak{M}}_1 = 1)$$

$$b_t = 8 - 8 = 0. \tag{D.V.40}$$

Es sind also 2 Grundgleichungen vom Typ der Gl. (B.III.52) aufzustellen.

Die ideellen ursächlichen Schnittlasten ergeben sich aus den Gln. (D.V.11a, b) und (D.V.12a, b), wenn in diese Gleichungen die folgenden sich aus den Rand- und Übergangsbedingungen ergebenden Konstanten

$$K_1 = 0; \qquad K_2 = M_{01}$$

$$\bar{K}_1 = -\frac{1}{l}\{N_{01}\,y_1 + M_{01}\}; \qquad \bar{K}_2 = N_{01}\,y_1 + M_{01} \tag{D.V.41}$$

eingesetzt werden.

$$\text{Stiel:} \qquad M_{id}{}^u(i) = N_{01}\,y_i + M_{01} \tag{D.V.42a}$$

$$\text{Riegel:} \qquad \bar{M}_{id}{}^u(i) = \{N_{01}\,y_1 + M_{01}\}\,\{1 - \bar{\xi}_i\}. \tag{D.V.42b}$$

Für die Funktion y_i wird in die Gl. (D.V.42a) die Eigenlösung eingeführt, die sich aus der Gl. (D.V.2) mit $M_{0n} = M_{01}$, $M_{n0} = M_{10}$, $y_0 = 0$ und $y_n = y_1$ ergibt

$$y(\xi) = \frac{M_{01}}{N_{01}}\cos\varepsilon_{01}\,\xi + \frac{(M_{10} - M_{01}\cos\varepsilon_{01})}{N_{01}}\frac{\sin\varepsilon_{01}\,\xi}{\sin\varepsilon_{01}} - $$
$$- \frac{M_{10}}{N_{01}} + \frac{(M_{01} - M_{10})}{N_{01}}\xi + y_1\,\xi. \tag{D.V.43}$$

Das Moment im Stiel lautet daher

$$M_{id}{}^u(i) = M_{01}\cos\varepsilon_{01}\,\xi_i + (M_{10} - M_{01}\cos\varepsilon_{01})\frac{\sin\varepsilon_{01}\,\xi_i}{\sin\varepsilon_{01}} + $$
$$+ (M_{01} - M_{10})\,\xi_i + N_{01}\,y_1\,\xi_i. \tag{D.V.42c}$$

Die Gl. (D.V.42c) kann unter Beachtung der Beziehung (D.V.42a) für $x = h$

$$M_{id}{}^u(h) = M_{10} = N_{01}\,y_1 + M_{01} \tag{D.V.44}$$

vereinfacht werden

$$M_{id}{}^u(i) = M_{01}\cos\varepsilon_{01}\,\xi_i + \{M_{01}(1 - \cos\varepsilon_{01}) + N_{01}\,y_1\}\frac{\sin\varepsilon_{01}\,\xi_i}{\sin\varepsilon_{01}}. \tag{D.V.42d}$$

Mit den Gln. (D.V.42b, d) sind die ideellen ursächlichen Momente in Abhängigkeit von den beiden Unbekannten y_1 und M_{01} dargestellt. Die für die Entwicklung der Grundgleichungen erforderlichen Momente infolge der virtuellen Belastung können aus Abb. 59b, c entnommen werden.

1. Grundgleichung (virtuelle Belastung nach Abb. 59b):

$$\mathfrak{M}_0\,y_0' - \frac{1}{h}\,y_1 = \frac{h}{E\,I}\int_0^1 (1 - \xi)\Bigg[M_{01}\cos\varepsilon_{01}\,\xi + $$
$$+ \{M_{01}(1 - \cos\varepsilon_{01}) + N_{01}\,y_1\}\frac{\sin\varepsilon_{01}\,\xi}{\sin\varepsilon_{01}}\Bigg]d\xi. \tag{D.V.45a}$$

Nach Durchführung der Integration ergibt sich nach einiger Umformung und mit $y_0' = 0$

$$\frac{1}{\varepsilon_{01} \sin \varepsilon_{01}} \{N_{01} y_1 + M_{01}(1 - \cos \varepsilon_{01})\} = 0. \tag{D.V.45b}$$

2. Grundgleichung (virtuelle Belastung nach Abb. 59c):

$$\mathfrak{M}_1 y_1' = + \frac{1}{h} y_1 + \frac{h}{E\,I} \int\limits_0^1 (-\xi)\Bigg[M_{01} \cos \varepsilon_{01} \xi +$$

$$+ \{M_{01}(1 - \cos \varepsilon_{01}) + N_{01} y_1\} \frac{\sin \varepsilon_{01} \xi}{\sin \varepsilon_{01}} \Bigg] d\xi =$$

$$= \frac{l}{E_R I_R} \int\limits_0^1 \{N_{01} y_1 + M_{01}\} \{1 - \xi\}^2 \, d\xi = \bar{\mathfrak{M}}_1 \bar{y}_1'. \tag{D.V.46a}$$

Diese Gleichung vereinfacht sich erheblich, wenn die Beziehung (D.V.45b) beachtet wird, da der zweite Integrand des 1. Integrales identisch Null ist.

Nach Durchführung der Integration ergibt sich aus der Gl. (D.V.46a)

$$N_{01} y_1 \left\{ \frac{1}{\varepsilon_{01}{}^2} - \frac{1}{3} \frac{l}{h} \frac{E\,I}{E_R I_R} \right\} - M_{01} \left\{ \frac{\sin \varepsilon_{01}}{\varepsilon_{01}} + \frac{\cos \varepsilon_{01}}{\varepsilon_{01}{}^2} - \frac{1}{\varepsilon_{01}{}^2} + \frac{1}{3} \frac{l}{h} \frac{E\,I}{E_R I_R} \right\} = 0. \tag{D.V.46b}$$

Die Gln. (D.V.45b) und (D.V.46b) bilden das homogene Gleichungssystem für die Unbekannten y_1 und M_{01}. Die Nennerdeterminante stellt die gesuchte Knickbedingung dar und lautet nach kurzer Umformung

$$\frac{\text{tg } \varepsilon_{01}}{\varepsilon_{01}} + \frac{1}{3} \frac{l}{h} \frac{E\,I}{E_R I_R} = 0. \tag{D.V.47a}$$

Aus der Gl. (D.V.47a) können die kritischen Stabkennzahlen

$$\varepsilon_{01, kr} = h \sqrt{\frac{N_{01, kr}}{E\,I}} \tag{D.V.47b}$$

berechnet werden. Die Gl. (D.V.47a) stimmt mit der von KOLLBRUNNER [11] angegebenen Gleichung überein, wenn dort $b = 2\,l$ gesetzt wird.

D.V.3. Deformationsmomente eines einhüftigen eingespannten Rahmens nach der Theorie 2. Ordnung

Der in Abb. 60 dargestellte einhüftige, im Punkt 0 eingespannte Rahmen soll zusätzlich durch die Horizontalkraft H im Punkt 1 belastet sein (Abb. 61). In diesem Fall führt die Untersuchung auf ein Spannungsproblem mit inhomogener Matrix.

Da in dem entstehenden Gleichungssystem neben der unbekannten Formänderung y_1 auch das Moment M_{01} als Unbekannte auftritt, kann die Berechnung ein- oder zweistufig erfolgen. Beide Wege sollen für dieses Beispiel dargelegt werden.

D.V.3.1. Einstufige Berechnung

Die Differentialgleichungen (D.V.6a, b) für den Stiel und den Riegel behalten ihre Gültigkeit. Die Randbedingungen (D.V.29a, b) für den Punkt 0 und diejenigen für den Punkt m (D.V.22a, b) gelten ebenfalls. Von den Übergangsbedingungen (D.V.23a−d) ist lediglich die Bedingung (D.V.23d) abzuwandeln. Sie lautet

$$- E I\, y_1''' - N_{01}\, y_1' = H \qquad (a_r'''). \qquad \text{(D.V.48)}$$

Da lediglich die Übergangsbedingung (D.V.23d) modifiziert wurde, kann die Auswertung der Kriterien ebenfalls vom Abschnitt D.V.2. (Gl. (D.V.40)) übernommen werden. Es sind somit für die beiden Unbekannten y_1 und M_{01} die Grundgleichungen zu entwickeln.

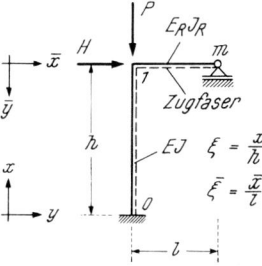

Abb. 61. Zur Berechnung der Deformationsmomente

In die allgemeinen Gleichungen für die ideellen ursächlichen Schnittlasten (Gl. (D.V.11a, b), (D.V.12a, b)) sind auf Grund der Rand- und Übergangsbedingungen folgende Konstanten einzusetzen:

$$K_1 = H, \qquad K_2 = M_{01},$$

$$\bar{K}_1 = - \frac{1}{l}\,\{N_{01}\,y_1 + H\,h + M_{01}\} = - \frac{\bar{K}_2}{l}. \qquad \text{(D.V.49)}$$

Für die Momente gelten daher folgende Gleichungen

$$\text{Stiel:} \qquad M_{id}{}^u(i) = N_{01}\,y_i + H\,x_i + M_{01} \qquad \text{(D.V.50a)}$$

$$\text{Riegel:} \qquad \bar{M}_{id}{}^u(i) = (N_{01}\,y_1 + H\,h + M_{01})\,(1 - \bar{\xi}_i). \qquad \text{(D.V.50b)}$$

In die Gleichung für das Stielmoment wird wieder die Eigenlösung, die vom Abschnitt D.V.2. (Gl. (D.V.43)) übernommen werden kann, eingeführt

$$M_{id}{}^u(i) = M_{01} \cos \varepsilon_{01}\, \xi_i + \{M_{01}(1 - \cos \varepsilon_{01}) + N_{01}\,y_1 + H\,h\}\, \frac{\sin \varepsilon_{01}\, \xi_i}{\sin \varepsilon_{01}}.$$

$$\text{(D.V.50c)}$$

Mit den Gln. (D.V.50b, c) sind die Momente in Abhängigkeit von den beiden Unbekannten y_1 und M_{01} dargestellt. Die zur Bildung der Grundgleichungen zu wählende virtuelle Belastung kann von Abb. 59b, c übernommen werden.

1. Grundgleichung (virtuelle Belastung nach Abb. 59b):

$$\mathfrak{M}_0\, y_0' - \frac{1}{h}\, y_1 = \frac{h}{E\,I} \int_0^1 (1 - \xi) \left[M_{01} \cos \varepsilon_{01}\, \xi + \right.$$

$$\left. + \{M_{01}(1 - \cos \varepsilon_{01}) + N_{01}\,y_1 + H\,h\}\, \frac{\sin \varepsilon_{01}\, \xi}{\sin \varepsilon_{01}} \right] d\xi. \qquad \text{(D.V.51a)}$$

Mit $y_0' = 0$ und nach Ausführung der Integration ergibt sich nach Umformung

$$\frac{1}{\varepsilon_{01} \sin \varepsilon_{01}} \left[N_{01}\,y_1 + M_{01}\,\{1 - \cos \varepsilon_{01}\} + H\,h\,\left\{1 - \frac{\sin \varepsilon_{01}}{\varepsilon_{01}}\right\} \right] = 0. \qquad \text{(D.V.51b)}$$

2. Grundgleichung (virtuelle Belastung nach Abb. 59c):

$$\mathfrak{M}_1 \, y_1' = \frac{1}{h} \, y_1 + \frac{h}{E\,I} \int_0^1 (-\xi) \left[M_{01} \cos \varepsilon_{01} \, \xi + \{ M_{01}(1 - \cos \varepsilon_{01}) + \right.$$

$$\left. + N_{01} \, y_1 + H\,h \} \, \frac{\sin \varepsilon_{01}\,\xi}{\sin \varepsilon_{01}} \right] d\xi = \qquad \text{(D.V.52a)}$$

$$= \frac{l}{E_R\,I_R} \int_0^1 (1 - \bar\xi)^2 \, (N_{01}\,y_1 + H\,h + M_{01})\, d\bar\xi = \bar{\mathfrak{M}}_1 \, \bar{y}_1'.$$

Nach Ausführung der Integration und einiger Umformung gilt

$$N_{01}\,y_1 \left\{ \frac{\varepsilon_{01} \cos \varepsilon_{01}}{\sin \varepsilon_{01}} - \frac{\varepsilon_{01}{}^2}{3} \frac{E\,I}{E_R\,I_R} \frac{l}{h} \right\} + M_{01} \left\{ \frac{\varepsilon_{01} \cos \varepsilon_{01}}{\sin \varepsilon_{01}} - \frac{\varepsilon_{01}}{\sin \varepsilon_{01}} - \right.$$

$$\left. - \frac{\varepsilon_{01}{}^2}{3} \frac{E\,I}{E_R\,I_R} \frac{l}{h} \right\} + H\,h \left\{ \frac{\varepsilon_{01} \cos \varepsilon_{01}}{\sin \varepsilon_{01}} - 1 - \frac{\varepsilon_{01}{}^2}{3} \frac{E\,I}{E_R\,I_R} \frac{l}{h} \right\} = 0. \qquad \text{(D.V.52b)}$$

Die beiden Gln. (D.V.51b) und (D.V.52b) bilden das inhomogene Gleichungssystem, aus dem die beiden Unbekannten y_1 und M_{01} berechnet werden können, da H und ε_{01} vorgegeben sind. Unter Verwendung von y_1 und M_{01} werden dann mit Hilfe der Gln. (D.V.50b) und (D.V.50c) die Deformationsmomente des Rahmens berechnet.

Es sei darauf hingewiesen, daß für $H \equiv 0$ die Knickgleichung (D.V.47a) erhalten wird.

D.V.3.2. Zweistufige Berechnung

Die ideellen ursächlichen Momente für die stufenweise Lösung des Rahmens nach Abb. 61 sind durch die Gln. (D.V.50b, c) gegeben. Bei ihrer Entwicklung wurden die maßgeblichen Rand- und Übergangsbedingungen beachtet.

Grundsätzlich können die Momente aber auch nach Abschnitt B.V.2.2.2. ermittelt werden, wie aus den folgenden Untersuchungen zu entnehmen ist.

Für den Stiel ergibt ein Vergleich der maßgebenden Differentialgleichung (D.V.6a) mit der zugeordneten Differentialgleichung (B.I.4d) die folgenden Beziehungen

$$S(x) = E\,I; \qquad A(x) \equiv 0; \qquad B(x) = N_{01}; \qquad C(x) = D(x) = F(x) = 0. \qquad \text{(D.V.53)}$$

Aus den Gln. (B.V.54a, b, c) folgt daher

$$f_i({}^E y_k) = N_{01} \, {}^E y_i - \frac{x_i}{h} N_{01} \, {}^E y_1 - N_{01} \, {}^E y_0 \left\{ 1 - \frac{x_i}{h} \right\}, \qquad \text{(D.V.54a)}$$

$$g_i({}^E y_k') = 0, \qquad \text{(D.V.54b)}$$

$${}^{(a)} h_i = 0. \qquad \text{(D.V.54c)}$$

Damit ergibt sich aus Gl. (B.V.52) das ideelle ursächliche Moment für den Stiel mit $y_0 = 0$

$$M_{id}{}^u(i) = N_{01} \, {}^E y_i - \frac{x_i}{h} N_{01} \, {}^E y_1 + \left(1 - \frac{x_i}{h} \right) M_{01}{}^u + \frac{x_i}{h} M_{10}{}^u. \qquad \text{(D.V.55a)}$$

Bei der gefundenen Gleichung muß nun aber beachtet werden, daß sie für die folgenden Randbedingungen

$$x = x_0 = 0; \quad {}^Ey(x_0) = {}^Ey_0 = 0; \quad M_{id}{}^u(0) = M_{01}{}^u = -S_0\,{}^Ey_0{}'' \qquad \text{(D.V.56a)}$$

$$x = x_1 = l; \quad {}^Ey(x_1) = {}^Ey_1; \quad M_{id}{}^u(1) = M_{10}{}^u = -S_1\,{}^Ey_1{}'' \qquad \text{(D.V.56b)}$$

abgeleitet wurde.

Für das vorliegende Beispiel lauten sie aber

$$x = x_0 = 0; \quad {}^Ey(x_0) = {}^Ey_0 = 0; \quad M_{id}{}^u(0) = M_{01} = -S_0\,{}^Ey_0{}'' \qquad \text{(D.V.57a)}$$

$$x = x_1 = l; \quad {}^Ey(x_1) = {}^Ey_1; \quad -E\,I\,{}^Ey_1{}''' - N_{01}\,{}^Ey_1{}' = H. \qquad \text{(D.V.57b)}$$

Da in der Gl. (D.V.55a) für die Konstante K_1 nach Gl. (B.IV.19)

$$K_1 = \frac{1}{h}\,[M_{10} - M_{01} - N_{01}\,{}^Ey_1] \qquad \text{(D.V.58a)}$$

gesetzt wurde, aber nach Gl. (D.V.57b) in Verbindung mit Gl. (B.III.34)

$$-E\,I\,{}^Ey''' - N_{01}\,{}^Ey_1{}' = K_1 = H \qquad \text{(D.V.58b)}$$

gefordert wird, ist für die Konstante K_1 in der Gl. (D.V.55a) der Wert nach Gl. (D.V.58b) zu verwenden. Wird die Beziehung

$$K_1 = H = \frac{1}{h}\,[M_{10} - M_{01} - N_{01}\,{}^Ey_1]$$

in die Gl. (D.V.55a) eingesetzt, so gilt

$$M_{id}{}^u(i) = N_{01}\,{}^Ey_i + H\,x_i + M_{01}. \qquad \text{(D.V.55b)}$$

Dieses Moment stimmt mit dem nach Gl. (D.V.50a) überein und ergibt nach Einführung der Eigenlösung (Gl. (D.V.43)) die Gl. (D.V.50c).

Nachdem die ideellen ursächlichen Momente bereitstehen, können die Formänderungs- und die Momentenmatrizen aufgestellt werden.

1. Stufe — Formänderungsmatrizen
a) Äußere Belastung

Die ideellen ursächlichen Momente ergeben sich mit $M_{01} = 0$ aus den Gln. (D.V.50b, c) zu

Riegel: $\qquad {}^H\bar{M}_{id}{}^u(i) = (N_{01}\,{}^Hy_1 + H\,h)\,(1 - \bar{\xi}_i) \qquad \text{(D.V.59a)}$

Stiel: $\qquad {}^HM_{id}{}^u(i) = (N_{01}\,{}^Hy_1 + H\,h)\,\dfrac{\sin \varepsilon_{01}\,\xi_i}{\sin \varepsilon_{01}}. \qquad \text{(D.V.59b)}$

In diesen Gleichungen tritt als einzige Unbekannte die Durchbiegung ${}^Hy_1$ auf. Unter Verwendung der virtuellen Belastung nach Abb. 59c ergibt sich die maßgebende Grundgleichung, die die Formänderungsmatrix darstellt, da nur eine unbekannte Formänderung auftritt. Sie ergibt sich aus der Gl. (D.V.52a) und nach Integration aus der Gl. (D.V.52b), wenn in diesen Gleichungen $M_{01} = 0$ gesetzt wird. Nach Auflösung gilt für die Durchbiegung:

$$ {}^Hy_1 = -\frac{H\,h}{N_{01}} \cdot \frac{\left\{ \dfrac{\cos \varepsilon_{01}}{\varepsilon_{01}\sin \varepsilon_{01}} - \dfrac{1}{\varepsilon_{01}{}^2} - \dfrac{1}{3}\dfrac{E\,I}{E_R\,I_R}\dfrac{l}{h}\right\}}{\left\{\dfrac{\cos \varepsilon_{01}}{\varepsilon_{01}\sin \varepsilon_{01}} - \dfrac{1}{3}\dfrac{E\,I}{E_R\,I_R}\dfrac{l}{h}\right\}}. \qquad \text{(D.V.60)}$$

Wird der gefundene Wert für $^H y_1$ in die Gl. (D.V.59) eingesetzt, so sind die Momente infolge der äußeren Belastung am statisch bestimmten Ersatztragwerk bekannt.

b) Einheitsbelastungszustand $M_{01} = 1$

Die Momente ergeben sich aus den Gln. (D.V.50b, c), wenn in diesen Gleichungen $H = 0$ und $M_{01} = 1$ gesetzt wird.

Riegel: $^{M_{01}}\bar{M}_{id}{}^u(i) = (N_{01}\,{}^{M_{01}}y_1 + 1)\,(1 - \bar{\xi}_i)$ (D.V.61a)

Stiel: $^{M_{01}}M_{id}{}^u(i) = \cos \varepsilon_{01}\,\xi_i + \{(1 - \cos \varepsilon_{01}) + N_{01}\,{}^{M_{01}}y_1\}\,\dfrac{\sin \varepsilon_{01}\,\xi_i}{\sin \varepsilon_{01}}$.   (D.V.61b)

In diesen Gleichungen tritt als einzige Unbekannte die Durchbiegung $^{M_{01}}y_1$ auf. Unter Verwendung der virtuellen Belastung nach Abb. 59c ergibt sich die maßgebende Grundgleichung. Sie folgt aus der Gl. (D.V.52a) bzw. (D.V.52b), wenn in diesen Gleichungen $H = 0$ und $M_{01} = 1$ gesetzt wird. Für die gesuchte Durchbiegung gilt

$$^{M_{01}}y_1 = -\,\frac{1}{N_{01}}\,\frac{\left\{\dfrac{\cos \varepsilon_{01}}{\varepsilon_{01}\sin \varepsilon_{01}} - \dfrac{1}{\varepsilon_{01}\sin \varepsilon_{01}} - \dfrac{1}{3}\dfrac{E\,I}{E_R\,I_R}\dfrac{l}{h}\right\}}{\left\{\dfrac{\cos \varepsilon_{01}}{\varepsilon_{01}\sin \varepsilon_{01}} - \dfrac{1}{3}\dfrac{E\,I}{E_R\,I_R}\dfrac{l}{h}\right\}}.$$ (D.V.62)

Wird der gefundene Wert für $^{M_{01}}y_1$ in die Gl. (D.V.61) eingesetzt, so sind die Momente infolge der Einheitsbelastung $M_{01} = 1$ am statisch bestimmten Ersatztragwerk bekannt.

Es sei erwähnt, daß im Nenner der Gl. (D.V.60) und (D.V.62) die Knickbedingung für den im Punkt 0 gelenkig gelagerten Rahmen steht ($y_1 \to \infty$; vergleiche Gl. (D.V.28)).

2. Stufe — Momentenmatrix

Zur Erfüllung der Randbedingung $y'(x_0) = y_0'$ ist nun die „ideelle Elastizitätsgleichung" am Ersatztragwerk aufzustellen. Diese Verträglichkeitsbedingung lautet

$$M_{01}\,{}^{M_{01}}y_0' + {}^H y_0' = 0.$$ (D.V.63)

Sie entspricht beim vorliegenden Beispiel selbstverständlich der Kontinuitätsbedingung in der Theorie der statisch unbestimmten Tragwerke.

Die Drehungen $^{M_{01}}y_0'$ und $^H y_0'$ ergeben sich durch die Überlagerung der ideellen ursächlichen Momente infolge des Einheitsbelastungszustandes $M_{01} = 1$ (Gl. (D.V.61a, b)) und infolge der äußeren Belastung H (Gl. (D.V.59a, b)) mit den Momenten infolge der virtuellen Belastung nach Abb. 59b. Die Drehung $^{M_{01}}y_0'$ folgt aus der Gl. (D.V.51a), wenn in dieser Gleichung $H = 0$ gesetzt wird und die Durchbiegung y_1 und die Neigung y_0' mit dem Index M_{01} versehen werden. Nach erfolgter Integration gilt (vergleiche Gl. (D.V.51b))

$$^{M_{01}}y_0' = \frac{1}{\varepsilon_{01}\sin \varepsilon_{01}}\,\{N_{01}\,{}^{M_{01}}y_1 + (1 - \cos \varepsilon_{01})\}.$$ (D.V.64)

Die Drehung $^H y_0'$ ergibt sich ebenfalls aus der Gl. (D.V.51a), wenn in dieser Gleichung $M_{01} = 0$ und die Durchbiegung y_1 und die Neigung y_0' mit dem Index

H versehen werden. Nach erfolgter Integration (vergleiche Gl. (D.V.51b)) gilt

$$^{H}y_0' = \frac{1}{\varepsilon_{01} \sin \varepsilon_{01}} \left\{ N_{01} {}^{H}y_1 + H h \left(1 - \frac{\sin \varepsilon_{01}}{\varepsilon_{01}} \right) \right\}. \qquad \text{(D.V.65)}$$

Werden Neigungen $^{H}y_0'$ und $^{M_{01}}y_0'$ in die Gl. (D.V.63) eingesetzt, so ergibt sich für das Einspannmoment

$$M_{01} = - \frac{^{H}y_0'}{^{M_{01}}y_0'} = - \frac{\left\{ N_{01} {}^{H}y_1 + H h \left(1 - \dfrac{\sin \varepsilon_{01}}{\varepsilon_{01}} \right) \right\}}{\left\{ N_{01} {}^{M_{01}}y_1 + (1 - \cos \varepsilon_{01}) \right\}}. \qquad \text{(D.V.66)}$$

Werden für die Durchbiegungen $^{H}y_1$ und $^{M_{01}}y_1$ die Ausdrücke (Gl. (D.V.60), (D.V.62)) eingeführt, so folgt aus der Gl. (D.V.66) nach kurzer Umformung

$$M_{01} = - H h \frac{\left[\dfrac{1 - \cos \varepsilon_{01}}{\varepsilon_{01} \sin \varepsilon_{01}} + \dfrac{1}{3} \dfrac{E I}{E_R I_R} \dfrac{l}{h} \right]}{\left[\dfrac{1}{\varepsilon_{01}} \text{tg}\, \varepsilon_{01} + \dfrac{1}{3} \dfrac{E I}{E_R I_R} \dfrac{l}{h} \right]} \frac{\text{tg}\, \varepsilon_{01}}{\varepsilon_{01}}. \qquad \text{(D.V.67)}$$

Die Momente eines beliebigen Rahmenpunktes ergeben sich durch Superposition

$$M_{id}{}^{u}(i) = {}^{H}M_{id}{}^{u}(i) + M_{01} {}^{M_{01}}M_{id}{}^{u}(i). \qquad \text{(D.V.68)}$$

Für $^{H}M_{id}{}^{u}(i)$ und $^{M_{01}}M_{id}{}^{u}(i)$ sind die Gln. (D.V.59a, b) und die Gln. (D.V.61a, b) zu verwenden.

Ebenfalls durch Überlagerung ergeben sich die Durchbiegungen $^{E}y_1$

$$^{E}y_1 = {}^{H}y_1 + M_{01} {}^{M_{01}}y_1. \qquad \text{(D.V.69)}$$

Für $^{H}y_1$ und $^{M_{01}}y_1$ sind die Gln. (D.V.60) und (D.V.62) zu verwenden.

Abschließend sei darauf hingewiesen, daß in der Gl. (D.V.67) im Nenner die Knickbedingung (Gl. (D.V.47a)) für den in Abb. 60 dargestellten Rahmen steht ($M_{01} \to \infty$).

Weiterhin ergeben sich für $I_R = 0$ die Knickbedingung für den einseitig eingespannten Stab und für $I_R = \infty$ die Knickbedingung für den Stab nach Abb. 48, da beim Knicken in diesem Fall nur die Relativbewegung zwischen den Punkten 0 und 1 von Bedeutung ist.

D.VI. Beispiele für mehrfach zusammengesetzte Systeme

D.VI.1. Stabilitätsuntersuchung eines zweistöckigen Rahmentragwerkes

Für das Rahmentragwerk nach Abb. 27 soll die kritische Belastung ermittelt werden. Vereinfachend wird angenommen, daß die Trägheitsmomente stabweise konstant sind. Dadurch können die strengen Lösungen der Differentialgleichungen bei der Formulierung der Momente Verwendung finden, wodurch der Ansatz wesentlich vereinfacht wird.

Aus den Differentialgleichungen für die Stiele

$$E I_{ik} \cdot y^{IV}(x) + N_{ik} y''(x) = 0 \qquad \text{(D.VI.1)}$$

und für die Riegel

$$E\,I_{mn}\,\tilde{y}^{IV}(\tilde{x}) = 0 \qquad\qquad (D.VI.2)$$

können die zugeordneten ursächlichen Momente nach Abschnitt B sofort angegeben werden.

Stiele:

Bereich 0—4: $(N_{0,4} = P_4 + P_9)$

$$M_{id}{}^u(x) = N_{0,4}\,y(x) + K_1\,x + K_2. \qquad\qquad (D.VI.3a)$$

Bereich 4—9: $(N_{4,9} = P_9)$

$$\bar{M}_{id}{}^u(\bar{x}) = N_{4,9}\,\bar{y}(x) + \bar{K}_1\,\bar{x} + \bar{K}_2. \qquad\qquad (D.VI.3b)$$

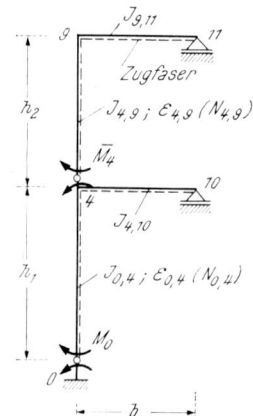

Abb. 62. Zur Berechnung eines 2-stöckigen Rahmens

Riegel:

Bereich 4—10:

$$\tilde{M}_{id}{}^u(\tilde{x}) = \tilde{K}_1\,\tilde{x} + \tilde{K}_2 \qquad\qquad (D.VI.4a)$$

Bereich 9—11:

$$\tilde{\tilde{M}}_{id}{}^u(\tilde{\tilde{x}}) = \tilde{\tilde{K}}_1\,\tilde{\tilde{x}} + \tilde{\tilde{K}}_2. \qquad\qquad (D.VI.4b)$$

Auf Grund der Rand- und Übergangsbedingungen (Abb. 27) können die Konstanten unter Verwendung von 2 unbekannten Randmomenten M_0 und $\bar{M}_4$ berechnet und die ursächlichen Momente in der folgenden Form dargestellt werden (Abb. 28, 62):

Stiele:

Bereich 0—4:

$$M_{id}{}^u(x) = N_{0,4}\,y(x) + M_0. \qquad\qquad (D.VI.5a)$$

Bereich 4—9:

$$\bar{M}_{id}{}^u(\bar{x}) = N_{4,9}\,\{\bar{y}(\bar{x}) - y_4\} + \bar{M}_4. \qquad\qquad (D.VI.5b)$$

Riegel:

Bereich 4—10:

$$\tilde{M}_{id}{}^u(\tilde{x}) = \{M_0 - \bar{M}_4 + N_{0,4}\,y_4\}\left\{1 - \frac{\tilde{x}}{b}\right\} \qquad\qquad (D.VI.6a)$$

Bereich 9—11:

$$\tilde{\tilde{M}}_{id}{}^u(\tilde{\tilde{x}}) = \{\bar{M}_4 + N_{4,9}(y_9 - y_4)\}\left\{1 - \frac{\tilde{\tilde{x}}}{b}\right\}. \qquad\qquad (D.VI.6b)$$

Die Momente der Riegel sind nur noch von den vier Unbekannten abhängig:
2 Durchbiegungen: y_4 und y_9.
2 Randmomente: M_0 und $\bar{M}_4$.

In die Gln. (D.VI.5a, b) für die Momente der Stiele sind noch die strengen Lösungen für die Biegelinien einzusetzen. Aus der Gl. (D.V.2) ergeben sich folgende Beziehungen:

Stiel $\overline{04}$:

Es ist zu setzen:

$$y_0 = 0; \qquad y_n = y_4; \qquad M_{0n} = M_{04} = M_0; \qquad M_{n0} = M_{40}$$

$$N_{0n} = N_{04}; \qquad \varepsilon_{0n} = \varepsilon_{04} = h_1 \sqrt{\frac{N_{04}}{E\, I_{04}}}. \qquad \text{(D.VI.7a)}$$

Wird ferner die Gl. (D.VI.5a) für $x = h_1$ beachtet, dann gilt

$$M_{id}{}^u(h_1) = M_{40} = M_0 + N_{04}\, y_4 \qquad \text{(D.VI.8)}$$

und für die Eigenlösung ergibt sich ($\xi = x/h_1$; $0 \leq \xi \leq 1$)

$$y(\xi) = \frac{M_0}{N_{04}} \cos \varepsilon_{04}\, \xi - \frac{\{M_0(\cos \varepsilon_{04} - 1) - N_{04}\, y_4\}}{N_{04}} \cdot \frac{\sin \varepsilon_{04}\, \xi}{\sin \varepsilon_{04}} - \frac{M_0}{N_{04}}.$$

$$\text{(D.VI.9)}$$

Die Funktion $y(\xi)$ wird in die Gl. (D.VI.5a) eingesetzt und das Moment lautet

$$M_{id}{}^u(i) = M_0 \cos \varepsilon_{04}\, \xi_i + \{N_{04}\, y_4 + M_0(1 - \cos \varepsilon_{04})\} \frac{\sin \varepsilon_{04}\, \xi_i}{\sin \varepsilon_{04}}.$$

$$\text{(D.VI.10)}$$

Stiel $\overline{49}$:

Es ist zu setzen:

$$y_0 = y_4 = \bar{y}_4; \qquad y_n = y_9 = \bar{y}_9; \qquad M_{0n} = M_{49} = \bar{M}_4; \qquad M_{n0} = M_{94};$$

$$N_{0n} = N_{49}; \qquad \varepsilon_{0n} = \varepsilon_{49} = h_2 \sqrt{\frac{N_{49}}{E\, I_{49}}}. \qquad \text{(D.VI.11)}$$

Wird ferner die Gl. (D.VI.5b) für $\bar{x} = h_2$ beachtet, dann gilt

$$\bar{M}_{id}{}^u(h_2) = M_{94} = \bar{M}_4 + N_{49}(y_9 - y_4) \qquad \text{(D.VI.12)}$$

und für die Eigenlösung ergibt sich ($\bar{\xi} = \bar{x}/h_2$; $0 \leq \bar{\xi} \leq 1$)

$$y(\bar{\xi}) = \frac{\bar{M}_4}{N_{49}} \cdot \cos \varepsilon_{49} \cdot \bar{\xi} - \frac{\{\bar{M}_4(\cos \varepsilon_{49} - 1) - N_{49}(y_9 - y_4)\}}{N_{49}} \cdot \frac{\sin \varepsilon_{49}\, \bar{\xi}}{\sin \varepsilon_{49}} - \frac{\bar{M}_4}{N_{49}} + y_4.$$

$$\text{(D.VI.13)}$$

Wird die Funktion $y(\xi)$ für $\bar{y}(\bar{x})$ in die Gl. (D.VI.5b) eingeführt, dann ergibt sich für den Stielbereich $\overline{49}$

$$\bar{M}_{id}{}^u(i) = \bar{M}_4 \cos \varepsilon_{49}\, \bar{\xi}_i + \{N_{49}(y_9 - y_4) + \bar{M}_4(1 - \cos \varepsilon_{49})\} \frac{\sin \varepsilon_{49}\, \bar{\xi}_i}{\sin \varepsilon_{49}}.$$

$$\text{(D.VI.14)}$$

Damit sind sowohl die ideellen ursächlichen Momente für die Stiele (Gl. (D.VI.10), (D.VI.14)) als auch die für die Riegel (Gl. (D.VI.6a, b)) in Abhängigkeit von den 4 Unbekannten (y_4, y_9, M_0, $\bar{M}_4$) dargestellt. Zur formalen Berechnung dieser unbekannten Größen sind 4 Grundgleichungen aufzustellen. Hierzu kann die virtuelle Belastung an einem beliebigen statisch bestimmten Hauptsystem aufgebracht werden (Abb. 29, 32, 33). Die dabei entstehenden Matrizen unterscheiden sich selbstverständlich voneinander. Durch Kombinationen kann aber

Tabelle 2

y_4	y_9	M_0	$\bar{M}_4$	
$+\dfrac{E\,I_{0,4}}{h_1^2}\left[\dfrac{\cos\varepsilon_{0,4}}{\varepsilon_{0,4}\sin\varepsilon_{0,4}}-\dfrac{1}{3}\dfrac{b}{h_1}\dfrac{I_{0,4}}{I_{4,10}}\,\varepsilon_{0,4}^2\right]$	0	$+\dfrac{\cos\varepsilon_{0,4}-1}{\varepsilon_{0,4}\sin\varepsilon_{0,4}}-\dfrac{1}{3}\dfrac{b}{h_1}\dfrac{I_{0,4}}{I_{4,10}}$	$-\dfrac{1}{3}\dfrac{b}{h_1}\dfrac{I_{0,4}}{I_{4,10}}$	$= 0$
$+\dfrac{E\,I_{0,4}}{h_1^2}\left[\dfrac{(1-\cos\varepsilon_{0,4})}{\sin\varepsilon_{0,4}}+\dfrac{1}{3}\dfrac{b}{h_1}\dfrac{I_{0,4}}{I_{4,10}}\,\varepsilon_{0,4}^2\right]$	0	$-2\dfrac{(\cos\varepsilon_{0,4}-1)}{\varepsilon_{0,4}\sin\varepsilon_{0,4}}+\dfrac{1}{3}\dfrac{b}{h_1}\dfrac{I_{0,4}}{I_{4,10}}$	$-\dfrac{1}{3}\dfrac{b}{h_1}\dfrac{I_{0,4}}{I_{4,10}}$	$= 0$
$-\dfrac{E\,I_{4,9}}{h_2^2}\left[\dfrac{(1-\cos\varepsilon_{4,9})}{\sin\varepsilon_{4,9}}-\dfrac{1}{3}\dfrac{b\,h_2}{h_1^2}\dfrac{I_{0,4}}{I_{4,10}}\,\varepsilon_{0,4}^2-\dfrac{1}{3}\dfrac{b}{h_2}\dfrac{I_{4,9}}{I_{9,11}}\,\varepsilon_{4,9}^2\right]$	$+\dfrac{E\,I_{4,9}}{h_2^2}\left[\dfrac{\varepsilon_{4,9}\,(1-\cos\varepsilon_{4,9})}{\sin\varepsilon_{4,9}}+\dfrac{1}{3}\dfrac{b}{h_2}\dfrac{I_{4,9}}{I_{9,11}}\,\varepsilon_{4,9}^2\right]$	$-\dfrac{1}{3}\dfrac{b}{h_2}\dfrac{I_{4,9}}{I_{4,10}}$	$-2\dfrac{(\cos\varepsilon_{4,9}-1)}{\varepsilon_{4,9}\sin\varepsilon_{4,9}}+\dfrac{1}{3}\dfrac{b}{h_2}\left\{\dfrac{I_{4,9}}{I_{4,10}}-\dfrac{I_{4,9}}{I_{9,11}}\right\}$	$= 0$
$+\dfrac{E\,I_{0,4}}{h_1^2}\left[\dfrac{\cos\varepsilon_{4,9}}{\varepsilon_{4,9}\sin\varepsilon_{4,9}}-\dfrac{1}{3}\dfrac{b}{h_1}\dfrac{I_{0,4}}{I_{4,10}}\,\varepsilon_{0,4}^2+\dfrac{1}{3}\dfrac{b}{h_2}\dfrac{I_{4,9}}{I_{9,11}}\,\varepsilon_{4,9}^2\right]$	$+\dfrac{E\,I_{0,4}}{h_1^2}\left[\dfrac{\varepsilon_{4,9}\cos\varepsilon_{4,9}}{\sin\varepsilon_{4,9}}-\dfrac{1}{3}\dfrac{b}{h_2}\dfrac{I_{4,9}}{I_{9,11}}\,\varepsilon_{4,9}^2\right]$	$+\dfrac{(\cos\varepsilon_{0,4}-1)}{\varepsilon_{0,4}\sin\varepsilon_{0,4}}-\dfrac{1}{3}\dfrac{b}{h_1}\dfrac{I_{0,4}}{I_{4,10}}$	$\dfrac{h_2^2\,I_{0,4}\,(\cos\varepsilon_{4,9}-1)}{h_1^2\,I_{4,9}\,\varepsilon_{4,9}\sin\varepsilon_{4,9}}-\dfrac{I_{0,4}}{I_{4,10}}+\dfrac{1}{3}\dfrac{b}{h_1}\left\{\dfrac{h_2}{h_1}\dfrac{I_{0,4}}{I_{9,11}}-\dfrac{I_{0,4}}{I_{4,10}}\right\}$	$= 0$

stets das eine System in das andere überführt werden. Im vorliegenden Fall soll das Hauptsystem nach Abb. 32 gewählt werden. Die virtuelle Belastung lautet dann (Abb. 32):

1. $\mathfrak{P}_i = \mathfrak{P}_4 = 1$; 2. $\mathfrak{P}_i = \mathfrak{P}_9 = 1$; 3. $\mathfrak{M}_0 = 1$; 4. $\mathfrak{M}_{4,9} = \mathfrak{M}_{4,10} = 1$.

2 Grundgleichungen sind also vom Typ (B.III.51) und 2 vom Typ (B.III.52). Nach Durchführung der erforderlichen Rechenoperationen ergibt sich das aus Tab. 2 ersichtliche homogene Gleichungssystem, aus dem die kritische Last berechnet werden kann. Es bleibt darauf hinzuweisen, daß hierzu weitere Voraussetzungen, die allerdings nicht die Anwendung des Ersatzbalkenverfahrens betreffen, notwendig sind. Es muß das Verhältnis P_4 und P_9 bekannt sein, das entweder konstant sein oder sich bei einer Laststeigerung nach einem vorgeschriebenen Gesetz ändern kann. In diesem Fall ist es dann möglich, die eine Stabkennzahl durch die andere auszudrücken — z. B.:

$$\frac{\varepsilon_{0,4}}{\varepsilon_{4,9}} = \frac{h_1}{h_2} \sqrt{\frac{N_{0,4}}{N_{4,9}} \frac{E_{4,9} \cdot I_{4,9}}{E_{0,4} \cdot I_{0,4}}} = \frac{h_1}{h_2} \sqrt{\left(1 + \frac{P_9}{P_4}\right) \left(\frac{E_{4,9}}{E_{0,4}}\right) \frac{I_{4,9}}{I_{0,4}}}, \quad \text{(D.VI.15)}$$

wobei dann im plastischen Bereich oder bei verschiedenen Elastizitätsmoduli der Stiele auch das Verhältnis von $(E_{4,9}/E_{0,4})$ zu beachten ist [2].

Das vorliegende Beispiel sei durch eine grundlegende Bemerkung abgeschlossen. Die bei der Anwendung des Ersatzbalkenverfahrens entstehende Matrix wird unter Zuhilfenahme der Eigenfunktionen beim vorliegenden Stabilitätsproblem formal mit der übereinstimmen, die man nach dem Verfahren von Hartmann [19] und Zimmermann [20] erhält, wenn man diese Theorie auch auf Rahmen ausdehnen würde. Der entscheidende Unterschied liegt aber in der Deutung der Gleichungen dieser Matrix. Während bei dem erwähnten Verfahren die Gleichungen aus Gleichgewichts- und Übergangsbedingungen resultieren, werden die Gleichungen beim Ersatzbalkenverfahren als Arbeiten unter Verwendung eines der Differentialgleichung zugeordneten ideellen ursächlichen Momentes gedeutet, wodurch einerseits die Erweiterung auf beliebige Differentialgleichungen (einschließlich simultaner Systeme — Abschnitt C) möglich ist und andererseits gerade die Fälle in einfachster Weise erfaßt werden können, bei denen die Eigenfunktion nicht angebbar ist.

D.VI.2. Schwingungsuntersuchung eines Stockwerkrahmens

Für den in Abb. 63 dargestellten Stockwerkrahmen sollen folgende Berechnungen durchgeführt werden:

a) Ermittlung der Eigenschwingungszahl bei der symmetrischen Schwingung (Eigenwertproblem).

b) Ermittlung der dynamischen Momente infolge einer erzwungenen symmetrischen Schwingung (Spannungsproblem).

c) Ermittlung der dynamischen Durchbiegungen bei gedämpfter Schwingung (Spannungsproblem).

Diese Aufgaben sind von Koloušek [21] für stabweise konstantes Trägheitsmoment und für stabweise gleichmäßig verteilte Masse mit Hilfe der Deformationsmethode gelöst worden.

Auch bei den nachfolgenden Untersuchungen sollen diese Voraussetzungen beibehalten werden, um einen numerischen Vergleich der Ergebnisse durchführen zu können. Die Ansätze werden jedoch in einer Form entwickelt, die auch eine beliebige Verteilung der Trägheitsmomente und der Masse zulassen.

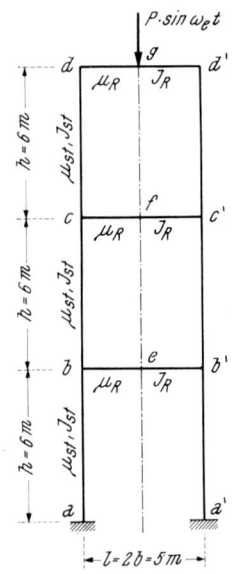

Abb. 63. System eines dreistöckigen eingespannten Rahmens mit dynamischer Belastung

D.VI.2.1. Eigenschwingungszahl bei symmetrischer Schwingung

D.VI.2.1.1. Allgemeiner Teil

Die Differentialgleichung für die Querschwingung lautet bei der Voraussetzung einer harmonischen Bewegung

$$y(x, t) = y(x) \sin \omega t \qquad \text{(D.VI.16)}$$

$$[E\,I(x)\,y''(x)]'' - \mu(x)\,\omega^2\,y(x) = 0, \qquad \text{(D.VI.17)}$$

wenn folgende Bezeichnungen gelten:

ω = Kreisfrequenz (1/sec)

t = Zeit (sec.)

$y(x)$ = Ausschlag senkrecht zur Stabachse (m)

$E\,I(x)$ = Biegesteifigkeit $(t\,\text{m}^2)$

$\mu(x)$ = Masse pro Längeneinheit $\left(t\dfrac{\text{sec}^2}{\text{m}^2}\right)$.

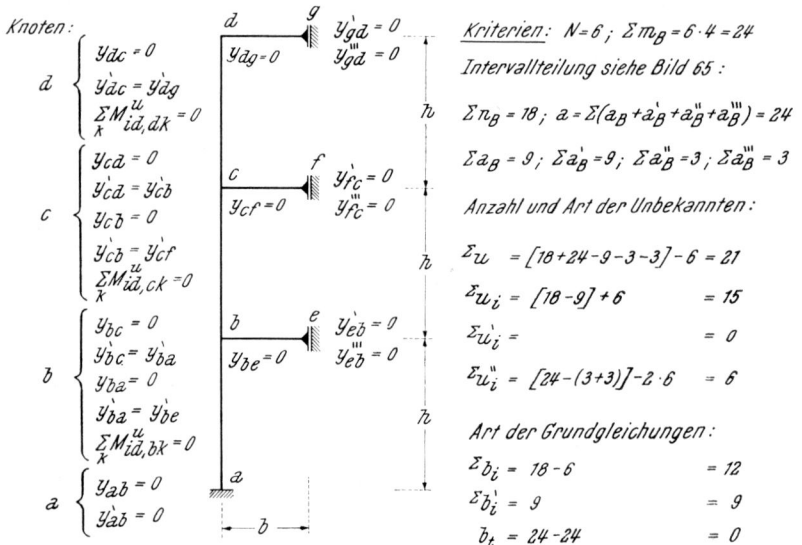

Abb. 64. System für symmetrische Schwingung

Der Berechnung werden die nachfolgenden numerischen Werte zugrunde gelegt:

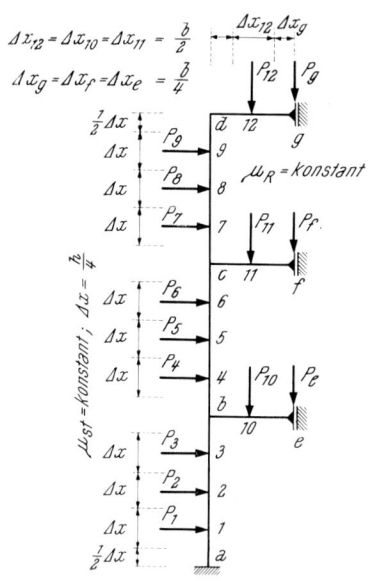

Abb. 65. Intervallteilung — Belastung:
$$P_K = \mu_K \cdot \Delta x_K \cdot \omega^2 \cdot y_K$$

Trägheitsmomente:

$$I_C = I_{st} = 1 \cdot 10^{-4}\,\mathrm{m}^4;$$
$$I_R = 2 \cdot 10^{-4}\,\mathrm{m}^4;$$

Masse pro Längeneinheit:

$$\mu_{st} = 0{,}0204\,t\,\mathrm{m}^{-2}\,\sec^2;$$
$$\mu_R = 0{,}0510\,t\,\mathrm{m}^{-2}\,\sec^2$$

Elastizitätsmodul: $E = 21 \cdot 10^6\,t\,\mathrm{m}^{-2}$.

Da die Untersuchungen auf symmetrische Schwingungszustände beschränkt werden, kann das Tragwerk nach Abb. 64 Verwendung finden. Das System be-

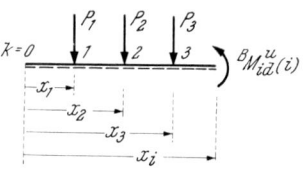

Abb. 66. Teilbereich B

steht aus $N = 6$ Teilbereichen B $(\overline{a\,b},\ \overline{b\,c},$ usw.), für die jeweils die Differentialgleichung (D.VI.17) anzuschreiben ist. Durch zweimalige Integration oder formal auf Grund der Gl. (B.III.36) ergibt sich für den betrachteten Teilbereich B das ideelle ursächliche Moment in der 2. Darstellung

$$^B M_{id}{}^u(x, y) = -\int\limits^\cdot\int\limits^\cdot {}^B\mu(x)\,\omega^2\,{}^B y(x)\,dx\,dx +$$
$$+ {}^B K_1\,x + {}^B K_2, \qquad \text{(D.VI.18)}$$

wobei der Querstrich, der die 2. Darstellung gegenüber der 1. Darstellung kennzeichnet, in dieser und den folgenden Gleichungen weggelassen wird.

Die ideelle Ausgangsbelastung beträgt daher nach Gl. (B.III.37c)

$$^B p_{id} = {}^B\mu(x)\,\omega^2\,{}^B y(x). \qquad \text{(D.VI.19)}$$

Für die weitere Berechnung wird die verteilte Belastung wie beim Beispiel D.IV.4. wieder in Einzellasten aufgeteilt (Abb. 65). Den Intervallpunkten sind daher folgende Einzellasten zugeordnet

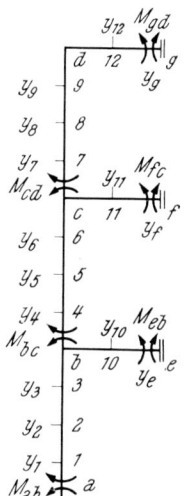

Abb. 67. Unbekannte y_k und $M_R{}^u$

$$^B P_k = {}^B\mu_k\,{}^B\Delta x_k\,\omega^2\,{}^B y_k \qquad (k = 1, 2, \ldots, 11, 12, e, f, g). \qquad \text{(D.VI.20)}$$

11*

Die Kräfte P_a, P_b, P_c und P_d sind Null, da sich diese Knotenpunkte unter der Voraussetzung, daß die Längsschwingung (in Stabachse) nicht berücksichtigt wird, nicht verschieben.

Werden anstelle der verteilten Belastung die Einzelkräfte verwendet, dann gilt für das Moment des Teilbereiches B (Abb. 66)

$$^BM_{id}{}^u(i) = -\sum_{k=1}^{n-1} {}^BP_k(x_i - x_k) + {}^BK_1 x_i + {}^BK_2. \qquad \text{(D.VI.21)}$$

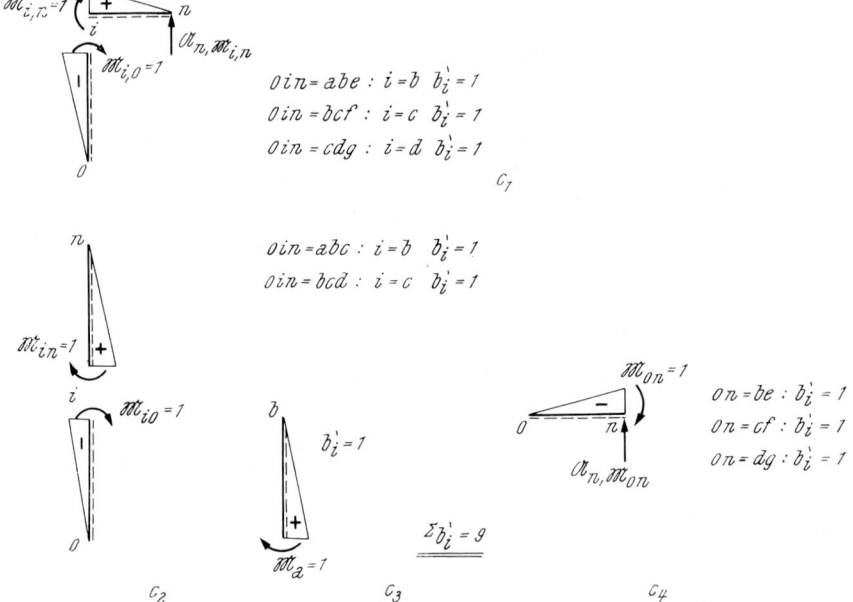

Abb. 68. Virtuelle Belastung $\mathfrak{P}_i$ und $\mathfrak{M}_i$ am Balken auf 2 Stützen.
a) Virtuelle Belastung $\mathfrak{P}_i$ für die Stiele,
b) virtuelle Belastung $\mathfrak{P}_i$ für die Riegel,
c) virtuelle Belastung $\mathfrak{M}_i$

In den Momenten für alle N Teilbereiche B treten die Ordinaten y_k ($k = 1-12$, e, f, g) und die $N(m - 2) = 6 \cdot 2 = 12$ Konstanten K als Unbekannte auf. (Die einzelnen Intervalle als Teilbereiche aufzufassen, ist nicht notwendig, da in den inneren Teilpunkten ($k = 1-12$) vollständige Übergangsbedingungen vorgegeben sind — Abschnitt B.VII.2.3.).

Die Kriterien (Abb. 64) ergeben, daß 15 unbekannte Durchbiegungen y_k und 6 unbekannte Randmomente $M_R{}^u$ im Ansatz verbleiben müssen (Abb. 67), d. h. 6 Konstante K können aus den Gleichungen für die Momente sofort eliminiert werden. Für die Berechnung der 21 Unbekannten stehen, wenn die virtuelle Belastung an 6 Balken auf 2 Stützen aufgebracht wird (Abb. 68), 12 Grundgleichungen vom Typ (B.III.51 — $\mathfrak{P}_i$) und 9 Grundgleichungen vom Typ (B.III.52 — $\mathfrak{M}_i$) zur Verfügung (Abb. 68).

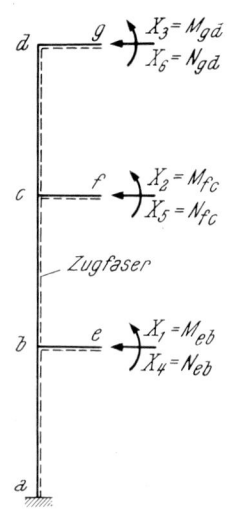

Abb. 69. Statisch bestimmtes Hauptsystem mit Überzähligen

Diese durch das Ersatzbalkenverfahren vorgegebene formale Berechnungsweise kann beim vorliegenden Beispiel umgangen werden, wenn zunächst die Momente für das 6fache ($u_i{}'' = 6$) statisch unbestimmte Tragwerk infolge der äußeren Belastung (Abb. 65) ermittelt werden, da dadurch allen Rand- und Übergangsbedingungen automatisch Rechnung getragen wird. Im 2. Schritt werden dann für die 15 in den Momenten verbleibenden unbekannten Durchbiegungen die 15 Bedingungsgleichungen (virtuelle Belastung $\mathfrak{P}_i$ am Kragträger wirkend — Einspannstelle: Punkt a) formuliert. Diese 15 Gleichungen bilden eine homogene Matrix, aus der durch Nullsetzen der Systemdeterminante die ersten 15 symmetrischen Eigenfrequenzen ω_n ermittelt werden.

D.VI.2.1.2. Ideelle ursächliche Momente und Momente infolge der virtuellen Belastung

Für die Berechnung des 6-fach statisch unbestimmten Tragwerkes ($u_i{}'' = 6$) werden als überzählige Schnittlasten die Mittenmomente der Riegel $M_{eb} = X_1$, $M_{fc} = X_2$, $M_{gd} = X_3$ und die Normalkräfte $N_{eb} = X_4$, $N_{fc} = X_5$ und $N_{gd} = X_6$ gewählt. Damit ist der im Punkt a eingespannte Kragträger als statisch bestimmtes Hauptsystem festgelegt (Abb. 69).

Da die virtuelle Belastung $\mathfrak{P}_i = 1$ und die ursächliche Belastung $\mathfrak{P}_i = \mu_i \, \varDelta x_i \, \omega^2 \, y_i$ am statisch unbestimmten System affine Momentenflächen ergeben (die Momente unterscheiden sich jeweils nur durch den Faktor $\mu_i \, \varDelta x_i \, \omega^2 \, y_i$) wird das Tragwerk zunächst für die äußeren Einheitsbelastungszustände $P_i = 1$ ($i = 1-12$, e, f, g) untersucht.

Die Momente $M_{X_i}{}^{(0)}$ infolge der Einheitsbelastungszustände $X_i = 1$ am Kragträger sind in Abb. 70 dargestellt. Die $E\,I_c$-fachen Vorzahlen $\delta_{X_i X_k}{}^{(0)}$ sind aus Tab. 3, Spalte 2—7 zu entnehmen. Die Momente $M_{P_n}{}^{(0)}$ infolge der äußeren Einheitsbelastungszustände $P_n = 1$ am Kragträger sind auszugsweise in Abb. 71

abgebildet. Die $E\,I_c$-fachen Belastungsglieder $\delta_{X_i,\,P_n}^{(0)}$ sind in der Tab. **3**, Spalte **8—22** zusammengestellt. Die statisch Überzähligen $X_{i,\,P_n}$ ($i = 1-6$; $n = 1-12$, e, f, g) sind in Tab. **4** angegeben.

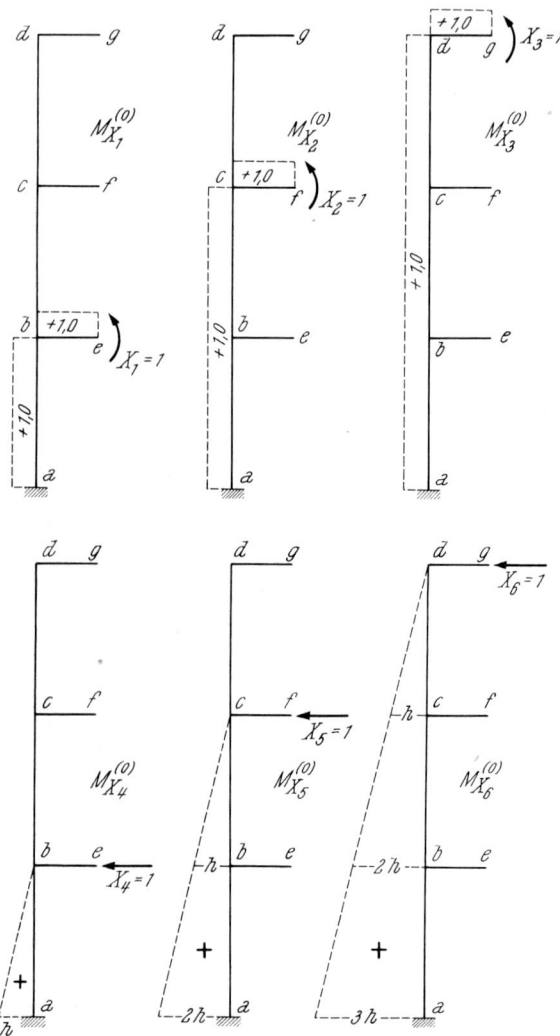

Abb. 70. Momente $M_{X_i}^{(0)}$ am statisch bestimmten System infolge der Überzähligen $X_i = 1$

Die endgültigen Momente am statisch unbestimmten System ergeben sich durch Superposition

$$M_{P_n}^{(6)} = M_{P_n}^{(0)} + \sum_{i=1}^{6} X_{i,\,P_n} M_{X_i}^{(0)} \,. \tag{D.VI.22}$$

Die Momente infolge der virtuellen Belastung $\mathfrak{P}_n = 1$ sind mit denen nach Gl. (D.VI.22) identisch. (P_n durch $\mathfrak{P}_n$ ersetzen). Die Momente infolge der schwingenden Masse P_k ergeben sich dadurch, daß die Gl. (D.VI.22) mit der Gl. (D.VI.20) multipliziert wird

$$M_{P_k}{}^{(6)} = \mu_k \, \Delta x_k \, \omega^2 \, y_k \left\{ M_{P_k=1}{}^{(0)} + \sum_{i=1}^{6} X_{i,\,P_k=1} \, M_{X_i}{}^{(0)} \right\}. \qquad \text{(D.VI.23)}$$

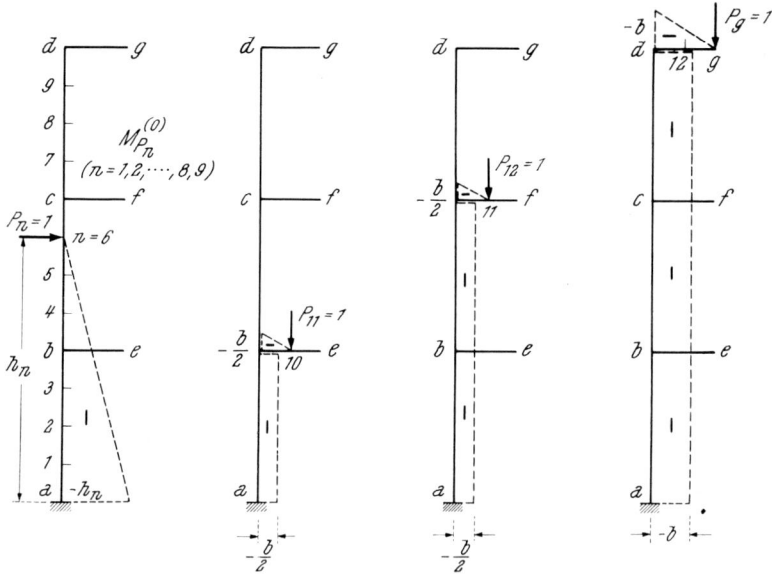

Abb. 71. Momente $M_{P_n}{}^{(0)}$ am statisch bestimmten System infolge der äußeren Einheitsbelastungszustände $P_n = 1$

Das ideelle ursächliche Moment infolge aller schwingenden Massen $\sum\limits_{k=1}^{12,\,e,\,f,\,g} P_k$ am statisch unbestimmten Tragwerk ergibt sich aus Gl. (D.VI.23) durch Summation

$$M_{\Sigma P_k}{}^{(6)} = \sum_{k=1}^{12,\,e,\,f,\,g} M_{P_k}{}^{(6)} = \sum_{k=1}^{12,\,e,\,f,\,g} \left[\mu_k \, \Delta x_k \, \omega^2 \, y_k \left\{ M_{P_k=1}{}^{(0)} + \sum_{i=1}^{6} X_{i,\,P_k=1} \, M_{X_i}{}^{(0)} \right\} \right].$$
$$\text{(D.VI.24)}$$

Die Momente am statisch bestimmten System infolge aller schwingenden Massen lauten

$$M_{\Sigma P_k}{}^{(0)} = \sum_{k=1}^{12,\,e,\,f,\,g} M_{P_k}{}^{(0)} = \sum_{k=1}^{12,\,e,\,f,\,g} \mu_k \, \Delta x_k \, \omega^2 \, y_k \, M_{P_k=1}{}^{(0)} . \qquad \text{(D.VI.25)}$$

D.VI.2.1.3. Die Aufstellung der Grundgleichungen — Bildung der homogenen Matrix

Die Matrix ergibt sich aus 15 Grundgleichungen vom Typ (B.III.51). Die ν-te Gleichung lautet

Tabelle 3. $E\,I_C$-fache Vorzahlen und Belastungsglieder

$$\sum_{k=1}^{6} X_k\,\delta_{X_i X_k}^{(0)} + \delta_{X_i P_n}^{(0)} = 0; \qquad (i = 1, 2, \ldots, 6); \qquad (n = 1, 2, \ldots, 12, e, f, g);$$

1	2	3	4	5	6	7	8
	$\delta_{X_i X_1}^{(0)}$	$\delta_{X_i X_2}^{(0)}$	$\delta_{X_i X_3}^{(0)}$	$\delta_{X_i X_4}^{(0)}$	$\delta_{X_i X_5}^{(0)}$	$\delta_{X_i X_6}^{(0)}$	$\delta_{X_i P_1}^{(0)}$
X_1	+ 7,25	+ 6,0	+ 6,0	+ 18,0	+ 54,0	+ 90,0	— 1,125
X_2	+ 6,0	+ 13,25	+ 12,0	+ 18,0	+ 72,0	+ 144,0	— 1,125
X_3	+ 6,0	+ 12,0	+ 19,25	+ 18,0	+ 72,0	+ 162,0	— 1,125
X_4	+ 18,0	+ 18,0	+ 18,0	+ 72,0	+ 180,0	+ 288,0	— 6,1875
X_5	+ 54,0	+ 72,0	+ 72,0	+ 180,0	+ 576,0	+ 1008,0	— 12,9375
X_6	+ 90,0	+ 144,0	+ 162,0	+ 288,0	+ 1008,0	+ 1944,0	— 19,6875

9	10	11	12	13	14	15
$\delta_{X_i P_2}^{(0)}$	$\delta_{X_i P_3}^{(0)}$	$\delta_{X_i P_4}^{(0)}$	$\delta_{X_i P_5}^{(0)}$	$\delta_{X_i P_6}^{(0)}$	$\delta_{X_i P_7}^{(0)}$	$\delta_{X_i P_8}^{(0)}$
— 4,5	— 10,125	— 27,0	— 36,0	— 45,0	— 63,0	— 72,0
— 4,5	— 10,125	— 28,125	— 40,5	— 55,125	— 90,0	— 108,0
— 4,5	— 10,125	— 28,125	— 40,5	— 55,125	— 91,125	— 112,5
— 22,5	— 45,5625	— 99,0	— 126,0	— 153,0	— 207,0	— 234,0
— 49,5	— 106,3125	— 267,1875	— 364,5	— 468,5625	— 684,0	— 792,0
— 76,5	— 167,0625	— 435,9375	— 607,5	— 799,3125	— 1230,1875	— 1462,5

16	17	18	19	20	21	22
$\delta_{X_i P_9}^{(0)}$	$\delta_{X_i P_{10}}^{(0)}$	$\delta_{X_i P_e}^{(0)}$	$\delta_{X_i P_{11}}^{(0)}$	$\delta_{X_i P_f}^{(0)}$	$\delta_{X_i P_{12}}^{(0)}$	$\delta_{X_i P_g}^{(0)}$
— 81,0	— 7,890625	— 16,5625	— 7,5	— 15,0	— 7,5	— 15,0
— 126,0	— 7,5	— 15,0	— 15,390625	— 31,5625	— 15,0	— 30,0
— 136,125	— 7,5	— 15,0	— 15,0	— 30,0	— 22,890625	— 46,5625
— 261,0	— 22,5	— 45,0	— 22,5	— 45,0	— 22,5	— 45,0
— 900,0	— 67,5	— 135,0	— 90,0	— 180,0	— 90,0	— 180,0
— 1701,5625	— 112,5	— 225,0	— 180,0	— 360,0	— 202,5	— 405,0

Tabelle 4. *Die statisch Überzähligen*

$$X_{i,P_n}(i = 1, \ldots, 6), \quad (n = 1, \ldots, 12, e, f, g)$$

1	2	3	4	5	6	7	8
n	$X_{i,P_n} = M_{eb,P_n}$	$X_{2,P_n} = M_{fc,P_n}$	$X_{3,P_n} = M_{gd,P_n}$	$X_{4,P_n} = N_{eb,P_n}$	$X_{5,P_n} = N_{fc,P_n}$	$X_{6,P_n} = N_{gd,P_n}$	Faktor
1	− 0,1082	+ 0,0175	− 0,0040	+ 0,1526	− 0,0217	+ 0,0028	P_1
2	− 0,2886	+ 0,0467	− 0,0106	+ 0,4903	− 0,0579	+ 0,0075	P_2
3	− 0,3246	+ 0,0526	− 0,1200	+ 0,8328	− 0,0651	+ 0,0085	P_3
4	+ 0,3422	− 0,1648	+ 0,0375	+ 0,8781	+ 0,2197	− 0,0265	P_4
5	+ 0,3353	− 0,3459	+ 0,0786	+ 0,5721	+ 0,5535	− 0,0557	P_5
6	+ 0,1608	− 0,3541	+ 0,0805	+ 0,2300	+ 0,8605	− 0,0570	P_6
7	− 0,0566	+ 0,3621	− 0,2357	− 0,0754	+ 0,8811	+ 0,1826	P_7
8	− 0,0574	+ 0,3672	− 0,4925	− 0,0765	+ 0,5907	+ 0,4739	P_8
9	− 0,0295	+ 0,1887	− 0,5031	− 0,0393	+ 0,2549	+ 0,7782	P_9
10	+ 0,6732	− 0,0584	+ 0,0133	+ 0,0122	+ 0,0724	− 0,0094	P_{10}
e	+ 1,7309	− 0,0779	+ 0,0177	+ 0,0162	+ 0,0965	− 0,0125	P_e
11	− 0,0584	+ 0,6865	− 0,0850	− 0,0779	+ 0,0055	+ 0,0602	P_{11}
f	− 0,0779	+ 1,7486	− 0,1133	− 0,1039	+ 0,0074	+ 0,0803	P_f
12	+ 0,0133	− 0,0850	+ 0,8432	+ 0,0177	− 0,1078	+ 0,0929	P_{12}
g	+ 0,0177	− 0,1133	+ 1,9576	+ 0,0236	− 0,1437	+ 0,1238	P_g

$$\mathfrak{P}_\nu \, y_\nu = \int\limits_{\text{System}} \mathfrak{M}_{\mathfrak{p}_\nu = 1}{}^{(0)} \, M_{\Sigma P_k}{}^{(6)} \, \frac{dx}{E \, I(x)} = \sum_{k=1}^{12,\,e,\,f,\,g} \int\limits_{\text{System}} \mathfrak{M}_{\mathfrak{p}_\nu = 1}{}^{(0)} \, M_{P_k}{}^{(6)} \, \frac{dx}{E \, I(x)} = $$

$$= \sum_{k=1}^{12,\,e,\,f,\,g} \mu_k \varDelta x_k \, \omega^2 \, y_k \int\limits_{\text{System}} \mathfrak{M}_{\mathfrak{p}_\nu = 1}{}^{(0)} \, M_{P_n = 1}{}^{(6)} \, \frac{dx}{E \, I(x)} \, .$$

(D.VI.26)

Da für die Momente $\mathfrak{M}_{\mathfrak{p}_\nu = 1}{}^{(0)} = M_{P_n = 1}{}^{(0)}$ und $\mathfrak{M}_{\mathfrak{p}_\nu = 1}{}^{(6)} = M_{P_n = 1}{}^{(6)}$ gilt und somit die Momente affin zueinander sind, können die Momente infolge der schwingenden Massen am statisch bestimmten System (D.VI.25) und die Momente infolge der virtuellen Belastung am statisch unbestimmten System verwendet werden (Abschnitt B.V.2.2.):

$$\mathfrak{P}_\nu \, y_\nu = \int\limits_{\text{System}} \mathfrak{M}_{\mathfrak{p}_\nu = 1}{}^{(6)} \, M_{\Sigma P_k}{}^{(0)} \, \frac{dx}{E \, I(x)} = $$

$$= \sum_{k=1}^{12,\,e,\,f,\,g} \mu_k \varDelta x_k \, \omega^2 \, y_k \int\limits_{\text{System}} \mathfrak{M}_{\mathfrak{p}_\nu = 1}{}^{(6)} \, M_{P_k = 1}{}^{(0)} \, \frac{dx}{E \, I(x)} \, .$$

(D.VI.27)

Wird die Gl. (D.VI.27) mit $E \, I_c$ erweitert und beachtet, daß die Werte $\mu_k \varDelta x_k$ bekannte Zahlenwerte sind, so folgt mit $\mathfrak{P}_\nu = 1$ die ν-te Grundgleichung (Tab. 6)

$$\frac{E \, I_c}{\omega^2} \, y_\nu = \sum_{k=1}^{12,\,e,\,f,\,g} a_{\nu k} \, y_k.$$

(D.VI.28)

Für die numerischen Werte $a_{\nu k}$ gelten folgende Gleichungen

$$a_{\nu k} = \mu_k \varDelta x_k \int\limits_{\text{System}} \mathfrak{M}_{\mathfrak{p}_\nu = 1}{}^{(6)} \, M_{P_k = 1}{}^{(0)} \, \frac{I_c}{I(x)} \, dx = $$

$$= \mu_k \varDelta x_k \left[\int\limits_{\text{System}} \mathfrak{M}_{\mathfrak{p}_\nu = 1}{}^{(0)} \, M_{P_k = 1}{}^{(0)} \, \frac{I_c}{I(x)} \, dx + \right.$$

$$+ \sum_{i=1}^{6} X_{i,\,\mathfrak{p}_\nu} \int\limits_{\text{System}} \mathfrak{M}_{X_i}{}^{(0)} \, M_{P_k = 1}{}^{(0)} \, \frac{I_c}{I(x)} \, dx \Bigg] = $$

$$= \mu_k \varDelta x_k \left[\delta_{\mathfrak{p}_\nu P_k}{}^{(0)} + \sum_{i=1}^{6} X_{i\,\mathfrak{p}_\nu} \, \delta_{X_i P_k}{}^{(0)} \right].$$

(D.VI.29)

Die Formänderungen $\delta_{X_i P_k}{}^{(0)}$ sind bereits bei der Berechnung des statisch unbestimmten Tragwerkes verwendet worden (Tab. 3, Spalte 8—22). Die Formänderungen $\delta_{\mathfrak{p}_\nu P_k}{}^{(0)}$ sind in Tab. 5 zusammengestellt.

Die endgültigen Werte $a_{\nu k}$ können aus der Tab. 6 entnommen werden.

Es sei darauf hingewiesen, daß die $a_{\nu k}$-Werte nur teilweise symmetrisch zur Hauptdiagonale sind, da die Werte $\mu_k \varDelta x_k \neq$ konstant für Riegel und Stiel sind.

Die Wurzeln der Nennerdeterminante der homogenen Matrix (Tab. 6) liefern die ersten 15 symmetrischen Eigenwerte

$$\varkappa_n = \frac{E \, I_c}{\omega_n{}^2} \, .$$

(D.VI.30)

Tabelle 5. EI_c-fache $\delta_{p_i P_k}^{(0)} = \delta_{P_i p_k}^{(0)}$-Werte

	$\delta_{P_i p_1}^{(0)}$	$\delta_{P_i p_2}^{(0)}$	$\delta_{P_i p_3}^{(0)}$	$\delta_{P_i p_4}^{(0)}$	$\delta_{P_i p_5}^{(0)}$	$\delta_{P_i p_6}^{(0)}$	$\delta_{P_i p_7}^{(0)}$	$\delta_{P_i p_8}^{(0)}$
P_1	+ 1,125	+ 2,813	+ 4,500	+ 7,875	+ 9,563	+ 11,250	+ 14,625	+ 16,313
P_2	+ 2,813	+ 9,000	+ 15,750	+ 29,250	+ 36,000	+ 42,750	+ 56,250	+ 63,000
P_3	+ 4,500	+ 15,750	+ 30,375	+ 60,750	+ 75,938	+ 91,125	+ 121,500	+ 136,688
P_4	+ 7,875	+ 29,250	+ 60,750	+ 140,625	+ 182,813	+ 225,000	+ 309,375	+ 351,563
P_5	+ 9,563	+ 36,000	+ 75,938	+ 182,813	+ 243,000	+ 303,750	+ 425,250	+ 486,000
P_6	+ 11,250	+ 42,750	+ 91,125	+ 225,000	+ 303,750	+ 385,875	+ 551,250	+ 633,938
P_7	+ 14,625	+ 56,250	+ 121,500	+ 309,375	+ 425,250	+ 551,250	+ 820,125	+ 956,813
P_8	+ 16,313	+ 63,000	+ 136,688	+ 351,563	+ 486,000	+ 633,938	+ 956,813	+ 1125,000
P_9	+ 18,000	+ 69,750	+ 151,875	+ 393,750	+ 546,750	+ 716,625	+ 1093,500	+ 1293,750
P_{10}	+ 1,406	+ 5,625	+ 12,656	+ 33,750	+ 45,000	+ 56,250	+ 78,750	+ 90,000
P_e	+ 2,813	+ 11,250	+ 25,312	+ 67,500	+ 90,000	+ 112,500	+ 157,500	+ 180,000
P_{11}	+ 1,406	+ 5,625	+ 12,656	+ 35,156	+ 50,625	+ 68,906	+ 112,500	+ 135,000
P_f	+ 2,813	+ 11,250	+ 25,312	+ 70,312	+ 101,250	+ 137,813	+ 225,000	+ 270,000
P_{12}	+ 1,406	+ 5,625	+ 12,656	+ 35,156	+ 50,625	+ 68,906	+ 113,906	+ 140,625
P_g	+ 2,813	+ 11,250	+ 25,312	+ 70,312	+ 101,250	+ 137,813	+ 227,813	+ 281,250
Σ	+ 98,721	+ 375,188	+ 802,405	+ 2013,187	+ 2747,814	+ 3543,751	+ 5264,157	+ 6159,940

	$\delta_{P_i p_9}^{(0)}$	$\delta_{P_i p_{10}}^{(0)}$	$\delta_{P_i p_e}^{(0)}$	$\delta_{P_i p_{11}}^{(0)}$	$\delta_{P_i p_f}^{(0)}$	$\delta_{P_i p_{12}}^{(0)}$	$\delta_{P_i p_g}^{(0)}$
P_1	+ 18,000	+ 1,406	+ 2,813	+ 1,406	+ 2,813	+ 1,406	+ 2,813
P_2	+ 69,750	+ 5,625	+ 11,250	+ 5,625	+ 11,250	+ 5,625	+ 11,250
P_3	+ 151,875	+ 12,656	+ 25,312	+ 12,656	+ 25,312	+ 12,656	+ 25,312
P_4	+ 393,750	+ 33,750	+ 67,500	+ 35,156	+ 70,312	+ 35,156	+ 70,312
P_5	+ 546,750	+ 45,000	+ 90,000	+ 50,625	+ 101,250	+ 50,625	+ 101,250
P_6	+ 716,625	+ 56,250	+ 112,500	+ 68,906	+ 137,813	+ 68,906	+ 137,813
P_7	+ 1093,500	+ 78,750	+ 157,500	+ 112,500	+ 225,000	+ 113,906	+ 227,813
P_8	+ 1293,750	+ 90,000	+ 180,000	+ 135,000	+ 270,000	+ 140,625	+ 281,250
P_9	+ 1497,375	+ 101,250	+ 202,500	+ 157,500	+ 315,000	+ 170,156	+ 340,313
P_{10}	+ 101,250	+ 9,701	+ 19,564	+ 9,375	+ 18,750	+ 9,375	+ 18,750
P_e	+ 202,500	+ 19,564	+ 40,104	+ 18,750	+ 37,500	+ 18,750	+ 37,500
P_{11}	+ 157,500	+ 9,375	+ 18,750	+ 19,075	+ 38,314	+ 18,750	+ 37,500
P_f	+ 315,000	+ 18,750	+ 37,500	+ 38,314	+ 77,604	+ 37,500	+ 75,000
P_{12}	+ 170,156	+ 9,375	+ 18,750	+ 18,750	+ 37,500	+ 28,451	+ 57,064
P_g	+ 340,313	+ 18,750	+ 37,500	+ 37,500	+ 75,000	+ 57,064	+ 115,104
Σ	+ 7068,094	+ 510,202	+ 1021,543	+ 721,138	+ 1443,418	+ 768,951	+ 1539,044

Tabelle 6. *Homogene Matrix zur Berechnung der Eigenfrequenzen*

1	2	3	4	5	6	7	8	9	10
v	$x \cdot y_v =$	a_{v1}	a_{v2}	a_{v3}	a_{v4}	a_{v5}	a_{v6}	a_{v7}	a_{v8}
1	$x \cdot y_1 =$	+15,687	+20,332	+10,484	−3,682	−3,593	−1,732	+0,605	+0,630
2	$x \cdot y_2 =$	+20,332	+42,704	+26,528	−9,810	−9,614	−4,602	+1,632	+1,644
3	$x \cdot y_3 =$	+10,484	+26,528	+25,001	−11,403	−10,803	−5,154	+1,831	+1,871
4	$x \cdot y_4 =$	−3,682	−9,810	−11,043	+27,333	+31,770	+15,982	−5,724	−5,794
5	$x \cdot y_5 =$	−3,593	−4,602	−10,803	+31,770	+53,976	+31,984	−11,996	−12,168
6	$x \cdot y_6 =$	−1,732	−1,632	−5,154	+15,982	+31,984	+27,669	−12,296	−12,461
7	$x \cdot y_7 =$	+0,605	+1,644	+1,831	−5,724	−11,996	−12,296	+28,764	+34,391
8	$x \cdot y_8 =$	+0,630	+1,871	+1,871	−2,988	−6,243	−12,461	+34,391	+59,096
9	$x \cdot y_9 =$	+0,315	+0,857	+0,957	+12,267	+12,025	+6,414	+18,515	+37,071
10	$x \cdot y_{10} =$	−3,888	−10,348	−11,649	+16,357	+16,035	+5,761	−2,027	−2,057
e	$x \cdot y_e =$	−5,159	−13,794	−15,534	+5,918	+12,402	+7,685	−2,700	−2,741
11	$x \cdot y_{11} =$	+0,621	+1,678	+1,879	−7,897	−16,534	−12,708	+12,986	+13,168
f	$x \cdot y_f =$	+0,853	+2,239	+2,501	−1,333	−2,822	−16,920	+17,316	+17,557
12	$x \cdot y_{12} =$	−0,151	−0,379	−0,435	+1,770	+3,764	−2,880	+8,456	+17,660
g	$x \cdot y_g =$	−0,176	−0,503	−0,585			+3,856	+11,248	−23,547

11	12	13	14	15	16	17	18
v	a_{v9}	a_{v10}	a_{ve}	a_{v11}	a_{vf}	a_{v12}	a_{vg}	Faktor
1	+0,315	−8,101	−5,374	+1,293	+0,888	−0,315	−0,183	$\cdot 10^{-3}$
2	+0,857	−21,554	−14,368	+3,497	+2,333	−0,788	−0,524	$\cdot 10^{-3}$
3	+0,957	−24,266	−16,182	+3,915	+2,605	−0,906	−0,609	$\cdot 10^{-3}$
4	−2,988	+25,558	+17,038	−12,330	−8,227	+2,777	+1,844	$\cdot 10^{-3}$
5	−6,243	+25,053	+16,703	−25,837	−17,223	+5,879	+3,921	$\cdot 10^{-3}$
6	−6,414	−12,009	−8,005	−26,475	−17,625	+5,999	+4,017	$\cdot 10^{-3}$
7	+18,515	−4,223	−2,813	+27,055	+18,038	+17,618	+11,717	$\cdot 10^{-3}$
8	+37,071	−4,285	−2,856	+27,433	+18,289	+36,793	+24,528	$\cdot 10^{-3}$
9	−32,809	−2,200	−1,465	+14,100	+9,401	+37,597	+25,037	$\cdot 10^{-3}$
10	−1,056	+39,945	+28,347	−4,301	−2,911	+1,332	−0,886	$\cdot 10^{-3}$
e	+1,406	−56,694	+40,705	−5,812	−3,876	+6,345	+4,234	$\cdot 10^{-3}$
11	+6,768	−4,301	−2,906	+40,878	+29,070	+8,466	+5,646	$\cdot 10^{-3}$
f	−9,025	−5,822	+3,876	+58,014	+45,579	+52,654	+36,812	$\cdot 10^{-3}$
12	−18,046	+0,994	+0,666	−6,345	−4,233	+73,624	+55,984	$\cdot 10^{-3}$
g	−24,036	+1,320	+0,886	+8,468	+5,646			$\cdot 10^{-3}$

Ein Vergleich der elektronisch ermittelten Ergebnisse mit den von KOLOUŠEK [21] angegebenen genauen Werten für die ersten 3 Kreisfrequenzen ergibt praktisch eine völlige Übereinstimmung.

$$\text{1. Eigenwert: } \varkappa_1 = 0{,}195569_2; \quad \omega_1 = 103{,}624 \text{ sec}^{-1}(103{,}703)$$

$$\text{2. Eigenwert: } \varkappa_2 = 0{,}131983_4; \quad \omega_2 = 126{,}139 \text{ sec}^{-1}(126{,}246) \quad \text{(D.VI.31)}$$

$$\text{3. Eigenwert: } \varkappa_3 = 0{,}087073_4; \quad \omega_3 = 155{,}298 \text{ sec}^{-1}(155{,}437).$$

Wird der relative Fehler auf die genauen Werte, die in runde Klammern gesetzt sind, bezogen, so ist er in allen Fällen kleiner als 0,1%.

D.VI.2.2. Dynamische Momente infolge einer erzwungenen symmetrischen Schwingung

Für den in Abb. 63 dargestellten Rahmen soll der Einfluß der waagrechten Komponente $P_g \sin \omega_e t$ der rotierenden Kraft $P_g = 1\,t$ untersucht werden. Die Winkelgeschwindigkeit ω_e der erzwungenen Schwingung beträgt

$$\omega_e = 62{,}8 \text{ sec}^{-1}. \qquad \text{(D.VI.32)}$$

Um die größten dynamischen Momente zu ermitteln, kann der im Abschnitt D.VI.2.1. entwickelte Ansatz weitgehend verwendet werden. Die Grundgleichungen (D.VI.27) sind lediglich durch die Anteile infolge $P_g = 1\,t$ zu erweitern, so daß bei Ausnutzung der Symmetrie des Systems neben den Belastungen P_k nach Gl. (D.VI.20) und Abb. 65 zusätzlich die Kraft $^s P_k = \frac{1}{2}\,t$ zu berücksichtigen ist. Weiterhin ist in der Gl. (D.VI.27) die Winkelgeschwindigkeit ω durch den bekannten Wert der Winkelgeschwindigkeit ω_e zu ersetzen, da die Massen $\mu_k \, \varDelta x_k$ ebenfalls mit ω_e schwingen.

Die Gl. (D.VI.27) enthält daher folgende Form

$$\mathfrak{P}_\nu \, y_\nu = \sum_{k=1}^{12,\,e,\,f,\,g} \mu_k \, \varDelta x_k \, \omega_e^2 \, y_k \int\limits_{\text{System}} \overset{\text{\textbullet}}{\mathfrak{M}}_{\mathfrak{p}_\nu = 1}{}^{(6)} \, M_{P_k = 1}{}^{(0)} \, \frac{dx}{E\,I(x)} + $$

$$ + P_g \int\limits_{\text{System}} \overset{\text{\textbullet}}{\mathfrak{M}}_{\mathfrak{p}_\nu = 1}{}^{(6)} \, M_{P_g = 1}{}^{(0)} \, \frac{dx}{E\,I(x)} . \qquad \text{(D.VI.33)}$$

Nach Erweiterung mit $E\,I_c$ und Multiplikation mit $1/\omega_e^2$ folgt mit $\mathfrak{P}_\nu = 1$ unter Beachtung der Gl. (D.VI.29)

$$\frac{E\,I_c}{\omega_e^2} \, y_\nu = \sum_{k=1}^{12,\,e,\,f,\,g} a_{\nu k} \, y_k + \frac{^s P_g}{\omega_e^2} \int\limits_{\text{System}} \overset{\text{\textbullet}}{\mathfrak{M}}_{\mathfrak{p}_\nu = 1}{}^{(6)} \, M_{P_g}{}^{(0)} \, \frac{I_c}{I(x)} \, dx. \qquad \text{(D.VI.34)}$$

Das Integral der rechten Seite stellt jeweils die $E\,I_c$-fache Formänderung des Punktes ν infolge der Last $P_g = 1\,t$ dar

$$\delta_{\mathfrak{p}_\nu P_g}{}^{(6)} = \int\limits_{\text{System}} \overset{\text{\textbullet}}{\mathfrak{M}}_{\mathfrak{p}_\nu = 1}{}^{(6)} \, M_{P_g = 1}{}^{(0)} \, \frac{I_c}{I(x)} \, dx = \left[\delta_{\mathfrak{p}_\nu P_g}{}^{(0)} + \sum_{i=1}^{6} X_{i\,\mathfrak{p}_\nu} \, \delta_{X_i P_g} \right].$$

$$\text{(D.VI.35)}$$

Diese Formänderungen wurden bereits bei der Berechnung der $a_{\nu g}$-Werte verwendet und sind daher bekannt. Ein Vergleich mit der Gl. (D.VI.29) ergibt, daß folgende Beziehung gilt

$$\delta_{\mathfrak{p}_\nu, P_g}{}^{(6)} = \frac{1}{\mu_g \varDelta x_g} a_{\nu g},$$ (D.VI.36)

so daß aus Gl. (D.VI.34) folgt

$$\frac{E I_c}{\omega_e{}^2} y_\nu = \sum_{k=1}^{12, e, f, g} a_{\nu k} y_k + \frac{{}^s P_g}{\mu_g \varDelta x_g \omega_e{}^2} a_{\nu g}.$$ (D.VI.37)

Diese Grundgleichung (D.VI.37) wird für $\nu = 1, 2, \ldots, 11, 12, e, f, g$ angeschrieben und liefert ein inhomogenes Gleichungssystem, aus dem die 15 unbekannten Durchbiegungen y_k berechnet werden können. Auf die Wiedergabe des Gleichungssystems wird verzichtet, da es praktisch dem Gleichungssystem der Tab. 6 entspricht, wenn dort auf der linken Seite für $\varkappa_\nu$ die nun bekannten Werte

$$\varkappa_\nu = \frac{E I_c}{\omega_e{}^2}$$ (D.VI.38)

verwendet werden und wenn auf der rechten Seite jeweils die Anteile

$$\frac{{}^s P_g}{\mu_g \varDelta x_g \omega_e{}^2} a_{\nu g} = \frac{(1/2)}{0{,}0510 \cdot 0{,}625 \cdot 62{,}8^2} a_{\nu g}$$ (D.VI.39)

hinzugefügt werden ($a_{\nu g}$ nach Tab. 6, Spalte 17).

Die Lösung der Matrix liefern die aus der Tab. 7 ersichtlichen Durchbiegungen.

Die gesuchten größten dynamischen Momente ergeben sich durch die Superposition der statischen Momente nach Gl. (D.VI.22)

$$M_{{}^s P_g}{}^{(6)} = {}^s P_g \left[M_{P_g=1}{}^{(0)} + \sum_{i=1}^{6} X_{i, P_g=1} M_{X_i=1}{}^{(0)} \right]$$ (D.VI.40)

und dem Zuwachs der Momente infolge der Schwingung nach Gl. (D.VI.24), wenn in dieser Gleichung ω^2 durch $\omega_e{}^2$ ersetzt wird und wenn die y_k-Werte nach Tab. 7 eingeführt werden. Die Momente sind in Tab. 8 zusammengestellt und werden dort auch mit den genauen Werten nach KOLOUŠEK [21] verglichen. Der relative Fehler ist in allen Fällen kleiner als 1%.

D.VI.2.3. Berechnung der dynamischen Durchbiegungen bei gedämpfter Schwingung

Die partielle Differentialgleichung für die gedämpfte Querschwingung eines unbelasteten Stabes lautet [21]

$$\frac{\partial^2}{\partial x^2} \left[E I(x) \frac{\partial^2 y(x, t)}{\partial x^2} \right] + \mu(x) \frac{\partial^2 y(x, t)}{\partial t^2} + 2 \mu(x) \omega_d \frac{\partial y(x, t)}{\partial t} = 0.$$ (D.VI.41)

Hierbei wird vorausgesetzt, daß die Dämpfung pro Längeneinheit

$$d = 2 \mu(x) \omega_d = 4 \pi n_d \mu(x)$$ (D.VI.42)

proportional der Geschwindigkeit ist. Wenn eine harmonische Schwingung

$$y(x, t) = y(x) \sin \omega t + \bar{y}(x) \cos \omega t$$ (D.VI.43)

zugrunde gelegt wird, dann ergibt sich aus Gl. (D.VI.41)

$$+ \ [E \, I(x) \ \{y''(x) \ \sin \omega \, t + \bar{y}''(x) \ \cos \omega \, t\}]'' \ -$$
$$- \ \mu(x) \ \omega^2 \{y(x) \ \sin \omega \, t + \bar{y}(x) \ \cos \omega \, t\} + \tag{D.VI.44}$$
$$+ \ 2 \, \mu(x) \ \omega_d \, \omega \ \{y(x) \ \cos \omega \, t - \bar{y}(x) \ \sin \omega \, t\} = 0.$$

Tabelle 7

k	y_k	Wert	k	y_k	Wert
	Dim.	m		Dim.	m
1	y_1	$-\ 0,0053$	9	y_9	$-\ 0,2912$
2	y_2	$-\ 0,0138$	10	y_{10}	$+\ 0,0161$
3	y_3	$-\ 0,0149$	e	y_e	$+\ 0,0219$
4	y_4	$+\ 0,0381$	11	y_{11}	$-\ 0,0677$
5	y_5	$+\ 0,0742$	f	y_f	$-\ 0,0958$
6	y_6	$+\ 0,0699$	12	y_{12}	$+\ 0,3765$
7	y_7	$-\ 0,1625$	g	y_g	$+\ 0,5634$
8	y_8	$-\ 0,3117$			
	Faktor: 10^{-3}			Faktor: 10^{-3}	

Tabelle 8. *Momente bei der erzwungenen Schwingung*

Knoten	Dim.	Ersatzbalkenverfahren			KOLOUŠEK [21]
		Gl. (D.VI.4c) statische Momente	Gl. (D.VI.24) dynam. Zuwachs	Σ größte dynamische Momente	größte dynamische Momente
	Dim.	$t \, m$	$t \, m$	$t \, m$	$t \, m$
d	$M_{dg} = -\ M_{dc}$	$-\ 0,2712$	$-\ 0,0316$	$-\ 0,3028$	$-\ 0,302$
c	M_{cd}	$+\ 0,1002$	$+\ 0,0625$	$+\ 0,1627$	$+\ 0,1630$
c	M_{cf}	$-\ 0,0567$	$-\ 0,0324$	$-\ 0,0891$	$-\ 0,0890$
c	M_{cb}	$+\ 0,0435$	$+\ 0,0301$	$+\ 0,0736$	$+\ 0,0739$
b	M_{bc}	$-\ 0,0162$	$-\ 0,0240$	$-\ 0,0402$	$-\ 0,0406$
b	M_{be}	$+\ 0,0089$	$+\ 0,0113$	$+\ 0,0202$	$+\ 0,0204$
b	M_{ba}	$-\ 0,0074$	$-\ 0,0126$	$-\ 0,0200$	$-\ 0,0201$
a	M_{ab}	$+\ 0,0037$	$+\ 0,0100$	$+\ 0,0137$	$-$

Da die Gl. (D.VI.44) für jedes x erfüllt sein muß, ergibt sich das folgende simultane System für die beiden unbekannten Durchbiegungen $y(x)$ und $\bar{y}(x)$

$$\sin \omega \, t \, \{[E \, I(x) \, y''(x)]'' - \mu(x) \, \omega^2 \, y(x) - 2 \, \mu(x) \, \omega_d \, \omega \, \bar{y}(x)\} = 0. \tag{D.VI.45a}$$
$$\cos \omega \, t \, \{[E \, I(x) \, \bar{y}''(x)]'' - \mu(x) \, \omega^2 \, \bar{y}(x) + 2 \, \mu(x) \, \omega_d \, \omega \, y(x)\} = 0. \tag{D.VI.45b}$$

Die Lösung der beiden gekoppelten linearen gewöhnlichen Differentialgleichungen (D.VI.45a, b) leitet zum Abschnitt D.VII. über, in dem simultane Systeme behandelt werden.

D.VII. Beispiele für simultane Systeme

D.VII.1. Gedämpfte Schwingung

D.VII.1.1. Allgemeiner Teil

Es wurde im vorhergehenden Abschnitt D.VI.2.3. gezeigt, daß die Behandlung der gedämpften Schwingung auf ein simultanes System (Gl. (D.VI.45a, b)) führt.

Die Untersuchung soll für den in Abb. 63 dargestellten Rahmen geführt werden. Das System sei in der Mitte des obersten Riegels (Punkt g) durch eine harmonische veränderliche Kraft $P = P_g \cdot \sin \omega_1 t$ erregt, deren Frequenz gleich der ersten symmetrischen Eigenfrequenz $\omega_1 = 103{,}624 \text{ sec}^{-1}$ (D.VI.31) sei. Die Dämpfungsfrequenz beträgt

$$\omega_d = 62{,}8318 \text{ sec}^{-1} \quad \text{und} \quad n_d = 10 \text{ sec}^{-1}. \tag{D.VII.1}$$

Da das Trägheitsmoment und die Masse des Rahmens stabweise konstant ist, vereinfachen sich die Differentialgleichungen (D.VI.45a, b)

$$E I\, y^{\text{IV}}(x) - \mu\, \omega_1{}^2\, y(x) - 2\mu\, \omega_d\, \omega_1\, \bar{y}(x) = 0, \tag{D.VII.2a}$$

$$E I\, \bar{y}^{\text{IV}}(x) - \mu\, \omega_1{}^2\, \bar{y}(x) + 2\mu\, \omega_d\, \omega_1\, y(x) = 0. \tag{D.VII.2b}$$

Das simultane System stellt den im Abschnitt C.II.1. behandelten Normalfall dar. Mithin ist jeder Unbekannten $y(x)$ und $\bar{y}(x)$ ein Ersatztragwerk zuzuweisen, wobei von der Symmetrie des Tragwerkes Gebrauch gemacht wird (Abb. 72).

Für jeden der $N = 6$ Bereiche B des der Unbekannten $y(x)$ zugeordneten Ersatztragwerkes ist jeweils die Differentialgleichung (D.VII.2a) anzusetzen, woraus sich formal nach Gl. (C.II.4) die den einzelnen Bereichen B zugeordneten Momente ergeben

$$_y{}^B M_{id}{}^u(x, y, \bar{y}) = -\mu\, \omega_1{}^2 \int\!\!\int y(x)\, dx\, dx - 2\mu\, \omega_d\, \omega_1 \int\!\!\int \bar{y}(x)\, dx\, dx +$$
$$+ \, _y{}^B K_1\, x + \, _y{}^B K_2. \tag{D.VII.3a}$$

Entsprechend gilt für das Ersatztragwerk, das der abhängigen Variablen $\bar{y}(x)$ zugeordnet ist,

$$_{\bar{y}}{}^B M_{id}{}^u(x, y, \bar{y}) = -\mu\, \omega_1{}^2 \int\!\!\int \bar{y}(x)\, dx\, dx +$$
$$+ \, 2\mu\, \omega_d\, \omega_1 \int\!\!\int y(x)\, dx\, dx + \, _{\bar{y}}{}^B K_1\, x + \, _{\bar{y}}{}^B K_2. \tag{D.VII.3b}$$

Die Ausdrücke

$$^{B,\,y} p_{id,1} = \mu\, \omega_1{}^2\, y(x) \tag{D.VII.4a}$$

$$^{B,\,y} p_{id,2} = 2\mu\, \omega_d\, \omega_1\, \bar{y}(x) \tag{D.VII.4b}$$

stellen für das y-Ersatztragwerk die ideelle, allerdings noch von den unbekannten Durchbiegungen abhängige Ausgangsbelastung dar. Die Ausdrücke

$$^{B,\,\bar{y}} p_{id,1} = \mu\, \omega_1{}^2\, \bar{y}(x) \tag{D.VII.5a}$$

$$^{B,\,\bar{y}} p_{id,2} = -\, 2\mu\, \omega_d\, \omega_1\, y(x) \tag{D.VII.5b}$$

stellen entsprechend die ideelle Ausgangsbelastung für das $\bar{y}$-Ersatztragwerk dar.

Wie bereits im Abschnitt D.VI.2. werden die Bereiche B der beiden Ersatz-tragwerke in Intervalle, die bei beiden Ersatztragwerken übereinstimmen müssen,

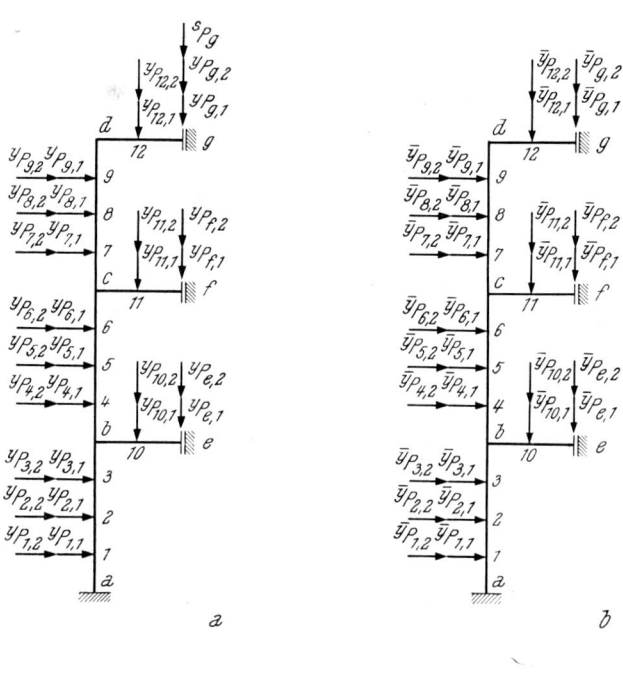

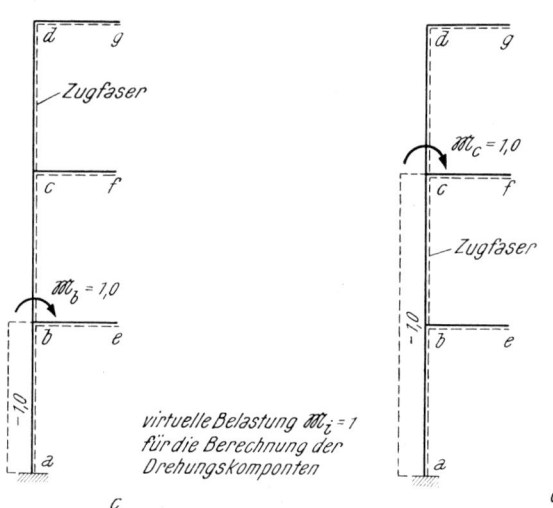

Abb. 72. a) y — Ersatztragwerk mit Belastung $^{y}P_{k,1}$, $^{y}P_{k,2}$ und $^{s}P_{g}$,
   b) $\bar{y}$ — Ersatztragwerk mit Belastung $^{\bar{y}}P_{k,1}$ und $^{\bar{y}}P_{k,2}$,
   c) y — Ersatztragwerk, Drehung y_{b}',
   d) $\bar{y}$ — Ersatztragwerk, Drehung $\bar{y}_{c}'$

eingeteilt und die verteilten Ausgangsbelastungen als Einzellasten aufgefaßt. Für den y-Balken gilt

$$^{B,\,y}P_{k,1} = {}^{B}\mu_k \,{}^{B}\varDelta x_k \,\omega_1^{\,2}\,{}^{B}y_k \tag{D.VII.6a}$$

$$^{B,\,y}P_{k,2} = 2\,{}^{B}\mu_k \,{}^{B}\varDelta x_k \,\omega_d\,\omega_1 \,{}^{B}\bar{y}_k. \tag{D.VII.6b}$$

Für den $\bar{y}$-Balken gilt

$$^{B,\,\bar{y}}P_{k,1} = {}^{B}\mu_k \,{}^{B}\varDelta x_k \,\omega_1^{\,2}\,{}^{B}\bar{y}_k \tag{D.VII.7a}$$

$$^{B,\,\bar{y}}P_{k,2} = -\,2\,{}^{B}\mu_k \,{}^{B}\varDelta x_k \,\omega_d\,\omega_1 \,y_k. \tag{D.VII.7b}$$

Mit diesen definierten Einzellasten lassen sich die ideellen ursächlichen Momente der einzelnen Bereiche B in der folgenden Form darstellen (Abb. 66):

$$y\text{-Balken:}\quad {}_y^{B}M_{id}{}^{u}(i) = -\sum_{k=1}^{n-1} \{{}^{B,\,y}P_{k,1} + {}^{B,\,y}P_{k,2}\}\,(x_i - x_k) + {}_y^{B}K_1\,x_i + {}_y^{B}K_2.$$

$$\tag{D.VII.8}$$

$$\bar{y}\text{-Balken:}\quad {}_{\bar{y}}^{B}M_{id}{}^{u}(i) = -\sum_{k=1}^{n-1} \{{}^{B,\,\bar{y}}P_{k,1} + {}^{B,\,\bar{y}}P_{k,2}\}\,(x_i - x_k) + {}_{\bar{y}}^{B}K_1\,x_i + {}_{\bar{y}}^{B}K_2.$$

$$\tag{D.VII.9}$$

Die formale Berechnung der 24 Konstanten (12 für das y-Ersatztragwerk und 12 für das $\bar{y}$-Ersatztragwerk) kann umgangen werden, wenn die in Abb. 72 dargestellten Ersatztragwerke unter der dort angegebenen Belastung gelöst werden, wodurch die Randbedingungen automatisch erfüllt werden. Es sei darauf hingewiesen, daß im Punkt g die Kraft $^{s}P_g = \frac{1}{2}$ am y-Tragwerk berücksichtigt werden muß, da dieses Ersatztragwerk der Komponente $\sin \omega t$ (Gl. (D.VI.45a)) zugeordnet ist. (Bei der formalen Berechnung der Konstanten wäre die Randbedingung im Punkt g ($y_g''' = 0$, Abb. 64) für das y-Tragwerk abzuwandeln. Sie lautet: $-\,E\,I_g\,y_g''' = \frac{1}{2} = {}^{s}P_g$).

Die Lösung der Aufgabe kann unter den gegebenen Voraussetzungen in ähnlicher Weise erfolgen, wie es in dem Abschnitt D.VI.2. gezeigt wurde. Zunächst werden die ideellen ursächlichen Momente und die Momente infolge der virtuellen Belastung an den beiden Ersatztragwerken bestimmt.

Anschließend werden dann die Grundgleichungen vom Typ (B.III.51) formuliert, wobei aber in diesen Gleichungen sowohl die unbekannten Durchbiegungen y_k als auch $\bar{y}_k$ auftreten. Die an den beiden Tragwerken aufgestellten Gleichungen sind daher nicht mehr unabhängig voneinander und da an jedem Tragwerk jeweils 15 Unbekannte auftreten, ergibt sich ein 30gliedriges inhomogenes Gleichungssystem, aus dem die unbekannten Durchbiegungen berechnet werden können.

D.VII.1.2. Ideelle ursächliche Momente und Momente infolge der virtuellen Belastung

Als statisch bestimmtes Hauptsystem wird wieder der im Punkt a eingespannte Kragträger verwendet (Abb. 65). Da die im Abschnitt D.VI.2. verwendete Intervallteilung (Abb. 65) auch für die y- und $\bar{y}$-Ersatztragwerke gewählt wurde, gelten die Momente infolge der Einheitsbelastungszustände $X_i = 1$ ($i = 1, 2, \ldots, 6$) (Abb. 70) und die Momente infolge der äußeren Einheitsbelastungszustände $P_n = 1$ (Abb. 71) ($n = 1, 2, \ldots, 12, e, f, g$) am statisch bestimmten System. Daher können auch die statisch Unbestimmten (Tab. 4) übernommen werden.

Die Momente infolge der virtuellen Belastung $\mathfrak{P}_\nu = 1$ am statisch unbestimmten Tragwerk lauten daher für beide Ersatztragwerke nach Gl. (D.VI.22)

$$\mathfrak{M}_{\mathfrak{p}_\nu}{}^{(6)} = \mathfrak{M}_{\mathfrak{p}_\nu}{}^{(0)} + \sum_{i=1}^{6} X_{i,\,\mathfrak{p}_\nu} \mathfrak{M}_{X_i}{}^{(0)}. \tag{D.VII.10}$$

Für die ideellen ursächlichen Momente ergeben sich analog Abschnitt D.VI.2. folgende Gleichungen:

a) *Am statisch bestimmten System*

y-Ersatztragwerk:

$$_yM_{id}{}^{u\,(0)} = \sum_{k=1}^{12,\,e,\,f,\,g} [\mu_k \Delta x_k \omega_1{}^2 y_k + 2\mu_k \Delta x_k \omega_d \omega_1 \bar{y}_k] M_{P_k=1}{}^{(0)} + {}^sP_g M_{P_g=1}{}^0. \tag{D.VII.11}$$

$\bar{y}$-Ersatztragwerk:

$$_{\bar{y}}M_{id}{}^{u\,(0)} = \sum_{k=1}^{12,\,e,\,f,\,g} [\mu_k \Delta x_k \omega_1{}^2 \bar{y}_k - 2\mu_k \Delta x_k \omega_d \omega_1 y_k] M_{P_k=1}{}^{(0)}. \tag{D.VII.12}$$

b) *Am statisch unbestimmten System*

y-Ersatztragwerk:

$$_yM_{id}{}^{u\,(6)} = \sum_{k=1}^{12,\,e,\,f,\,g} [\mu_k \Delta x_k \omega_1{}^2 y_k + 2\mu_k \Delta x_k \omega_d \omega_1 \bar{y}_k] \cdot \tag{D.VII.13}$$

$$\cdot \left[M_{P_k=1}{}^{(0)} + \sum_{i=1}^{6} X_{i,\,P_k=1} M_{X_i}{}^{(0)} \right] + {}^sP_g \left[M_{P_g=1}{}^{(0)} + \sum_{i=1}^{6} X_{i,\,P_g=1} M_{X_i}{}^{(0)} \right].$$

$\bar{y}$-Ersatztragwerk:

$$_{\bar{y}}M_{id}{}^{u\,(6)} = \sum_{k=1}^{12,\,e,\,f,\,g} [\mu_k \Delta x_k \omega_1{}^2 \bar{y}_k - 2\mu_k \Delta x_k \omega_d \omega_1 y_k] \cdot$$

$$\cdot \left[M_{P_k=1}{}^{(0)} + \sum_{i=1}^{6} X_{i,\,P_k=1} M_{X_i}{}^{(0)} \right]. \tag{D.VII.14}$$

D.VII.1.3. Die Aufstellung der Grundgleichungen — Bildung der inhomogenen Matrix

Es sind 15 Grundgleichungen am y-Tragwerk für die unbekannten Durchbiegungen y_k und 15 Grundgleichungen am $\bar{y}$-Tragwerk für die unbekannten Durchbiegungen $\bar{y}_k$ aufzustellen.

Hierbei dürfen wegen der bereits im Abschnitt D.VI.2.1.3. dargelegten Affinität der Momente infolge der ursächlichen Belastung und infolge der virtuellen Belastung die Momente infolge der ursächlichen Belastung am statisch bestimmten System und die infolge der virtuellen Belastung am statisch unbestimmten System verwendet werden. Somit ergeben sich folgende Grundgleichungen:

12*

y-Ersatztragwerk:

$$\mathfrak{P}_\nu\, y_\nu = \int\limits_{\text{System}} \mathfrak{M}_{\mathfrak{p}_\nu=1}{}^{(6)}\, {}_yM_{id}{}^{u\,(0)}\, \frac{dx}{E\,I(x)} =$$

$$= \sum_{k=1}^{12,\,e,\,f,\,g} \mu_k\,\varDelta x_k\,\omega_1{}^2\,y_k \int\limits_{\text{System}} \mathfrak{M}_{\mathfrak{p}_\nu=1}{}^{(6)}\, M_{P_k=1}{}^{(0)}\, \frac{dx}{E\,I(x)} + \qquad \text{(D.VII.15)}$$

$$+ \sum_{k=1}^{12,\,e,\,f,\,g} 2\,\mu_k\,\varDelta x_k\,\omega_1\,\omega_d\,\bar{y}_k \int\limits_{\text{System}} \mathfrak{M}_{\mathfrak{p}_\nu=1}{}^{(6)}\, M_{P_k=1}{}^{(0)}\, \frac{dx}{E\,I(x)} +$$

$$+ {}^sP_g \int\limits_{\text{System}} \mathfrak{M}_{\mathfrak{p}_\nu=1}{}^{(6)}\, M_{P_g=1}{}^{(0)}\, \frac{dx}{E\,I(x)}.$$

Wird $\mathfrak{P}_\nu = 1$ gesetzt und mit $E\,I_c/\omega_1{}^2$ multipliziert, dann ergibt sich unter Verwendung der $a_{\nu k}$-Werte (Gl. (D.VI.29)) aus der Gl. (D.VII.15)

$$\frac{E\,I_c}{\omega_1{}^2}\,y_\nu = \sum_{k=1}^{12,\,e,\,f,\,g} a_{\nu k}\,y_k + \sum_{k=1}^{12,\,e,\,f,\,g} 2\,\frac{\omega_d}{\omega_1}\,a_{\nu k}\,\bar{y}_k + \frac{{}^sP_g}{\mu_k\,\varDelta x_k\,\omega_1{}^2}\,a_{\nu g}$$

$$(\nu = 1, 2, \ldots, 12, e, f, g). \qquad \text{(D.VII.16a)}$$

$\bar{y}$-Ersatztragwerk:

In ähnlicher Weise können die Grundgleichungen am $\bar{y}$-Tragwerk aufgestellt werden. Sie lauten

$$\frac{E\,I_c}{\omega_1{}^2}\,\bar{y}_\nu = \sum_{k=1}^{12,\,e,\,f,\,g} a_{\nu k}\,\bar{y}_k - \sum_{k=1}^{12,\,e,\,f,\,g} 2\,\frac{\omega_d}{\omega_1}\,a_{\nu k}\,y_k \qquad (\nu = 1, 2, \ldots, 12, e, f, g).$$

$$\text{(D.VII.16b)}$$

Mit den Gln. (D.VII.16a, b) ist das inhomogene Gleichungssystem gefunden, aus dem die 15 unbekannten Durchbiegungen y_k und die 15 unbekannten Durchbiegungen $\bar{y}_k$ berechnet werden. Auf die Wiedergabe der Matrix wird verzichtet, da sie sich unter Verwendung der $a_{\nu k}$ der Tab. 6 leicht ermitteln läßt.

Die Lösung liefern die aus Tab. 9 ersichtlichen Durchbiegungen. Nach Kolou\v{s}ek [21] gilt für die Durchbiegung $y_g(x, t)$ in der Mitte des obersten Riegels die Gleichung

$$y_g(x, t) = 2{,}06 \cdot 10^{-4} \sin \omega_1 t - 3{,}54 \cdot 10^{-4} \cos \omega_1 t. \qquad \text{(D.VII.17a)}$$

An Hand der Tab. 9 folgt

$$y_g(x, t) = 2{,}064 \cdot 10^{-4} \sin \omega_1 t - 3{,}534 \cdot 10^{-4} \cos \omega_1 t, \qquad \text{(D.VII.17b)}$$

d. h. es besteht praktisch völlige Übereinstimmung.

Nachdem die Durchbiegungen bekannt sind, können die dynamischen Momente berechnet werden. Da für die Momente

$$M_{\text{dyn}}(x, t) = -\,E\,I(x)\,\frac{\partial^2 y(x,t)}{\partial x^2} \qquad \text{(D.VII.18a)}$$

gilt, ergibt sich mit Gl. (D.VI.43)

$$M_{\text{dyn}}(x, t) = -\,E\,I(x)\,\{y''(x)\sin \omega_1 t + \bar{y}''(x)\cos \omega_1 t\} \qquad \text{(D.VII.18b)}$$

und in Verbindung mit den Gln. (D.VII.3a, b) und (D.VII.13, 14)

$$M_{\text{dyn}}(x, t) = {}_yM_{id}{}^{u\,(6)}(x)\sin \omega_1 t + {}_{\bar{y}}M_{id}{}^{u\,(6)}(x)\cos \omega_1 t. \qquad \text{(D.VII.18c)}$$

Tabelle 9. *Ergebnisse der gedämpften Schwingung*

Punkt k	Komponenten der dynamischen Durchbiegung Faktor: $10^{-4}\cdot P$		Komponenten der dynamischen Momente Faktor: P		Komponenten der dynamischen Drehungen Faktor: $10^{-4}\cdot P$				P in t einsetzen
Dim.	y_k [m]	$\bar y_k$ [m]	$_yM_{i,d}^{u(6)}$ [tm]	$_{\bar y}M_{i,d}^{u(6)}$ [tm]	y_k'	y_k' nach [21]	$\bar y_k'$	$\bar y_k'$ nach [21]	
g	+2,0640	−3,5338	+0,618588	−0,675277					Riegel
12	+1,2437	−2,4385	+0,088632	−0,417000					
d	0,0	0,0	−0,294707	+0,178990	+0,745764	+0,742209 $\Delta\sim0{,}5\%$	−1,979607	−1,986280 $\Delta\sim0{,}4\%$	Stiel
9	+0,0097	+1,9783	+0,042123	+0,197005					
8	+0,6810	+2,0191	+0,091738	+0,118097					
7	+0,6479	+0,8994	+0,071356	+0,019626					
c^0	0,0	0,0	−0,034718	−0,162955					
c^R	0,0	0,0	−0,002019	+0,094603	+0,433321 $\Delta\sim0{,}5\%$	+0,435420	+0,188211 $\Delta\sim0{,}1\%$	+0,188000	R
c^u	0,0	0,0	−0,036736	−0,068352	+0,433321	+0,435420	+0,188211	+0,188000	Stiel
6	−0,4411	−0,0177	−0,043392	−0,011650					
5	+0,4581	+0,1357	−0,027247	+0,019558					
4	−0,2110	+0,1407	+0,003368	+0,016696					
b^0	0,0	0,0	+0,035972	+0,005709					
b^R	0,0	0,0	−0,022249	−0,001613	−0,049911 $\Delta\sim0{,}3\%$	−0,050060	+0,099451 $\Delta\sim0{,}7\%$	+0,100140	R
b^u	0,0	0,0	−0,013723	−0,007322	−0,049911	−0,050060	+0,099451	+0,100140	Stiel
3	+0,0199	−0,1034	+0,002999	−0,010409					
2	+0,0002	−0,1093	−0,002530	−0,007211					
1	−0,0046	−0,0452	+0,001535	+0,001387					
a	0,0	0,0	+0,002388	+0,011940	0,0	0,0	0,0	0,0	
f	+0,6939	+0,1050	+0,121161	+0,010379					Riegel
11	+0,4910	+0,1050	+0,086023	+0,021130					
e	−0,0327	+0,1620	+0,000905	+0,028567					
10	−0,0309	+0,1136	−0,006103	+0,019940					

Die ideellen ursächlichen Momente $_yM_{id}{}^{u(6)}(x)$ und $_{\bar y}M_{id}{}^{u(6)}(x)$, die sich aus den Gln. (D.VII.13, 14) ergeben und in Tab. 9 zusammengestellt sind, stellen also die Komponenten der dynamischen Momente dar.

Unter Verwendung dieser Komponenten können dann in bekannter Weise mit Hilfe der virtuellen Belastung $\mathfrak{M}_i = 1$ (Abb. 72c, d) am statisch bestimmten System die Drehungen berechnet werden.

Für die Drehung $\bar y_b{}'$ des Knotens b des $\bar y$-Tragwerkes gilt z. B.

$$\bar y_b{}' = \frac{\varDelta x_{st}}{2\,E\,I_{st}}\,\mathfrak{M}_b(x)\,\{_{\bar y}M_{id}{}^{u(6)}(a) + 2(_{\bar y}M_{id}{}^{u(6)}(1) + _{\bar y}M_{id}{}^{u(6)}(2) + _{\bar y}M_{id}{}^{u(6)}(3)) +$$

$$+ _{\bar y}M_{id}{}^{u(6)}(b)\} = + 0{,}099\,451 \cdot 10^{-4}\,P_g.$$

Die Drehungen wurden für alle Knotenpunkte des y- und des $\bar y$-Tragwerkes berechnet und mit den Werten von Koloušek verglichen (Tab. 9). Es besteht praktisch völlige Übereinstimmung. Die ermittelten Werte sind die Komponenten der dynamischen Drehungen der Knotenpunkte, für die allgemein gilt

$$y'(x,t) = y'(x)\sin\omega_1 t + \bar y'(x)\cos\omega_1 t. \qquad \text{(D.VII.19)}$$

An die Berechnung der Drehungskomponenten soll noch eine Betrachtung angeschlossen werden, die die Leistungsfähigkeit des Ersatzbalkenverfahrens beweist. Hierzu wird die Drehungskomponente $\bar y_b{}'$, die nach dem Ersatzbalkenverfahren am meisten von den genauen Werten nach Koloušek abweicht ($\varDelta \sim 0{,}7\%$), unter Verwendung der bekannten numerischen Verfahren [7] bestimmt. Mit Hilfe der Durchbiegungen $\bar y_k$ nach Tab. 9, die als richtig unterstellt werden können, da sich aus ihnen die von Koloušek mitgeteilten Werte mit numerischer Genauigkeit ergeben, können nachstehende Werte für die Knotendrehung $\bar y_b{}'$ ermittelt werden:

a) nach dem gewöhnlichen Differenzenverfahren

$$\bar y_b{}' = \frac{\bar y_4 - \bar y_3}{2\,\varDelta x_{st}} = \frac{+\,0{,}1407 - (-\,0{,}1034)}{2 \cdot 1{,}5 \cdot 10^4} = 0{,}081367 \cdot 10^{-4}\,P\ (18{,}8\%).$$

b) unter Verwendung von finiten Ausdrücken

$$\bar y_b{}' = \frac{-\,\bar y_5 + 8\,\bar y_4 - 8\,\bar y_3 + \bar y_2}{12\,\varDelta x_{st}} =$$

$$= \frac{-\,0{,}1357 + 8(+\,0{,}1407) - 8(-\,0{,}1034) + (-\,0{,}1093)}{12 \cdot 1{,}5 \cdot 10^4} =$$

$$= 0{,}094878 \cdot 10^{-4}\,P \qquad (5{,}3\%).$$

c) unter Verwendung des Differenzenverfahrens höherer Annäherung

$$\bar y_b{}' = \frac{\bar y_6 - 9\,\bar y_5 + 45\,\bar y_4 - 45\,\bar y_3 + 9\,\bar y_2 - \bar y_1}{60\,\varDelta x_{st}} =$$

$$= \frac{-\,0{,}0177 - 9(+\,0{,}1357) + 45(+\,0{,}1407) - 45(-\,0{,}1034) +}{60 \cdot}$$

$$\frac{+\,9\,(-\,0{,}1093) - (-\,0{,}0452)}{\cdot\,1{,}5 \cdot 10^4}$$

$$= 0{,}097\,856 \cdot 10^{-4}\,P \qquad (2{,}3\%).$$

Von den **3** berechneten Neigungen erreicht praktisch nur der letzte Wert die baustatische Genauigkeit. Der relative Fehler in Prozenten ist aber immerhin noch mehr als dreimal so groß wie beim Ersatzbalkenverfahren.

Der Nachteil der obigen Methoden gegenüber dem Ersatzbalkenverfahren tritt noch stärker in Erscheinung, wenn die Werte für nahe dem Rande liegende Punkte berechnet werden sollen, da dann besondere Überlegungen notwendig werden, oder wenn z. B. die Momente, die proportional der 2. Ableitung sind, gesucht werden, da mit der Differenzbildung eine weitere Vergröberung der Ergebnisse verbunden ist, die beim Ersatzbalkenverfahren vermieden wird.

D.VII.2. Berechnung der Umlagerungsgrößen für einen beliebigen Stahlbeton-verbundquerschnitt infolge Kriechens und Schwindens

Für den in Abb. **73** dargestellten Verbundquerschnitt sollen die Momente $M_{B+S;b,}{}^t$ im Beton und $M_{B+S;st,t}$ im Stahl infolge Kriechens und Schwindens ermittelt werden, wenn ein konstantes äußeres Moment $M_{B;0} = 600\,t\,m$ wirkt und die auf die Endkriechzahl $\varphi_n = 3{,}0$ bezogene Schwindkraft $N_s = (\varepsilon_s/\varphi_n) \cdot E_b F_b = 226{,}7\,t$ beträgt.

Die Aufgabe wird durch das simultane System [14]

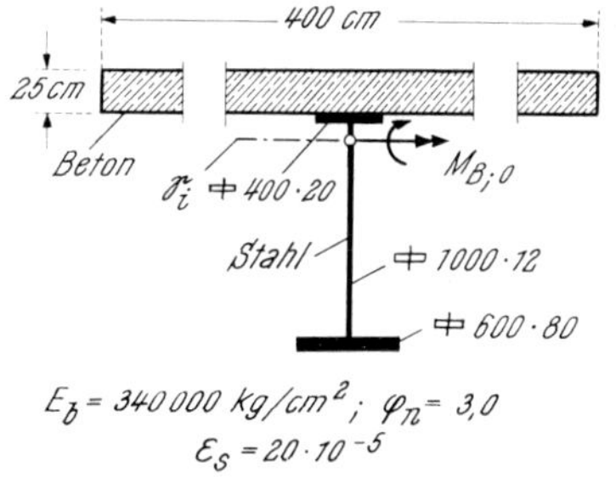

$$+\frac{F_i}{F_{st}}\frac{dM_{B+S;b,t}}{d\varphi} + M_{B+S;b,t} +$$

$$+\frac{F_i(I_{st} + a\,S_i)}{F_{st}I_{st}}\frac{dM_{B+S;st,t}}{d\varphi} +$$

$$+ M_{B+S;st,t} - a\,\{N_S - N_{B;b,0}\} = 0.$$

(D.VII.20a)

Abb. 73. Verbundquerschnitt

$$+\frac{dM_{B+S;b,t}}{d\varphi} + M_{B+S;b,t} - \frac{I_{b,r}}{I_{st}}\frac{dM_{B+S;st,t}}{d\varphi} + M_{B;b,0} = 0.$$

(D.VII.20b)

beschrieben.

Wird φ als Abszisse x der Ersatztragwerke aufgefaßt und entsprechend Gl. (B.I.3) substituiert

$$M_{B+S;b,t} = \frac{dy(x)}{dx}\,;\qquad M_{B+S;st,t} = \frac{d\bar{y}(x)}{dx}\,,$$

(D.VII.21)

dann ergibt sich folgendes Gleichungssystem

$$+\frac{F_i}{F_{st}}y''(x) + y'(x) + \frac{F_i(I_{st} + a\,S_i)}{F_{st}I_{st}}\bar{y}''(x) + \bar{y}'(x) - a\,\{N_s - N_{B;b,0}\} = 0.$$

(D.VII.22a)

$$+ y''(x) + y'(x) - \frac{I_{b,r}}{I_{st}}\bar{y}''(x) + M_{B;b,0} = 0.$$

(D.VII.22b)

Ein Vergleich mit der Gl. (C.II.19) ergibt, daß der Sonderfall I vorliegt. Werden nach Gl. (C.II.20) folgende ideelle ursächliche Momente

$$_y M_{d}{}^u = - y''(x) \qquad (\text{Biegesteifigkeit: } {}_y S(x) = 1) \qquad (\text{D.VII.23a})$$

und

$$_{\bar{y}} M_{id}{}^u = - \bar{y}''(x) \qquad (\text{Biegesteifigkeit: } {}_{\bar{y}} S(x) = 1) \qquad (\text{D.VII.23b})$$

definiert, so folgt aus den Gln. (D.VII.22a, b)

$$\frac{F_i}{F_{st}}\,{}_y M_{id}{}^u + \frac{F_i(I_{st} + a\,S_i)}{F_{st}\,I_{st}}\,{}_{\bar{y}} M_{id}{}^u = + y'(x) + \bar{y}'(x) - a\,\{N_s - N_{B;b,0}\}.$$

$$(\text{D.VII.24a})$$

$$_y M_{id}{}^u - \frac{I_{b,r}}{I_{st}}\,{}_{\bar{y}} M_{id}{}^u = + y'(x) + M_{B;b,0}. \qquad (\text{D.VII.24b})$$

Aus diesem Gleichungssystem lassen sich die ideellen ursächlichen Momente unabhängig voneinander darstellen. Wird der Umlagerungskennwert $\alpha_{st} = = (F_{st}\,I_{st})/(F_i\,I_i)$ eingeführt, so gilt

$$_y M_{id}{}^u(k) = \alpha_{st}\left\{\frac{I_{b,r}}{I_{st}} + \frac{F_i(I_{st} + a\,S_i)}{F_{st}\,I_{st}}\right\} y_k' + \alpha_{st}\cdot\frac{I_{b,r}}{I_{st}}\,\bar{y}_k' +$$

$$+\, \alpha_{st}\left\{\frac{F_i(I_{st} + a\,S_i)}{F_{st}\,I_{st}}\,M_{B;b,0} - \frac{I_{b,r}}{I_{st}}\,a(N_s - N_{B;b,0})\right\}. \qquad (\text{D.VII.25a})$$

$$_{\bar{y}} M_{id}{}^u(k) = \alpha_{st}\left\{1 - \frac{F_i}{F_{st}}\right\} y_k' + \alpha_{st}\,\bar{y}_k' - \alpha_{st}\left\{\frac{F_i}{F_{st}}\,M_{B;b,0} + a(N_s - N_{B;b,0})\right\}.$$

$$(\text{D.VII.25b})$$

(Die Intervallpunkte werden mit k anstatt mit i bezeichnet, um die in der Theorie der Verbundkonstruktion übliche Indizierung (i = Verbundquerschnitt) beibehalten zu können.)

Diese Momente wirken, da es sich um ein Anfangswertproblem handelt, an Kragträgern (Abb. 74). Die Anfangsbedingungen lauten

$$M_{B+S;b,t}(\varphi = 0) = y_0' = 0$$

$$M_{B+S;st,t}(\varphi = 0) = \bar{y}_0' = 0.$$

Damit gilt für die Einspannmomente

$$_y M_{id}{}^u(0) = \alpha_{st}\left\{\frac{F_i(I_{st} + a\,S_i)}{F_{st}\,I_{st}}\,M_{B;b,0} - \frac{I_{b,r}}{I_{st}}\,a(N_s - N_{B;b,0})\right\}$$

$$(\text{D.VII.26a})$$

$$_{\bar{y}} M_{id}{}^u(0) = -\,\alpha_{st}\left\{\frac{F_i}{F_{st}}\,M_{B;b,0} + a(N_s - N_{B;b,0})\right\}. \qquad (\text{D.VII.26b})$$

Da die ideellen ursächlichen Momente nur von den unbekannten Neigungen y_k' und $\bar{y}_k'$ abhängen, sind für die Aufstellung der Grundgleichungen vom Typ (B.III.52) nur virtuelle Belastungen $\mathfrak{M}_k = 1$ ($k > 0$) zu wählen (Abb. 74).

Die unbekannten Drehungen y_k' und $\bar{y}_k'$ lassen sich aus einem zweigliedrigen gestaffelten Gleichungssystem sukzessiv berechnen, weil sich die Momente infolge der virtuellen Belastung $\mathfrak{M}_k = 1$ an den Kragträgern jeweils nur auf den Bereich $\Delta l = x_k - x_0$ erstrecken.

Für die numerische Auswertung wird der Bereich $l \equiv \Delta\varphi = \varphi_n - \varphi_0 = 3$ in 3 Intervalle $\Delta x = 1$ eingeteilt (Abb. 74).

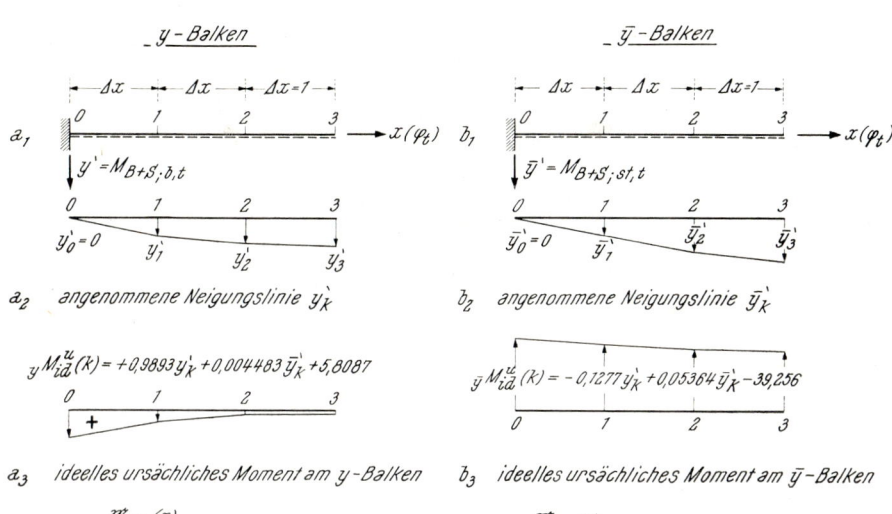

Abb. 74. Ersatztragwerke, Neigungslinien, ursächliche und ideelle Momentenlinien für die Berechnung von Umlagerungsmomenten eines Verbundtragwerkes

Werden weiterhin folgende Querschnittswerte [14, II. Band, Seite 31 ff] verwendet

$$\alpha_{st} = 0{,}05364;$$

$$\frac{I_{b,r}}{I_{st}} = 0{,}08358; \qquad \frac{F_i(I_{st} + a\,S_i)}{F_{st}\,I_{st}} = 18{,}3612; \qquad \text{(D.VII.27a)}$$

$$\frac{F_i}{F_{st}} = 3{,}3809;$$

und die sich aus der äußeren Momentenbelastung $M_{B;0}$ ergebenden Verteilungsgrößen

$$M_{B;b,0} = 9{,}09\,t\,\text{m} \qquad \text{und} \qquad N_{B;b,0} = -499{,}0\,t \qquad \text{(D.VII.27b)}$$

berücksichtigt, so ergeben sich aus den Gln. (D.VII.25a, b) folgende Momente y-Kragträger:

$$_y M_{id}{}^u(k) = +0{,}9893\,y_k' + 0{,}004\,483\,\bar{y}_k' + 5{,}8087. \qquad \text{(D.VII.28a)}$$

$\bar{y}$-Kragträger:

$$_{\bar{y}} M_{id}{}^u(k) = -0{,}1277\,y_k' + 0{,}053\,364\,\bar{y}_k' - 39{,}2560. \qquad \text{(D.VII.28b)}$$

Durch Überlagerung der ideellen ursächlichen Momente mit den Momenten infolge der virtuellen Belastung ergeben sich folgende Grundgleichungen für den Punkt k

$$y_k' = \int_{x=0}^{x_k} \mathfrak{M}_{\mathfrak{M}_k}(x) \, _yM_{id}{}^u(x, y_k', \bar{y}_k') \, dx \qquad \text{(D.VII.29a)}$$

$$\bar{y}_k' = \int_{x=0}^{x_k} \mathfrak{M}_{\mathfrak{M}_k}(x) \, _{\bar{y}}M_{id}{}^u(x, y_k', \bar{y}_k') \, dx, \qquad \text{(D.VII.29b)}$$

in denen nur noch die Neigungen y_k' und $\bar{y}_k'$ unbekannt sind. Da die Koeffizienten von y_k' und $\bar{y}_k'$ für einen beliebigen Punkt k stets den gleichen Wert haben, können die Unbekannten unter Verwendung der folgenden Vereinbarungen

$$a_{yy} = +\,0{,}9893; \qquad a_{y\bar{y}} = +\,0{,}004\,483;$$
$$a_{\bar{y}y} = -\,0{,}1277; \qquad a_{\bar{y}\bar{y}} = +\,0{,}053\,64; \qquad \text{(D.VII.30)}$$

aus dem Gleichungssystem $(1 \leqq k \leqq 3)$

y_k'	$\bar{y}_k'$	$= a_{k,\otimes}$
$a_{yy} + \dfrac{2}{\varDelta x}$	$a_{y\bar{y}}$	$= -\,2 \sum\limits_{\nu=0}^{k-1} \, _yM_{id}{}^u(\nu)$
$a_{\bar{y}y}$	$a_{\bar{y}\bar{y}} + \dfrac{2}{\varDelta x}$	$= -\,2 \sum\limits_{\nu=0}^{k-1} \, _{\bar{y}}M_{id}{}^u(\nu)$

(D.VII.31)

berechnet werden. Es sei darauf hingewiesen, daß $a_{y\bar{y}} \neq a_{\bar{y}y}$ ist. Wird die Matrix (D.VII.31) aufgelöst, dann ergeben sich für die unbekannten Neigungen nachstehende Gleichungen

$$y_k' = -\,2 \left\{ \frac{a_{\bar{y}\bar{y}} + \dfrac{2}{\varDelta x}}{N} \right\} \sum_{\nu=0}^{k-1} \, _yM_{id}{}^u(\nu) + 2 \left\{ \frac{a_{y\bar{y}}}{N} \right\} \sum_{\nu=1}^{k-1} \, _{\bar{y}}M_{id}{}^u(\nu)$$

(D.VII.32a)

$$\bar{y}_k' = +\,2 \left\{ \frac{a_{\bar{y}y}}{N} \right\} \sum_{\nu=0}^{k-1} \, _yM_{id}{}^u(\nu) - 2 \left\{ \frac{a_{yy} + \dfrac{2}{\varDelta x}}{N} \right\} \sum_{\nu=1}^{k-1} \, _{\bar{y}}M_{id}{}^u(\nu).$$

(D.VII.32b)

Für den Wert N gilt

$$N = \left\{ a_{yy} + \frac{2}{\varDelta x} \right\} \left\{ a_{\bar{y}\bar{y}} + \frac{2}{\varDelta x} \right\} - a_{\bar{y}y} \, a_{y\bar{y}}. \qquad \text{(D.VII.33)}$$

Die numerische Auswertung ergibt

$$y_k' = -0{,}669 \sum_{\nu=0}^{k-1} {}_yM_{id}{}^u(\nu) + 0{,}001461 \sum_{\nu=0}^{k-1} {}_{\bar{y}}M_{id}{}^u(\nu) \qquad \text{(D.VII.34a)}$$

$$\bar{y}_k' = -0{,}0416 \sum_{\nu=0}^{k-1} {}_yM_{id}{}^u(\nu) - 0{,}4869 \sum_{\nu=0}^{k-1} {}_{\bar{y}}M_{id}{}^u(\nu). \qquad \text{(D.VII.34b)}$$

Die Gln. (D.VII.34a, b) liefern folgende Wertepaare

$$k = 1: \qquad y_1' = M_{B+S;\,b,t}\,(\varphi = 1) = - \quad 3{,}943\,t\,\mathrm{m}$$
$$\bar{y}_1' = M_{B+S;\,st,t}(\varphi = 1) = + \quad 37{,}986\,t\,\mathrm{m}$$
$$k = 2: \qquad y_2' = M_{B+S;\,b,t}\,(\varphi = 2) = - \quad 5{,}387\,t\,\mathrm{m}$$
$$\bar{y}_2' = M_{B+S;\,st,t}(\varphi = 2) = + \quad 73{,}652\,t\,\mathrm{m}$$
$$k = 3: \qquad y_3' = M_{B+S;\,b,t}\,(\varphi = 3) = - \quad 5{,}979\,t\,\mathrm{m}$$
$$\bar{y}_3' = M_{B+S;\,st,t}(\varphi = 3) = + \quad 107{,}329\,t\,\mathrm{m}.$$

Für $k = 3$ ($\varphi_n = 3$) lauten die genauen Werte nach SATTLER [14]

$$M_{B+S;\,b,t} = - \quad 5{,}907\,t\,\mathrm{m} \qquad (+\,1{,}2\%)$$
$$M_{B+S;\,st,t} = + \quad 107{,}281\,t\,\mathrm{m} \qquad (+\,0{,}05\%).$$

Die Ergebnisse stimmen im baustatischen Sinne überein.

D.VII.3. Torsion des dünnwandigen Stabes mit veränderlichem symmetrischem offenem Querschnitt (Abb. 75)

D.VII.3.1. Theoretische Grundlagen

Das System der Differentialgleichungen (C.I.5—8), die das Torsionsproblem des dünnwandigen Stabes mit unsymmetrischem, veränderlichem Querschnitt beschreiben, zerfällt für den Sonderfall des veränderlichen Stabquerschnittes mit einer Symmetrieachse in zwei voneinander unabhängige Systeme, von denen das für die Torsionsbelastung maßgebende System lautet [12]:

$$[E\,I_y(z)\,\xi''(z)]'' + [E\,I_{\omega x}(z)\,\varPhi''(z)]'' = 0. \qquad \text{(D.VII.35a)}$$

$$[E\,I_{\omega x}(z)\,\xi''(z)]'' + [E\,I_\omega(z)\,\varPhi''(z)]'' - [G\,I_d(z)\,\varPhi'(z)]' - m(z) = 0. \qquad \text{(D.VII.35b)}$$

In den Gln. (D.VII.35a, b) bedeuten:

z = Abszisse, unabhängige Variable

ξ = Durchbiegung in x-Richtung, 1. abhängige Variable

$\varPhi$ = Verdrehung, 2. abhängige Variable

I_y = Trägheitsmoment um die y-Achse

$I_{\omega x}$ = Wölbflächenmoment auf den Pol im Ursprung des Koordinatensystems bezogen

I_ω = Wölbwiderstand auf den Pol im Ursprung des Koordinatensystems bezogen

I_d = Verdrehwiderstand (St. Venant)

E = Elastizitätsmodul

G = Schubmodul

$m(z)$ = verteilte äußere Verdrehmomente.

Dieses simultane System von 2 Differentialgleichungen 4. Ordnung wurde für das aus Abb. 75 ersichtliche Tragwerk für ein Einzel-Verdrehmoment M_d mit Hilfe von zwanzig zehngliedrigen Differenzengleichungen unter Ausnutzung der Symmetrie von CYWIŃSKI gelöst. Es soll gezeigt werden, wie dieses simultane

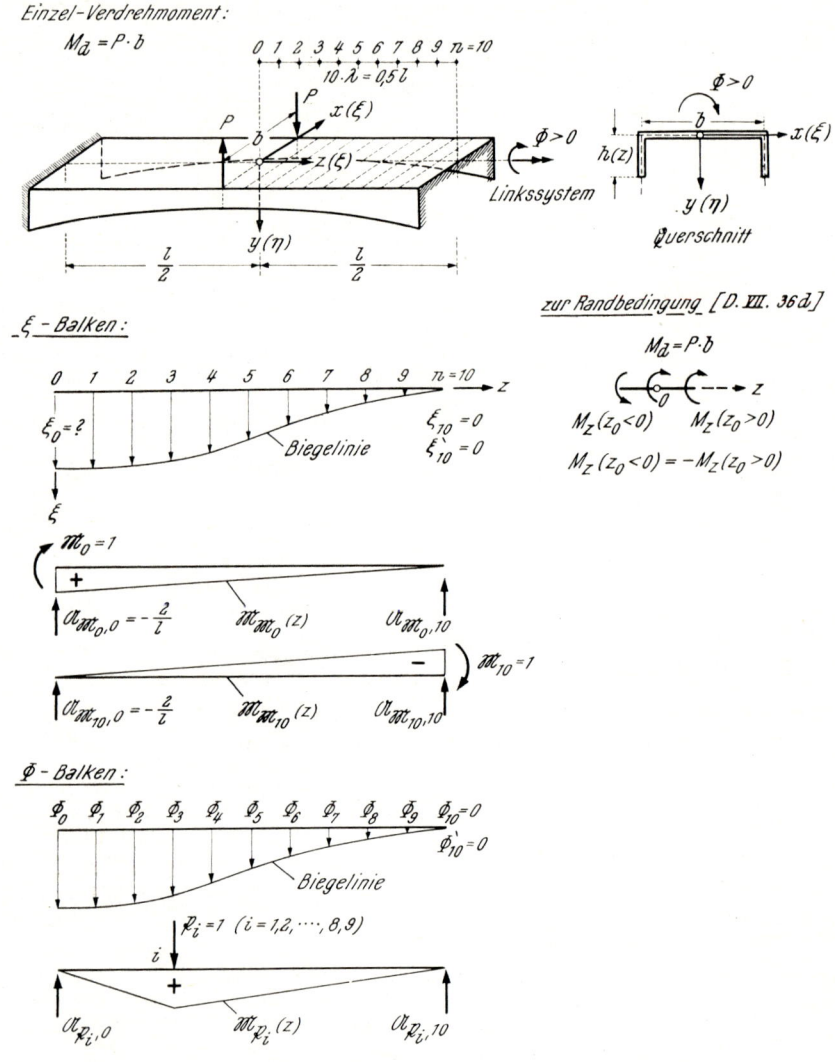

Abb. 75. Verdrehungsbeanspruchter Träger mit veränderlichem Querschnitt unter Einwirkung eines Einzeltorsionsmomentes

System unter Verwendung des Ersatzbalkenverfahrens gelöst wird. Die Aufgabe ist dem Sonderfall I (Abschnitt C.II.2.) zuzuordnen. Die Symmetrie des in 20 Intervalle eingeteilten Tragwerkes wird auch bei der Verwendung des Ersatzbalkenverfahrens ausgenutzt und es wird sich zeigen, daß das Ersatzbalkenverfahren gegenüber dem Differenzenverfahren nicht nur anschaulicher ist, sondern auf eine inhomogene Matrix führt, die nur aus 12 Gleichungen gegenüber 20 beim Differenzenverfahren besteht, wenn die einstufige Berechnungsmethode angewendet wird.

Für den vorliegenden Fall des Angriffes eines Einzel-Verdrehmomentes M_d in $z = 0$ ist in der Differentialgleichung (D.VII.35b) $m(z) = 0$ zu setzen und es gelten bei Ausnützung der Symmetrie folgende 8 Randbedingungen:

$$z = z_0 = 0: \quad \xi_0' = 0; \qquad \text{(Drehung identisch Null).} \qquad \text{(D.VII.36a)}$$

$$Q_x(z_0) = -\left[E\,I_y(z_0)\,\xi_0'' + E\,I_{\omega x}(z_0)\,\Phi_0''\right]' = 0; \qquad \text{(D.VII.36b)}$$

$$\text{(Querkraft identisch Null).}$$

$$\Phi_0' = 0; \qquad \text{(Verwindung identisch Null).} \qquad \text{(D.VII.36c)}$$

$$M_z(z_0) = -\left[E\,I_{\omega x}(z_0)\,\xi_0'' + E\,I_\omega(z_0)\,\Phi_0''\right]' + G\,I_d(z_0)\,\Phi_0' = -\frac{M_d}{2};$$

$$\text{(D.VII.36d)}$$

$$\text{(Wölbverdrehmoment } + \text{ St. Venant'sches}$$
$$\text{Torsionsmoment} = \tfrac{1}{2} \text{ Einzelverdrehmoment).}$$

$$z = z_{10} = \frac{l}{2}: \quad \xi_{10} = \xi_{10}' = 0; \qquad \text{(Durchbiegung und Neigung identisch Null).}$$

$$\text{(D.VII.37a, b)}$$

$$\Phi_{10} = \Phi_{10}' = 0; \qquad \text{(Verdrehung und Verwindung identisch Null).}$$

$$\text{(D.VII.37c, d)}$$

Beim Ersatzbalkenverfahren wird jeder abhängigen Variablen, die im System (D.VII.35a, b) auftritt, ein Ersatzbalken zugeordnet. Zur Lösung des Systems sind daher ein ξ-Balken mit der Biegesteifigkeit $E\,I_y(z)$ und ein Φ-Balken mit der ideellen Biegesteifigkeit $E\,I_\omega(z)$ zu untersuchen. Entsprechend Gl. (C.II.20) werden den Ersatzbalken die folgenden ideellen ursächlichen Momente zugeordnet:

$$\xi\text{-Balken:} \qquad {}_\xi M_{id}{}^u(z) = -E\,I_y(z)\,\xi''(z) \qquad \text{(D.VII.38a)}$$
$$\Phi\text{-Balken:} \qquad {}_\Phi M_{id}{}^u(z) = -E\,I_\omega(z)\,\Phi''(z). \qquad \text{(D.VII.38b)}$$

Es sei besonders hervorgehoben, daß die Momente der Gln. (D.VII.38a, b) ideelle Momente darstellen und weder mit dem Biegemoment $M_y(z)$ noch mit dem Bimoment (Wölbverdrehmomentenintegral) $M_\omega(z)$ identisch sind. Diese lauten:

$$M_y(z) = -E\,I_y(z)\,\xi''(z) - E\,I_{\omega x}(z)\,\Phi''(z) \qquad \text{(D.VII.39a)}$$
$$M_\omega(z) = -E\,I_{\omega, M}(z)\,\Phi''(z). \qquad \text{(D.VII.39b)}$$

$I_{\omega, M}(z)$ ist der Wölbwiderstand auf den Schubmittelpunkt bezogen, während $P_\omega(z)$ in Gl. (D.VII.38b) den Wölbwiderstand darstellt, der sich ergibt, wenn als Pol der Ursprung des Koordinatensystems gewählt wird.

Unter Verwendung der ideellen Momente nach (D.VII.38a, b) ergibt sich aus den Differentialgleichungen (D.VII.35a, b)

$$-\left[{}_y M_{id}{}^u(z)\right]'' - \left[\frac{I_{\omega x}(z)}{I_\omega(z)}\,{}_\Phi M_{id}{}^u(z)\right]'' = 0. \qquad \text{(D.VII.40a)}$$

$$-\left[\frac{I_{\omega x}(z)}{I_y(z)}\,{}_y M_{id}{}^u(z)\right]'' - \left[{}_\Phi M_{id}{}^u(z)\right]'' - \left[G\,I_d(z)\,\Phi'(z)\right]' = 0. \qquad \text{(D.VII.40b)}$$

Die Randbedingungen (D.VII.36b) und (D.VII.36d) lauten ($z_0 = 0$):

$$Q_x(z_0) = + \left[{}_yM_{id}{}^u(0) + \frac{I_{\omega x}(0)}{I_\omega(0)} {}_\phi M_{id}{}^u(0) \right]' = 0. \qquad \text{(D.VII.41a)}$$

$$M_z(z_0) = + \left[\frac{I_{\omega x}(0)}{I_y(0)} {}_yM_{id}{}^u(0) + {}_\phi M_{id}{}^u(0) \right]' + G\,I_d(0)\,\Phi_0' = -\frac{M_d}{2}. \qquad \text{(D.VII.41b)}$$

Die Gln. (D.VII.40a, b) werden einmal integriert:

$$\left[{}_yM_{id}{}^u(z) \right]' + \left[\frac{I_{\omega x}(z)}{I_\omega(z)} {}_\phi M_{id}{}^u(z) \right]' = {}_\xi K_1 \qquad \text{(D.VII.42a)}$$

$$\left[\frac{I_{\omega x}(z)}{I_y(z)} {}_yM_{id}{}^u(z) \right]' + \left[{}_\phi M_{id}{}^u(z) \right]' + G\,I_d(z)\,\Phi'(z) = {}_\phi K_1. \qquad \text{(D.VII.42b)}$$

Auf Grund der Randbedingungen (D.VII.41a, b) gilt

$$\xi K_1 = 0 \qquad \text{und} \qquad \phi K_1 = -\frac{M_d}{2}. \qquad \text{(D.VII.43a, b)}$$

Werden die Konstanten in die Gln. (D.VII.42a, b) eingesetzt und diese Gleichungen integriert, dann folgt

$$\,{}_yM_{id}{}^u(z) + \frac{I_{\omega x}(z)}{I_\omega(z)} {}_\phi M_{id}{}^u(z) = {}_\xi K_2. \qquad \text{(D.VII.44a)}$$

Ein Vergleich dieser Gleichung mit der Gl. (D.VII.39a) ergibt, daß das wirkliche Biegemoment $M_y(z) = $ konstant ist.

$$\frac{I_{\omega x}(z)}{I_y(z)} {}_yM_{id}{}^u(z) + {}_\phi M_{id}{}^u(z) = - G \int I_d(z)\,\Phi'(z)\,dz - \frac{M_d}{2} z + {}_\phi K_2. \qquad \text{(D.VII.44b)}$$

Das Integral auf der rechten Seite der zweiten Gleichung wird, entsprechend der 2. Darstellungsweise (Abschnitt B.III.1.3.) partiell integriert, so daß aus Gl. (D.VII.44b) folgt

$$\frac{I_{\omega x}(z)}{I_y(z)} {}_yM_{id}{}^u(z) + {}_\phi M_{id}{}^u(z) = - G\,I_d(z)\,\Phi(z) + G \int_0^z I_d'(z)\,\Phi(z)\,dz - \frac{M_d}{2} z + {}_\phi K_2. $$

$$\text{(D.VII.44c)}$$

Für die Konstanten ξK_2 und ϕK_2 werden die ideellen ursächlichen Momente im Punkt 0, entsprechend Abschnitt B.IV.2., als neue Unbekannte eingeführt. Es gilt

$$\,{}_yM_{id}{}^u(0) + \frac{I_{\omega x}(0)}{I_\omega(0)} {}_\phi M_{id}{}^u(0) = {}_\xi K_2 \qquad \text{(D.VII.45a)}$$

$$\frac{I_{\omega x}(0)}{I_y(0)} {}_yM_{id}{}^u(0) + {}_\phi M_{id}{}^u(0) + G\,I_d(0)\,\Phi(0) = {}_\phi K_2. \qquad \text{(D.VII.45b)}$$

Damit lauten die Gln. (D.VII.44a) und (D.VII.44c)

$$_yM_{id}{}^u(z) + \frac{I_{\omega x}(z)}{I_\omega(z)}\,_\varPhi M_{id}{}^u(z) = _yM_{id}{}^u(0) + \frac{I_{\omega x}(0)}{I_\omega(0)}\,_\varPhi M_{id}{}^u(0).$$

$$\text{(D.VII.46a)}$$

$$\frac{I_{\omega x}(z)}{I_y(z)}\,_yM_{id}{}^u(z) + _\varPhi M_{id}{}^u(z) = -G\,I_d(z)\,\varPhi(z) + G\,I_d(0)\,\varPhi(0) +$$

$$+ G\int I_d{}'(z)\,\varPhi(z)\,dz - \frac{M_d}{2}\,z + \frac{I_{\omega x}(0)}{I_y(0)}\,_yM_{id}{}^u(0) + _\varPhi M_{id}{}^u(0). \quad \text{(D.VII.46b)}$$

Für die rechten Seiten der Gln. (D.VII.46a, b) wird gesetzt:

$$R_1(0) = _yM_{id}{}^u(0) + \frac{I_{\omega x}(0)}{I_\omega(0)}\,_\varPhi M_{id}{}^u(0). \quad \text{(D.VII.47a)}$$

$$R_2(z) = -G\,I_d(z)\,\varPhi(z) + G\,I_d(0)\,\varPhi(0) + G\int I_d{}'(z)\,\varPhi(z)\,dz -$$

$$-\frac{M_d}{2}\,z + \frac{I_{\omega x}(0)}{I_y(0)}\,_yM_{id}{}^u(0) + _\varPhi M_{id}{}^u(0). \quad \text{(D.VII.47b)}$$

Damit ergeben sich aus den Gln. (D.VII.46a, b) folgende Beziehungen:

$$_yM_{id}{}^u(z) + \frac{I_{\omega x}(z)}{I_\omega(z)}\,_\varPhi M_{id}{}^u(z) = R_1(0). \quad \text{(D.VII.48a)}$$

$$\frac{I_{\omega x}(z)}{I_y(z)}\,_yM_{id}{}^u(z) + _\varPhi M_{id}{}^u(z) = R_2(z). \quad \text{(D.VII.48b)}$$

Aus diesen beiden Gleichungen können die ideellen ursächlichen Momente der beiden Ersatzbalken berechnet werden. Wenn die Systemdeterminante mit

$$N(z) = 1 - \frac{I_{\omega x}(z)}{I_\omega(z)}\,\frac{I_{\omega x}(z)}{I_y(z)} \quad \text{(D.VII.49)}$$

bezeichnet wird, dann gilt für den ξ-Ersatzbalken

$$_yM_{id}{}^u(z) = \frac{1}{N(z)}\left\{ R_1(0) - \frac{I_{\omega x}(z)}{I_\omega(z)}\,R_2(z) \right\} \quad \text{(D.VII.50a)}$$

und für den $\varPhi$-Ersatzbalken

$$_\varPhi M_{id}{}^u(z) = \frac{1}{N(z)}\left\{ R_2(z) - \frac{I_{\omega x}(z)}{I_y(z)}\,R_1(0) \right\}. \quad \text{(D.VII.50b)}$$

Werden die Ausdrücke für $R_1(0)$ nach Gl. (D.VII.47a) und für $R_2(z)$ nach Gl. (D.VII.47b) eingesetzt, so ergibt sich mit den Beziehungen

$$\alpha_y(z) = \frac{I_{\omega x}(z)}{I_y(z)} \quad \text{(D.VII.51a)}$$

$$\alpha_\omega(z) = \frac{I_{\omega x}(z)}{I_\omega(z)} \quad \text{(D.VII.51b)}$$

nach Umformung

$$_yM_{id}{}^u(z) = \frac{1}{N(z)}\left[{}_yM_{id}{}^u(0)\left\{1 - \alpha_\omega(z)\,\alpha_y(0)\right\} + \right.$$

$$+ {}_\Phi M_{id}{}^u(0)\left\{\alpha_\omega(0) - \alpha_\omega(z)\right\} + \alpha_\omega(z)\,G\left\{I_d(z)\,\Phi(z) - \right. \qquad \text{(D.VII.52a)}$$

$$\left. - I_d(0)\,\Phi(0) - \int_{z=0}^{z} I_d{}'(z)\,\Phi(z)\,dz\right\} + \alpha_\omega(z)\,z\,\frac{M_d}{2}\right].$$

$$_\Phi M_{id}{}^u(z) = \frac{1}{N(z)}\left[{}_\Phi M_{id}{}^u(0)\left\{1 - \alpha_y(z)\,\alpha_\omega(0)\right\} + \right.$$

$$+ {}_yM_{id}{}^u(0)\left\{a_y(0) - a_y(z)\right\} - G\left\{I_d(z)\,\Phi(z) - \right. \qquad \text{(D.VII.52b)}$$

$$\left. - I_d(0)\,\Phi(0) - \int_{z=0}^{z} I_d{}'(z)\,\Phi(z)\,dz\right\} - z\,\frac{M_d}{2}\right].$$

Es sei erwähnt, daß der Wert $\alpha_y(z)$ der negative Abstand des Schubmittelpunktes M in y-Richtung ist:

$$y_M(z) = -\alpha_y(z). \qquad \text{(D.VII.53)}$$

Aus den Gln. (D.VII.52a, b) ist zu entnehmen, daß bei der gewählten Intervallteilung (Abb. 75) als Unbekannte zunächst die beiden ideellen Momente $_yM_{id}{}^u(0)$ und $_\Phi M_{id}{}^u(0)$ sowie die 10 ideellen Durchbiegungen $\Phi(z_i)$ ($z_i = 0, 1, \ldots, 8, 9$) auf-

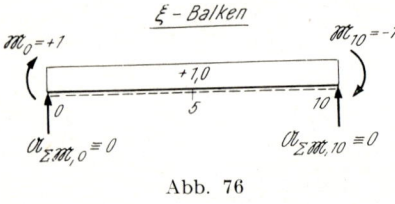

Abb. 76

treten. Um diese 12 Unbekannten eindeutig berechnen zu können, sind 12 virtuelle Belastungszustände zu wählen. Werden am Φ-Balken die virtuellen Belastungen $\mathfrak{P}_i = 1$ ($i = 0, 1, \ldots, 8, 9$) und die Momentenbelastungen $\mathfrak{M}_0 = 1$ (wegen $\Phi'(0) = 0$) und $\mathfrak{M}_{10} = 1$ (wegen $\Phi'(10) = 0$) und am ξ-Balken die virtuelle Momentenbelastung $\mathfrak{M}_{10} = 1$ (wegen $\xi'(10) = 0$) ausgewählt, so können 12 Bedingungsgleichungen formuliert werden. Durch die virtuelle Belastung $\mathfrak{M}_{10} = 1$ am ξ-Balken entsteht aber im Punkt 0 die Auflagerkraft $\mathfrak{A}_{\mathfrak{M}_0,0}$, die bei der Aufstellung der zugeordneten Bedingungsgleichungen den Arbeitsanteil $\mathfrak{A}_{\mathfrak{M}_0,0}(-\xi(0))$ liefert, wodurch die neue Unbekannte ξ_0 auftritt. Es ist also notwendig, eine weitere Grundgleichung anzuschreiben. Sie ergibt sich aber sofort unter Verwendung der virtuellen Belastung $\mathfrak{M}_0 = 1$ (wegen $\xi'(0) = 0$). Damit stehen den 13 Unbekannten die erforderlichen 13 Grundgleichungen gegenüber, die das inhomogene Gleichungssystem (wegen $M_d \neq 0$) bilden. Im einzelnen können am ξ-Balken 2 Grundgleichungen vom Typ (B.III.52) und am Φ-Balken 9 Grundgleichungen vom Typ (B.III.51) und 2 vom Typ (B.III.52) aufgestellt werden.

Grundsätzlich kann vermieden werden, daß die Durchbiegung ξ_0 im Gleichungssystem auftritt, wenn die virtuelle Belastung $\mathfrak{M}_0 = -\mathfrak{M}_{10} = 1$ am ξ-Balken gewählt wird, die keine Auflagerkräfte ($\mathfrak{A}_{\Sigma\mathfrak{M},0} = \mathfrak{A}_{\Sigma\mathfrak{M},10} \equiv 0$) hervorruft (Abb. 76). Daher ist am ξ-Balken nur eine Grundgleichung vom Typ (B.III.52) anzuschreiben.

Bevor auf die numerische Berechnung eingegangen wird, sei noch folgendes bemerkt.

Wird im Punkt 10 ($z = z_{10} = l/2$) die sogenannte Gabellagerung vorgeschrieben, dann lauten die Randbedingungen für das Stabende:

$$\xi_{10} = \xi_{10}{}'' = 0 \qquad\qquad \text{(D.VII.54a, b)}$$

$$\Phi_{10} = \Phi_{10}{}'' = 0, \qquad\qquad \text{(D.VII.54c, d)}$$

während die Bedingungen in Stabmitte (D.VII.36a—d) unverändert gelten. Daher behalten die Gln. (D.VII.43a, b) für die Konstanten $_\xi K_1$ und $_\Phi K_1$ weiterhin ihre Gültigkeit. Für die Konstanten $_\xi K_2$ und $_\Phi K_2$ ergeben sich aus den Gln. (D.VII.44a) und (D.VII.44c) unter Beachtung der Randbedingungen

$$_\xi K_2 = 0 = R_1 \qquad\qquad \text{(D.VII.55a)}$$

$$_\Phi K_2 = \frac{M_d}{2}\frac{l}{2} - \int_0^{l/2} I_d(z)\,\Phi(z)\,dz. \qquad\qquad \text{(D.VII.55b)}$$

Die Konstante $_\Phi K_2$ ist nun nur noch von den ideellen Durchbiegungen bzw. den Verdrehungen Φ_i ($i = 0, 1, \ldots, 8, 9$) abhängig. Für die rechte Seite der Gl. (D.VII.44c) gilt somit

$$R_2(z) = -G\,I_d(z)\,\Phi(z) + G\int_0^z I_d{}'(z)\,\Phi(z)\,dz -$$

$$- \int_0^{l/2} I_d(z)\,\Phi(z)\,dz + \frac{M_d}{2}\frac{l}{2}\left\{1 - \frac{2\,z}{l}\right\}. \qquad\qquad \text{(D.VII.56)}$$

Aus den Gln. (D.VII.50a, b) ergibt sich

$$_y M_{id}{}^u(z) = -\frac{1}{N(z)}\frac{I_{\omega x}(z)}{I_\omega(z)}\,R_2(z) \qquad\qquad \text{(D.VII.57a)}$$

$$_\Phi M_{id}{}^u(z) = +\frac{1}{N(z)}\,R_2(z), \qquad\qquad \text{(D.VII.57b)}$$

d. h. die ideellen Momente $_y M_{id}{}^u(z)$ sind den Momenten $_\Phi M_{id}{}^u(z)$ proportional und da $R_2(z)$ nur noch von $\Phi(z)$ abhängig ist, können diese 9 unbekannten ideellen Durchbiegungen Φ_i ($i = 0, 1, \ldots, 8, 9$), unabhängig vom ξ-Balken berechnet werden. Das System hat sich entkoppelt. Diese Tatsache ergibt sich auch aus einem Vergleich der Gln. (D.VII.39a) und (D.VII.44a), da wegen $_\xi K_2 = 0$ gilt:

$$M_y(z) = -E\,I_y(z)\,\xi''(z) - E\,I_{\omega x}(z)\,\Phi''(z) =$$

$$= {}_y M_{id}{}^u(z) + \frac{I_{\omega x}(z)}{I_\omega(z)}\,{}_\Phi M_{id}{}^u(z) = {}_\xi K_2 = 0. \qquad\qquad \text{(D.VII.58)}$$

Bei Gabellagerung der Stabenden treten also bei veränderlichem Stabquerschnitt mit einer Symmetrieachse keine Biegemomente $M_y(z)$ auf.

D.VII.3.2. Numerische Auswertung

Für die Berechnung wurde der aus Abb. 77 ersichtliche Querschnitt gewählt, der auch von CYWIŃSKI [12] verwendet wurde. Die Höhe h des Querschnittes ist durch eine Parabel 2. Ordnung gegeben

$$h(\zeta) = \frac{h_0}{2}\{1 + \zeta^2\} \qquad \text{(D.VII.59)}$$

mit $h_0 = 40$ mm und

$$\zeta = \frac{2}{l} z \qquad (0 \leqq \zeta \leqq 1{,}0).$$

Die Querschnittswerte sind in Tab. 10 zusammengestellt. Für die Material-kennwerte wurden folgende Konstanten verwendet:

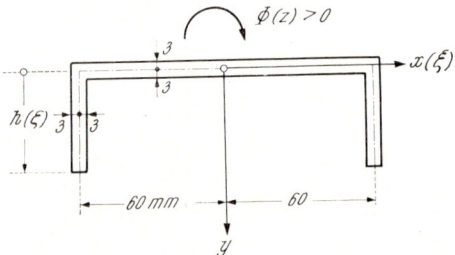

Abb. 77.   Querschnitt

Elastizitätsmodul: $E = 30\,000\ t/\text{cm}^2$

Schubmodul: $G = 10\,909{,}0909\ t/\text{cm}^2$

Querdehnungszahl: $\nu = 0{,}375.$

Als Belastung wurde ein Einzel-Verdrehmoment von $M_d = 120$ kgcm angesetzt.

Die mit Hilfe der Gl. (D.VII.52a, b) berechneten ideellen ursächlichen Momente $_yM_{id}{}^u(z_i)$ und $_\varphi M_{id}{}^u(z_i)$ sind für die 11 Teilpunkte der Ersatzbalken (ξ- und Φ-Balken) in Abhängigkeit von den 10 unbekannten ideellen Durchbiegungen Φ_i ($i = 0, 1, \ldots, 8, 9$) und den 2 Randmomenten $_yM_{id}{}^u(0)$ und $_\varphi M_{id}{}^u(0)$ in der Tab. 11 angegeben. Für die Auswertung der in den Gln. (D.VII.52a, b) auftretenden Integrale wurde die Trapezregel verwendet

$$\int_{z=0}^{z_i} I_d{}'(z)\,\Phi(z)\,dz =$$

$$= \frac{\Delta z}{6} \sum_{k=0}^{i-1} [\Phi(k)\,\{2\,I_d{}'(k) + I_d{}'(k+1)\} + \Phi(k+1)\,\{I_d{}'(k) + 2\,I_d{}'(k+1)\}].$$

$$\text{(D.VII.60)}$$

Die 12 Grundgleichungen, die sich aus der Überlagerung der ideellen ursächlichen Momente mit den Momenten infolge der virtuellen Belastung (Abb. 75, 76) unter Beachtung der Arbeitsanteile $\mathfrak{A}_{p_i,0}(-\Phi_0)$ bzw. $\mathfrak{A}_{\mathfrak{M}_i,0}(-\Phi_0)$ ergeben und die die inhomogene Matrix bilden, sind in Tab. 12 aufgeführt. Die aus der

Tabelle 10. *Querschnittswerte*

1	2	3	4	5	6	7	8	9	10
i	h_i	$I_y(i)$	$I_d(i)$	$I_{\omega x}(i)$	$I_\omega(i)$	$\alpha_y(i)$	$I_{\omega M}(i)$	$\alpha_\omega(i)$	$N(i)$
Dim.	cm	cm^4	cm^4	cm^5	cm^6	cm	cm^6	cm^{-1}	—
0	4,00	259,992	1,440	345,600	921,600	1,329	462,204	0,375	0,502
1	4,04	261,721	1,446	352,555	949,525	1,347	474,611	0,371	0,500
2	4,16	266,910	1,463	473,810	1036,675	1,401	513,150	0,361	0,495
3	4,36	275,557	1,492	410,616	1193,499	1,490	581,627	0,344	0,487
4	4,64	287,663	1,532	465,048	1438,522	1,617	686,706	0,323	0,477
5	5,00	303,228	1,584	540,000	1800,000	1,781	838,347	0,300	0,466
6	5,44	322,252	1,647	639,230	2318,244	1,984	1050,246	0,276	0,453
7	5,96	344,735	1,722	767,275	3048,606	2,226	1340,886	0,252	0,440
8	6,56	370,676	1,809	929,534	4065,126	2,508	1734,160	0,229	0,427
9	7,24	400,077	1,906	1132,229	5464,849	2,830	2260,610	0,207	0,414
10	8,00	432,936	2,016	1382,400	7372,800	3,193	2958,683	0,188	0,401

Tabelle 11a.

$$_vM_{id}{}^u(i) = {}_va_{M_y}(i)\,_yM_{id}{}^u(0) + {}_va_{M_\Phi}(i)\,_\Phi M_{id}{}^u(0) + \sum_{k=0}^{9}{}_va_k(i)\,\Phi_k(i) + {}_va_{M_d}(i)$$

1	2	3	4	5	6	7	8
i	$_va_{M_y}(i)$	$_va_{M_\Phi}(i)$	$_va_0(i)$	$_va_1(i)$	$_va_2(i)$	$_va_3(i)$	$_va_4(i)$
0	1,0000	0,0	0,0	0,0	0,0	0,0	0,0
1	1,0132	$7,410 \cdot 10^{-3}$	$-11,685 \cdot 10^3$	$+11,687 \cdot 10^3$	0,0	0,0	0,0
2	1,0519	$29,119 \cdot 10^{-3}$	$-11,459 \cdot 10^3$	$-91,547 \cdot 10^3$	$+11,550 \cdot 10^3$	0,0	0,0
3	1,1136	$63,522 \cdot 10^{-3}$	$-11,105 \cdot 10^3$	$-88,722 \cdot 10^3$	$-177,443 \cdot 10^3$	$+11,372 \cdot 10^3$	0,0
4	1,1946	$108,340 \cdot 10^{-3}$	$-10,653 \cdot 10^3$	$-85,107 \cdot 10^3$	$-170,214 \cdot 10^3$	$-255,321 \cdot 10^3$	$+11,162 \cdot 10^3$
5	1,2909	$161,031 \cdot 10^{-3}$	$-10,132 \cdot 10^3$	$-80,948 \cdot 10^3$	$-161,896 \cdot 10^3$	$-242,844 \cdot 10^3$	$-323,792 \cdot 10^3$
6	1,3983	$219,102 \cdot 10^{-3}$	$-9,574 \cdot 10^3$	$-76,490 \cdot 10^3$	$-152,980 \cdot 10^3$	$-229,469 \cdot 10^3$	$-305,959 \cdot 10^3$
7	1,5129	$280,375 \cdot 10^{-3}$	$-9,001 \cdot 10^3$	$-71,911 \cdot 10^3$	$-143,823 \cdot 10^3$	$-215,734 \cdot 10^3$	$-287,646 \cdot 10^3$
8	1,6316	$343,041 \cdot 10^{-3}$	$-8,431 \cdot 10^3$	$-67,362 \cdot 10^3$	$-134,724 \cdot 10^3$	$-202,086 \cdot 10^3$	$-269,448 \cdot 10^3$
9	1,7517	$405,683 \cdot 10^{-3}$	$-7,878 \cdot 10^3$	$-62,943 \cdot 10^3$	$-125,886 \cdot 10^3$	$-188,829 \cdot 10^3$	$-251,772 \cdot 10^3$
10	1,8708	$467,235 \cdot 10^{-3}$	$-7,350 \cdot 10^3$	$-58,718 \cdot 10^3$	$-117,436 \cdot 10^3$	$-176,154 \cdot 10^3$	$-234,873 \cdot 10^3$

	9	10	11	12	13	14
i	$_va_5(i)$	$_va_6(i)$	$_va_7(i)$	$_va_8(i)$	$_va_9(i)$	$_va_{M_d}(i)$
0	0,0	0,0	0,0	0,0	0,0	0,0
1	0,0	0,0	0,0	0,0	0,0	178,279
2	0,0	0,0	0,0	0,0	0,0	349,662
3	0,0	0,0	0,0	0,0	0,0	508,304
4	0,0	0,0	0,0	0,0	0,0	650,127
5	$+10,941 \cdot 10^3$	0,0	0,0	0,0	0,0	772,948
6	$-382,449 \cdot 10^3$	$+10,719 \cdot 10^3$	0,0	0,0	0,0	876,453
7	$-359,557 \cdot 10^3$	$-431,468 \cdot 10^3$	$+10,510 \cdot 10^3$	0,0	0,0	961,324
8	$-336,810 \cdot 10^3$	$-404,173 \cdot 10^3$	$-471,535 \cdot 10^3$	$+10,320 \cdot 10^3$	0,0	1029,152
9	$-314,714 \cdot 10^3$	$-377,657 \cdot 10^3$	$-440,600 \cdot 10^3$	$-503,543 \cdot 10^3$	$+10,141 \cdot 10^3$	1081,840
10	$-293,591 \cdot 10^3$	$-352,309 \cdot 10^3$	$-411,027 \cdot 10^3$	$-469,746 \cdot 10^3$	$-528,464 \cdot 10^3$	1121,364

Tabelle 11b.

$$\Phi_a M_{id}{}^u(i) = \Phi_a M_y(i)\, {}_y M_{id}{}^u(0) + \Phi_a M_\Phi(i)\, \Phi M_{id}{}^u(0) + \Phi_a M_d(i) + \sum_{k=0}^{9} \Phi_{a_k}(i)\, \Phi_k(i) + \Phi_a M_d(i)$$

1	2	3	4	5	6	7	8
i	$\Phi_{a M_y}(i)$	$\Phi_{a M_\Phi}(i)$	$\Phi_{a_0}(i)$	$\Phi_{a_1}(i)$	$\Phi_{a_2}(i)$	$\Phi_{a_3}(i)$	$\Phi_{a_4}(i)$
0	0,0	1,0000	0,0	0,0	0,0	0,0	0,0
1	−0,0356	0,9900	$31,470\cdot10^3$	$-31,475\cdot10^3$	0,0	0,0	0,0
2	−0,1439	0,9592	$31,778\cdot10^3$	$253,884\cdot10^3$	$-32,031\cdot10^3$	0,0	0,0
3	−0,3301	0,9053	$32,278\cdot10^3$	$257,878\cdot10^3$	$515,757\cdot10^3$	$-33,055\cdot10^3$	0,0
4	−0,6019	0,8249	$32,951\cdot10^3$	$263,259\cdot10^3$	$525,518\cdot10^3$	$789,777\cdot10^3$	$-34,527\cdot10^3$
5	−0,9696	0,7132	$33,773\cdot10^3$	$269,827\cdot10^3$	$539,654\cdot10^3$	$809,481\cdot10^3$	$1079,308\cdot10^3$
6	−1,4444	0,5654	$34,721\cdot10^3$	$277,399\cdot10^3$	$554,799\cdot10^3$	$832,198\cdot10^3$	$1109,598\cdot10^3$
7	−2,0381	0,3760	$35,763\cdot10^3$	$285,724\cdot10^3$	$571,449\cdot10^3$	$857,173\cdot10^3$	$1142,898\cdot10^3$
8	−2,7624	0,1398	$36,873\cdot10^3$	$294,594\cdot10^3$	$589,188\cdot10^3$	$883,781\cdot10^3$	$1178,375\cdot10^3$
9	−3,6280	−0,1481	$38,026\cdot10^3$	$303,802\cdot10^3$	$607,604\cdot10^3$	$911,406\cdot10^3$	$1215,208\cdot10^3$
10	−4,6445	−0,4919	$39,198\cdot10^3$	$313,164\cdot10^3$	$626,327\cdot10^3$	$939,491\cdot10^3$	$1252,655\cdot10^3$

9	10	11	12	13	14
$\Phi_{a_5}(i)$	$\Phi_{a_6}(i)$	$\Phi_{a_7}(i)$	$\Phi_{a_8}(i)$	$\Phi_{a_9}(i)$	$\Phi_{a M_d}(i)$
i					
0	0,0	0,0	0,0	0,0	0,0	0,0
1	0,0	0,0	0,0	0,0	0,0	−480,153
2	0,0	0,0	0,0	0,0	0,0	−969,705
3	0,0	0,0	0,0	0,0	0,0	−1477,441
4	0,0	0,0	0,0	0,0	0,0	−2011,022
5	$-36,472\cdot10^3$	0,0	0,0	0,0	0,0	−2576,495
6	$1386,997\cdot10^3$	$-38,873\cdot10^3$	0,0	0,0	0,0	−3178,561
7	$1428,622\cdot10^3$	$1714,347\cdot10^3$	$-41,757\cdot10^3$	0,0	0,0	−3819,613
8	$1472,969\cdot10^3$	$1767,563\cdot10^3$	$2062,156\cdot10^3$	$-45,131\cdot10^3$	0,0	−4500,776
9	$1519,010\cdot10^3$	$1822,812\cdot10^3$	$2126,614\cdot10^3$	$2430,416\cdot10^3$	$-48,948\cdot10^3$	−5221,640
10	$1565,818\cdot10^3$	$1878,982\cdot10^3$	$2192,146\cdot10^3$	$2505,309\cdot10^3$	$2818,473\cdot10^3$	−5980,606

Tabelle 12. *Inhomogene Matrix*

1	2	3	4	5	6	7	8	9
Nr.	virtuelle Belastung	Φ_0	Φ_1	Φ_2	Φ_3	Φ_4	Φ_5	Φ_6
1	$\mathfrak{M}_0 = -\mathfrak{M}_{10} = 1$	− 317137	+ 44125	+ 41256	+ 38393	+ 35610	+ 33030	+ 30712
2	$\mathfrak{M}_0 = 1$	− 290961	− 106286	− 87204	− 68234	− 50853	− 36060	− 24170
3	$\mathfrak{M}_{10} = 1$	− 948408	+ 9980	+ 18778	+ 25570	+ 30017	+ 32296	+ 32844
4	$\mathfrak{P}_1 = 1$	+ 26401470	− 27990445	− 348816	− 272934	− 203410	− 144240	− 96681
5	$\mathfrak{P}_2 = 1$	+ 24754720	− 364039	− 28266212	− 545868	− 406821	− 288481	− 193361
6	$\mathfrak{P}_3 = 1$	+ 22660100	− 310547	− 588023	− 28393589	− 610231	− 432721	− 290042
7	$\mathfrak{P}_4 = 1$	+ 20168430	− 260227	− 492108	− 675831	− 28396599	− 576961	− 386722
8	$\mathfrak{P}_5 = 1$	+ 17338610	− 212609	− 401595	− 550450	− 652412	− 28313149	− 483403
9	$\mathfrak{P}_6 = 1$	+ 14230320	− 167215	− 315533	− 431746	− 510444	− 554454	− 28180940
10	$\mathfrak{P}_7 = 1$	+ 10898680	− 123606	− 233039	− 318394	− 375612	− 406815	− 417244
11	$\mathfrak{P}_8 = 1$	+ 7391450	− 81400	− 153352	− 209251	− 246392	− 266190	− 272139
12	$\mathfrak{P}_9 = 1$	+ 3748048	− 40282	− 75839	− 103371	− 121524	− 131005	− 133561

10	11	12	13	14	15	16
Φ_7	Φ_8	Φ_9	$_y M_{id}^u(0)$	$\Phi \cdot M_{id}^u(0)$	Absolutglied	
+ 28719	+ 27068	+ 25723	+ 43,568	+ 5,479	+ 21804	= 0
− 15066	− 8344	− 3511	− 5,715	+ 12,523	− 18163	= 0
+ 32232	+ 30963	+ 29387	+ 10,732	− 4,242	+ 21428	= 0
− 60265	− 33378	− 14044	− 22,767	+ 42,235	− 71391	= 0
− 120531	− 66755	− 28087	− 44,814	+ 69,352	− 135473	= 0
− 180796	− 100133	− 42130	− 64,690	+ 83,003	− 185987	= 0
− 241062	− 133510	− 56174	− 80,408	+ 85,554	− 218455	= 0
− 301327	− 166888	− 70217	− 89,896	+ 79,661	− 230421	= 0
− 361592	− 200265	− 84261	− 91,374	+ 67,892	− 221273	= 0
− 28030893	− 233643	− 98304	− 83,577	+ 52,480	− 191796	= 0
− 268810	− 27883187	− 112348	− 65,804	+ 35,211	− 143660	= 0
− 131479	− 126765	− 27748589	− 37,872	+ 17,410	− 78984	= 0

Tabelle 13. $_yM_{id}{}^u(0)$ in kgcm; $_\Phi M_{id}{}^u(0)$ in kgcm²

1	2	3	4	5
	Ersatzbalkenverfahren	nach [12]	Δ	$|\%|$
Φ_0	$+ 89,847 \cdot 10^{-4}$	$+ 90,74 \cdot 10^{-4}$	$- 0,893$	$- 0,98$
Φ_1	$+ 85,858 \cdot 10^{-4}$	$+ 86,29 \cdot 10^{-4}$	$- 0,432$	$- 0,50$
Φ_2	$+ 75,767 \cdot 10^{-4}$	$+ 75,79 \cdot 10^{-4}$	$- 0,023$	$- 0,03$
Φ_3	$+ 62,267 \cdot 10^{-4}$	$+ 61,99 \cdot 10^{-4}$	$+ 0,277$	$+ 0,45$
Φ_4	$+ 47,669 \cdot 10^{-4}$	$+ 47,22 \cdot 10^{-4}$	$+ 0,449$	$+ 0,95$
Φ_5	$+ 33,731 \cdot 10^{-4}$	$+ 33,23 \cdot 10^{-4}$	$+ 0,501$	$+ 1,51$
Φ_6	$+ 21,637 \cdot 10^{-4}$	$+ 21,17 \cdot 10^{-4}$	$+ 0,467$	$+ 2,21$
Φ_7	$+ 12,059 \cdot 10^{-4}$	$+ 11,69 \cdot 10^{-4}$	$+ 0,369$	$+ 3,16$
Φ_8	$+ 5,281 \cdot 10^{-4}$	$+ 5,04 \cdot 10^{-4}$	$+ 0,241$	$+ 4,78$
Φ_9	$+ 1,312 \cdot 10^{-4}$	$+ 1,20 \cdot 10^{-4}$	$+ 0,112$	$+ 9,33$
$_yM_{id}{}^u(0)$	$- 660,080$	$- 660,43$	$+ 0,35$	$+ 0,05$
$_\Phi M_{id}{}^u(0)$	$+ 1552,229$	$+ 1539,20$	$+ 13,029$	$+ 0,85$

Matrix ermittelten Unbekannten sind in Tab. 13 angegeben und mit den Werten verglichen, die CYWIŃSKI mit Hilfe der Differenzenmethode gefunden hat. Bei den ideellen ursächlichen Momenten $_yM_{id}{}^u(0)$ und $_\Phi M_{id}{}^u(0)$ ist zu beachten, daß sie mit dem wirklichen Biegemoment und dem Bimoment (Wölbverdrehmomentenintegral) in folgender Beziehung stehen:
Biegemoment:

$$M_y(z) = {}_yM_{id}{}^u(z) + \frac{I_{\omega x}(z)}{I_\omega(z)} {}_\Phi M_{id}{}^u(z) \qquad \text{(D.VII.61a)}$$

Bimoment:

$$M_\omega(z) = \frac{I_{\omega,M}(z)}{I_\omega(z)} {}_\Phi M_{id}{}^u(z). \qquad \text{(D.VII.61b)}$$

Der in der Tab. 13 durchgeführte Vergleich ergibt eine gute Übereinstimmung, wenn berücksichtigt wird, daß in den berechneten Querschnittswerten geringe Unterschiede bestehen, deren Einfluß nicht abgeschätzt werden kann.

Die ideellen ursächlichen Momente können mit Hilfe der Unbekannten aus der Tab. 11 ermittelt werden und aus den Gln. (D.VII.61a, b) ergeben sich die Biegemomente und das Bimoment für jeden Teilpunkt i. Da das Biegemoment konstant sein muß (Gl. (D.VII.44a)), können diese Werte als numerische Kontrolle dienen.

Die Querkraft $Q_x(z)$ ist identisch Null, da das Biegemoment $M_y(z) =$ konstant ist. Diese Tatsache ergibt sich auch formal aus der Gl. (D.VII.42a), da nach Gl. (D.VII.43a) die Konstante $_\xi K_1 \equiv 0$ ist.

Um das Wölbverdrehmoment (Biegetorsionsmoment)

$$M_{d\omega}(z) = - \left[E I_{\omega x}(z)\, \xi''(z) + E I_\omega(z)\, \Phi''(z) \right]' =$$

$$= \left[\frac{I_{\omega x}(z)}{I_y(z)} {}_yM_{id}{}^u(z) + {}_\Phi M_{id}{}^u(z) \right]' \qquad \text{(D.VII.62)}$$

berechnen zu können, wird zunächst unter Verwendung der virtuellen Belastung $\mathfrak{M}_i = 1$ $(i = 1, 2, \ldots, 9)$ am Φ-Balken die ideelle Drehung $\Phi'(z_i)$ der inneren Teilpunkte bestimmt (Abb. 78). Damit ergibt sich das St. Venant'sche Torsionsmoment

$$M_T(z) = G\, I_d(z)\, \Phi'(z). \qquad\qquad \text{(D.VII.63)}$$

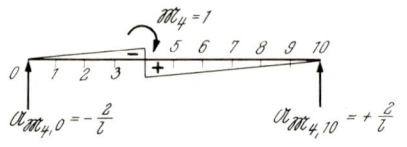

Auf Grund der Gl. (D.VII.42b) gilt daher für das Biegetorsionsmoment

$$M_{d\omega}(z) = -\frac{M_d}{2} - M_T(z). \qquad \text{(D.VII.64)}$$

Abb. 78. Virtuelle Belastung $\mathfrak{M}_4 = 1$ zur Berechnung der ideellen Neigung $\Phi'(4)$ am Φ-Balken

Abschließend sei darauf hingewiesen, daß sich die Durchbiegungen $\xi(z)$ durch die Überlagerung der ideellen ursächlichen Momente $_yM_{id}{}^u(z)$ mit den Momenten aus der virtuellen Belastung $\mathfrak{P}_i = 1$ $(i = 1, 2, \ldots, 8, 9)$ und $\mathfrak{M}_0 = 1$ unter Beachtung der Arbeitsanteile infolge $\mathfrak{A}_{p_i,0}$ bzw. $\mathfrak{A}_{\mathfrak{M}_i,0}$ am ξ-Balken ergeben. Für $\xi(0)$ ergibt sich z. B.:

$$\xi(0) = -168{,}926 \cdot 10^{-4}\,\text{cm}.$$

Die Abweichung vom Wert nach Cywiński

$$\xi(0) = -172{,}28 \cdot 10^{-4}\,\text{cm}$$

beträgt rund 1,9%.

E. Schlußwort

Es wurde eine Methode entwickelt, die es gestattet, mit den bekannten Hilfsmitteln der klassischen Statik die linearen gewöhnlichen Differentialgleichungen und simultane Systeme numerisch zu lösen. Die Rückführung auf die Ansätze und Verfahren der klassischen Statik wurde dadurch erreicht, daß die Differential-Beziehungen, die sich aus den vorgegebenen Differentialgleichungen ergeben, als ideelle Formänderungsgrößen und ideelle ursächliche Schnittlasten eines Ersatztragwerkes gedeutet werden. Bei dieser Zuordnung wird zunächst so verfahren, als ob die unbekannten ideellen Durchbiegungen und Neigungen und unter Umständen auch unbekannte Momente bereits bekannt sind. Die Berechnung der auftretenden Unbekannten erfolgt dann unter Verwendung der Variation der Formänderungsarbeit nach den Spannungen. Dieser Ansatz ist ebenfalls in der elementaren Statik gebräuchlich, so daß das entwickelte Ersatzbalkenverfahren nur die Kenntnisse der Statik voraussetzt.

Neben der für den Ingenieur gebotenen Anschaulichkeit zeichnet sich das mitgeteilte Verfahren dadurch aus, daß die Ansätze grundsätzlich allgemeingültig sind, unabhängig davon, ob sich der mathematische Charakter der Lösung ändert. Bei einem mit einer Normalkraft belasteten Stab bleibt der numerische Ansatz z. B. in der gleichen Form gültig, wobei es gleich bleibt, ob es sich um eine Zugkraft oder um eine Druckkraft handelt, während bei der mathematischen Lösung einmal Hyperbel- und das andere Mal Kreisfunktionen auftreten.

Durch die Möglichkeit, das Ersatzbalkenverfahren auch für die Lösung von simultanen Systemen zu verwenden, wird jeder Eliminationsprozeß vermieden und das Aufsuchen der Wurzeln der charakteristischen Gleichung, die meist von sehr hoher Ordnung ist, wird umgangen.

Im Rahmen dieser Arbeit konnte nur ein Teil der durch das Ersatzbalkenverfahren gebotenen Möglichkeiten dargelegt werden. Es sei daher noch einmal besonders darauf hingewiesen, daß durch die Kombination dieser Methode mit bestimmten Klassen reeller Funktionen (Fundamentalsystem, allgemeines Integral, Abschnitt B.VI.) viele Aufgaben in einfacher Weise gelöst werden können, die mitunter keiner geschlossenen mathematischen Lösung zugänglich sind.

Der Ausbau des Verfahrens auf gewisse nicht-lineare und auf partielle Differentialgleichungen ist möglich, muß jedoch einer späteren Arbeit vorbehalten bleiben.

Literatur

1. STÜSSI, F., Numerische Lösungen von Differentialgleichungen mit Hilfe der Seilpolygongleichung. ZAMP **1950**.
2. SATTLER, K., Das Durchbiegungsverfahren zur Lösung von Stabilitätsproblemen. Bautechnik **30** (1953).
3. BORNSCHEUER, F. W., Systematische Darstellung des Biege- und Verdrehvorganges unter besonderer Berücksichtigung der Wölbkrafttorsion. Stahlbau **21** (1952).
4. LINDENBERGER, H., Vergleich und Analogiebetrachtung der Lösung für biegebeanspruchte und verdrehbeanspruchte Stabwerke. Stahlbau **22** (1953).
5. RESINGER, F., Die Steifigkeitsmethode zur Lösung von Stabproblemen der Theorie I. und II. Ordnung. Bauingenieur **1965**, Heft 9.
6. NEMÉNYI, P., Eine neue Singularitätenmethode für die Elastizitätstheorie. ZAMM **1929**. — Über die Singularitäten der Elastizitätstheorie. ZAMM **1930**.
7. COLLATZ, L., Eigenwertprobleme und ihre numerische Behandlung. Leipzig: Akademische Verlagsgesellschaft. **1945**.
8. ZURMÜHL, R., Praktische Mathematik. Berlin-Göttingen-Heidelberg: Springer. **1963**. Matrizen. Berlin-Göttingen-Heidelberg: Springer. **1964**.
9. PFLÜGER, A., Stabilitätsprobleme der Elastostatik, 2. Aufl. Berlin-Göttingen-Heidelberg: Springer. **1964**.
10. BEYER, K., Die Statik im Stahlbeton. Berlin-Göttingen-Heidelberg: Springer. **1956**.
11. KOLLBRUNNER-MEISTER, Knicken, Biegedrillknicken, Kippen. Berlin-Göttingen-Heidelberg: Springer. **1961**.
12. CYWIŃSKI, Z., Torsion des dünnwandigen Stabes mit veränderlichem, einfach symmetrischem, offenem Querschnitt. Stahlbau **10** (1964).
13. GRAMMEL, R., Drillungs- und Dehnungsschwingungen umlaufender Scheiben. Ing. Archiv **6** (1935).
14. SATTLER, K., Theorie der Verbundkonstruktionen, Band I. und II. Berlin: W. Ernst und Sohn. **1959**.
15. HORT-THOMA, Die Differentialgleichung der Technik und Physik. Leipzig: J. A. Barth. **1944**.
16. BÜRGERMEISTER-STEUP, Stabilitätstheorie, Band I. Berlin: Akademie-Verlag. **1957**.
17. SCHLEICHER, Taschenbuch für Bauingenieure, 2. Aufl., S. 954. Berlin-Göttingen-Heidelberg: Springer. **1955**.
18. HOHENEMSER, K., und W. PRAGER, Dynamik der Stabwerke. Berlin: Springer. **1933**.
19. HARTMANN, F., Knickung, Kippung, Beulung. Wien: Fr. Deuticke. **1937**.
20. ZIMMERMANN, H., Die Knickfestigkeit der Druckgurte offener Brücken. Akademie der Wissenschaften, 1907, Berlin 1910.
21. KOLOUŠEK, V., Baudynamik der Durchlaufträger und Rahmen. Leipzig: Fachbuchverlag GmbH. **1953**.

Monotypesatz und Druck: Dipl.-Ing. Schwarz' Erben KG, A-3910 Zwettl.